全国教育科学规划国家课题研究成果

深化知识表征与建模

语义图示的设计、开发与应用

顾小清　权国龙 ——— 著

华东师范大学出版社

图书在版编目(CIP)数据

深化知识表征与建模：语义图示的设计、开发与应用/顾
小清,权国龙著. —上海：华东师范大学出版社,2020
ISBN 978 - 7 - 5760 - 0151 - 8

Ⅰ.①深… Ⅱ.①顾…②权… Ⅲ.①形式语义学-研究
Ⅳ.①TP301.2

中国版本图书馆 CIP 数据核字(2020)第 035455 号

深化知识表征与建模：语义图示的设计、开发与应用

著　　者　顾小清　权国龙
责任编辑　王聪聪
特约审读　戎甘润
责任校对　马　珺　时东明
装帧设计　卢晓红

出版发行　华东师范大学出版社
社　　址　上海市中山北路 3663 号　邮编 200062
网　　址　www.ecnupress.com.cn
电　　话　021 - 60821666　行政传真 021 - 62572105
客服电话　021 - 62865537　门市(邮购)电话 021 - 62869887
地　　址　上海市中山北路 3663 号华东师范大学校内先锋路口
网　　店　http://hdsdcbs.tmall.com

印 刷 者　上海展强印刷有限公司
开　　本　787×1092　16 开
印　　张　20.75
字　　数　291 千字
版　　次　2020 年 6 月第 1 版
印　　次　2020 年 6 月第 1 次
书　　号　ISBN 978 - 7 - 5760 - 0151 - 8
定　　价　68.00 元

出 版 人　王　焰

目　录

第一章

绪 论

随着信息技术的不断发展,计算机网络、数字媒体等已经广泛、深入地应用于社会生产与生活中。社会新闻、科技讯息、时政要闻、卫生与体育现状等在信息技术的支撑下得以迅速传播。信息技术与现代传播理论的结合,更让依赖于数字网络、存储介质和个人数字终端的数字传媒行业欣欣向荣。在这样的环境和趋势之下数字文化传播日益繁荣。

读图时代,就是这一景象的简要描写。当下,"图"成为数字信息与文化传播的主流媒体形式;而读图成为流行的文化阅览形式。电影、电视、手机、摄影等已然成为当今图像替代文字的新样式,快捷、便利的图像,连同文字都成了"视屏"。都市的一切都在图的设计中,广告是平面的读图,橱窗是立体的读图,视屏是连续的艺术与生活读图(彭亚非,2011)。可以说,继古图、象形文字、绘画与石刻之后,人们进入了一个新的读图时代,一个建立在数字媒体技术发展基础之上的时代。而教育也跟着一起进入这一时代。

1.1 读图时代碎片化的忧思

在读图时代,文化与信息的传播和交流,自然地带有明显的"图化"倾向,即以图为主的形式传播文化信息。相应地,人们的阅读中,将大量地接触到以图为主的文化表达,以及信息与知识呈现。也就是说,视觉图像逐渐成为数字阅读时代的文化主流。实际上,图像社会或视觉文化时代的来临,已经成为当今一种主导性的、全面覆盖性的文化景观,以及全球化时代一个极为重要的学术理论热点,近些年在中国学术界引起了较为普遍的关注。作为一种逐渐流行起来的文化与意义输入形态,视觉媒体越来越受到关注;作为一种新的文化意义输入形式,读图与"可视"的数字阅读形态越来越受到重视。

读图时代的图像文化创建与传播,离不开先进而发达的视觉媒体技术。视觉媒体理念是图像文化时代的指南针;视觉媒体设计是图像文化繁荣昌盛的源泉;视觉媒体硬件是图像文化赖以传承的平台;视觉媒体工具则是图像文化发展的加工厂。换句话说，数字视觉媒体已然成为信息时代人们生产生活中不可或缺的组成部分。在读图时代，数字视觉媒体与读图，应当引起教育研究者的重视。那么，在教育、教学和学习情境中，数字视觉媒体与图像阅读有何价值与意义，又有何影响呢？

1.1.1　图像时代的视觉媒体应用："可视"电子读物

在文化与教育背景下，读图时代的数字视觉媒体可以完成的基本任务就是视觉传达。利用数字视觉媒体呈现的图，是对信息、知识与文化意义的表达。对于人的意识活动而言，它是一种"原料"输入形式，对应着人的阅读活动。在教育领域中，自然存在着数字"图像"阅读的问题，而体现图之主流和优势的"可视"电子读物，如电子书、电子课本、数字期刊等，就是读图时代视觉媒体教育应用的焦点之一。数字化教学与学习中使用的"可视"电子读物，以承载信息与知识为主。"可视"电子读物中对知识与信息的处理，与知识与信息的创建、管理与利用中的问题的解决有着同等重要的意义。

然而，知识的爆炸式增长，给人们认知、获取、利用知识带来便利的同时也增添了麻烦。而且，随着人们所面对问题的增多，对创新知识的需求也增多；但目前的知识利用与管理状态不能满足知识创新需要，这就形成了瓶颈。再者，在信息时代时刻产生着大量的各式各样的数据，亦谓"大数据"，由此产生了难以及时找到可用数据与信息、信息利用效率低、信息利用效果差等方面的问题。需要有新的技术来解决这些问题，可视化技术就是应对这些问题的选择之一。随着教育数据在阅读过程记录、阅读水平评估、阅读效果监测等需求中的应用，"可视"电子读物发展中也需要应对并解决数据应用问题。而且，可视电子读物中材料的设计与编排等也需要视觉设计。在宽泛的意义上，可视化技术可以在读图时代数字视觉媒体的教学与学习应用中扮演新的角色，以使传达信息与知识的方式与过程，跟上媒体发展步伐，走在发展前列。而研究可视电子读物中的可视化技术也将成为值得关注的话题。

读图时代的"可视"电子读物在教育中的发展与应用急需跟上步伐。一方面需要适应发展趋势，在设计上要考虑其可视性、图像化的特点；另一方面则要在促进学习者深化学习方面做更多思考与设计。通过阅读、练习乃至写作等多方面的设计与实施，帮助学习者促进信息的加工、建构及知识的掌握与应用。在学习活动中，需要通过一定的方式结合对可视化的理解与思考，以提高视觉媒介的设计、表达和使用。

1.1.2　图像时代的碎片化现象：阅读与思维之"浅"

实际上，在读图时代有一个突出的现象已引起许多媒体、不同领域的名人和学者们的关注，它就是"浅阅读"。网络使人们的阅读方式和阅读习惯发生了深刻的变化，即时性在线浏览，已取代传统青灯黄卷的经典阅读和心灵激荡的深阅读而越来越退缩成小众的顾影垂怜。世界正在由厚变薄，深阅读的包围圈在渐渐萎缩，阅读的深度和广度被信息时代阅读的速率打败，个人的知识体系、认知度和价值观正在遭到前所未有的瓦解。各个年龄代际间不同的知识语境和话语系统，似乎需要浅阅读来抹平鸿沟。在数字化学习时代，为大众所接受的"浅阅读""碎片化阅读"具有及时、便利等特点，带领人们进入了"读图时代"。这虽然使学习内容呈现与视觉知觉特性较相符，但它并没有很好地调动读者的智慧，没有促使读者在图中挖掘更深层的意味（张耀，2003）。从学习与认知上来说，"浅阅读"与人的信息接受和知识学习紧密相连，影响着个体乃至群体的成长与发展。"浅阅读"被认为是"微时代"的一个表现，有"碎片化""弹片文化"和"被阅读"等特征。"浅阅读反映了支离破碎的传播现象，但也符合数字时代人们的阅读心理，微博、微信、短信、语录等形式的数字化阅读的迅猛增长，引发了这些碎片化的浅阅读风潮"。

然而，"浅阅读"容易使人养成浅层次的阅读和思维习惯，缺乏对阅读内容深入的思考，不能将所看到的信息做广泛的联系，同时无组织、碎片化的信息和知识难以汇集、过滤、回馈、归纳、创新，也难以形成有深度的、批判性、理性化、系统的知识体系，难以激发思维，更别说解决问题了。虽然浅阅读让阅读变得缺少分量，难以达成真正有效的阅读，但是浅阅读依然是数字阅读时代取得信息，摄入知识的方式之一。只有融入深层思考的要素，浅阅读才会变得有积累、有内涵、有质量。因此，"深阅读"中体现的思维力、评判力、观察力才是阅读的重点，才是阅读者避免浅阅读的潜在不良影响，去伪存真、去粗存精的保证。伴随终身学习的阅读，要求人对读物承载的内容进行深入的理解、广泛而恰当的联系与思考，不仅要能梳理内容，更要能对其进行批判性的分析与综合，形成属于自己的知识体系和良好的思维品质。在视觉媒体流行的世界里，教育该如何用好视觉媒体，才能帮助大众更有质量地阅读，更有水平地思考，更有品质地生活？

1.1.3　图像时代的忧思：学习的深度

从图像文化到信息化环境中的碎片化阅读，再到视觉媒体的教育应用，其中有几个方面需要审视。一是图像传播与视觉媒体，二是阅读和思维的深与浅，三是可视化方式。在视觉文化流行的读图时代，视觉媒介越来越广泛、深入地影响人们的生活；视觉媒体形式越来越成为主流，视觉媒体样式越来越受重视，而可视方式也成为人们认识并思考世界的一种方式。这种方式不仅会在数字生活中影响人们的生活品味与审美倾向，而且会在正式与非正式学习中，如阅读材料方面，改变学习者的阅读质量和思维水平。

教育实践中需要关注视觉媒体，关注可视方式。数字阅读时代的电子课本设计、面向知识与思维的图示工具的开发、教与学活动的可视化设计与应用，以及数字化学习中的知识加工与建模等多个方面，都可以让视觉媒介与可视方式有用武之地。视觉媒体与可视方式在学习中的功能，也自然应该进入研究、开发与应用视野。当前，教育领域对电子课本应用的需求迅速增长，如何提供满足教育应用需求的电子课本，正是迫切需要解决的问题。就此议题为背景，研究视觉媒介与可视方式的理论、设计、应用等正当其时。"可视"电子读物需要一套可视方法或工具支持内容的可视表达和个人的阅读活动，支持学生处理信息，展开深层阅读、深度思维训练活动，从而实现优于传统阅读的学习效果。电子课本作为教育中广泛应用的"可视"电子读物之一，需要这样一套可视方法与工具来促进其发展与应用。

　　面向知识掌握与创造的"语义图示"就是为此提出的一种技术手段,意在通过其设计与应用帮助学习者在信息与知识碎片间建立语义关联,并基于语义规则构建知识体系,从而克服数字化学习中的浅阅读,实现有意义的"读图"与思考。也就是说,它是一种通过聚焦语义的可视化设计与应用来帮助学习者分析并利用信息、掌握并构建知识、训练并提高思维的技术性方法、数字工具或器件,用以促进学习活动与学习行为效果。基于语义图示的可视化技术设计,可以面向诸多学习材料、学习活动、教学材料、教学活动,其应用也可以在许多学习与教学活动中实施。其间,面向知识的表征与建模是核心,其目的就是帮助深化学习。

　　那么,如何充分设计并利用数字视觉媒体,凭借视觉途径突破浅层次的阅读和学习?如何进行可视化知识表征与建模以促进阅读和学习深入?如何在学习过程中运用可视化技术以提高学习绩效?如何顺应视觉媒体流行的趋势,提供满足教育应用需求的电子课本?这些问题都可以在"可视"思想的引领下不断深入。从技术角度看,支持数字化学习的视觉内容、可视化方法与工具是可视化设计与应用的直接研究内容。研究、设计并应用这些内容,就需要思考如何辅助学习者进行可视化信息加工和知识建构,以达到突破个人学习瓶颈、提高学生集体学习绩效的目的。

1.2 数字化学习之"浅"与可视化技术

数字化学习中的"浅"层次学习现象似乎与信息技术的广泛应用不无关系。直观看来,这种学习之"浅"明显地与信息与知识的来源增多、数量增大、传递变快和变化速度增大及生活节奏加快等有必然关系。而且,这些现象中的学习行为,通过数字化生活实践影响着人们的态度与习惯,以及人们的认知与思维。"快餐式"节奏下的认识与活动对人们的工作和生活及个体与群体的成长与发展未必只有益处;它对社会发展也未必尽是益处。

伴随数字化学习的可视化技术应用,本就有应对大量数据与信息处理、辅助人们认知、思考的潜在功能。然而,近些年的开发与应用似乎并没有带来可观、喜人的效果。从现象看,这与浅层次的学习相生相伴。

1.2.1 数字化学习中的浅层次学习

数字化环境下,学习者可以利用完全不同于传统的学习环境和学习条件形成新的学习方式,如充分利用不同数字学习终端的资讯与信息、各式各样功能与风格各异的社交平台,像各类 Web2.0 工具,以及各行业可随时获取的材料,等等。随着数字化条件的提高和学习时空灵活性的增强,学习行为与活动变得更加碎片化,诸如时间零碎、注意力零碎、信息加工零碎等。这种"零碎"带来一个突出现象,就是浅层次学习。浅层次学习在数字化学习方式下表现得更突出,尤其是在非正式的学习之中。随着数字化环境与条件的变化及其在学校教育中的应用,以及数字化学习中学习者的新特点,碎化、浅表的现象也在正式学习研究中被较多地关注。

数字时代的浅层次学习也是相对于深层次学习而言的,被用来描述学习者学习过程或结果的质量。简单地说,浅层次学习就是学习者没有真正地处理接收到的信息与资源,针对现象、问题、主题或项目没有有效地运用心智能力进行分析、综合、批判等高级思维以完成符合目的与目标的行为活动。浅层学习是深度学习的起点,是教育过程的产物,常见的定义有下面几种:(1)浅层学习是指把信息作为孤立的、不相关的事实来接受和记忆,这样的学习导致学习者对材料进行表面的、短时的记忆,而不能促进对知识和信息的理解和长期保存。(2)浅层学习是一种机械式的学习方式,学习者被动地接受学习内容,对书本知识或教师讲授的内容进行简单的记忆或复制,但是对其中内容却不求甚解。(3)浅层学习主要是对知识进行记忆或者不加思考的应用,学习者很少会去参与活动,通常,他们的目标就是通过考试。

　　浅层次学习尤其表现在认知的程度和思维的质量方面,与学习者的生理状态、情绪状态、注意力、认知技能、思维品质等内在因素和物理环境、学习条件、学习对象特点等外在因素紧密相关。数字化学习中的"浅"现象之根本症结是:个体不能把有限的心智力量用于确定的目标、不能运用正确的思维和适当的信息与资源完成符合情境与问题的思考。而数字化学习中的"浅"现象,其主要原因有如下几个方面:

　　● 信息时代的信息量增大,可学习资源增多。这在选择、认知上无形中形成过多的负荷。一方面需要清理不需要的部分,另一方面需要挑选并整合需要的信息。在资源大规模开放的环境下,组织不良的资源环境自然为学习者带来更多负担。

　　● 信息时代无关信息(刺激)增多,注意力容易分散。网络上信息、资源各式各样,且良莠不齐。受利益驱动的信息发布与商业取向的"精心"设计,很容易吸引学习者的注意力。

　　● 时间、空间灵活,学习时间碎片化,导致相关信息碎片化地被接收。从深入学习的要求和人的记忆特性来看,这种情况非常不利于对信息的深入分析与思考。

　　● 信息时代要求对多信息、多选择的学习活动有高效、有效的支持。虽说当前工具多样,但整体上没有形成高效的支撑条件,支撑的有效性也有待提高。

　　● 对于兴趣广泛、学习习惯不良的学习者来说,要在数字化环境下成为一个成功的学习者,不是一件容易的事情。兴趣广泛容易引起精力分散、注意力不集中;习惯不良，容易引起信息堆积、丢失等，不能对信息深度处理。

• 在网络信息环境下，大量充斥着无意义、重复的信息操作，这与人的"认知惰性"是吻合的。如此，真正的信息处理与加工，一方面被挤占了时间，另一方面欠缺足够的心智力量。

从浅层次学习的环境外因与主体内因讲，数字化环境下"浅层次"学习现象的治理可以从四个方面考虑。一是目标明确、计划到位；二是有效的信息辅助处理工具；三是设计精良、呈现清晰、合理的学习对象（资源）；四是适应性辅助管理平台。而在这个过程中，还需要观察可视化技术在数字化浅层次学习现象中的具体表现。这不仅因为视觉媒介广泛应用于数字化学习中，而且也出于视觉媒介本身在主体认识中的地位的考虑。

1.2.2 数字化学习中的可视化技术

数字化学习中"浅层次"学习表现可分为两个部分。一是在非正式学习中的浅层次阅读；二是在正式学习中的浅层次活动。前一种情况与智能手机、平板电脑等便捷式个人数字终端的使用和大量资讯的易得相随，对其中"浅"的讨论主要针对与信息接收相关的数字化阅读行为。而后一种情况由来已久，主要出现在学校教育中。

在学校教育的数字化学习中，可视化技术已有大量应用。这个过程中自然也伴有浅层次学习的现象。学校教育中的可视化技术应用大体有如下一些情形：

• 使用概念图、思维导图等可视化软件，呈现概念性知识，如 MindManager、Inspiration、XMind；

• 使用认知地图相关数字工具，像谷歌地图、百度地图等，呈现空间对象或地理位置信息与知识；

• 使用知识图谱相关软件，如谷歌的知识图谱（Knowledge Graph），查找相关信息与知识；

- 使用数据处理软件(如 Excel)的可视化功能呈现数据特征;

- 使用统计分析软件(如 SPSS、Matlab 等)的可视化功能呈现分析结果;

- 使用 Powerpoing 专用呈现软件可视化呈现、表达内容;

- 使用项目(工程)管理软件(具有甘特图功能),如 Project 等,呈现事件、项目的进程。

更广义的,影视、图像处理软件也可以被列入可视化应用之列。它们重在隐喻、直观地呈现、传达信息和知识。

- 使用动画、影视相关编辑软件,如 Ulead3D、Flash、Promiere 等,用动态影像隐喻或显性地呈现事实、信息、知识,表达思想、观念等内容;

- 使用图像处理软件,如 FireWorks、PhotoShop 等,用静态图像隐喻或显性地呈现事实、信息、知识,表达思想、观念等内容。

简单地看,在教学与学习应用中这些可视化应用主要有两种功能。一种是支持信息、知识、原理、故事等的呈现、表达,如 PowerPoint,知识图谱类,认知地图类等。作为一例,图 1-1 所示是百度地图精确定位的应用。

另一种是支持数据与信息的处理过程。这一类应用往往表现为工具,如数据处理类、统计分析类。这一种可视化应用虽然也离不开呈现,但更侧重借助可视方式对不易观察的数据特点与规律的操作。与之类似,思维导图类工具,像 Inspiration 等软件,也是可视地辅助于信息处理和知识加工的代表。所不同的是,它们的操作对象是信息与概念。作为一例,图 1-2 所示是 Inspiration 应用。

一般来说,可视化应用学习活动有深层次学习,也有浅层次的学习。其中的层次"深浅"取决于多种因素,源自学习个体的因素和来自学习情形的因素。以用 PhotoShop 完成一份创意广告来说,其深层次学习更需要深入地认知与思维活动。在此过程中越专注于广告主题、内容、创意,越能选取有用信息与知识等时,就越靠近深层次学习。所以,重要的是要弄清楚数字化环境下的可视化学习应用中为什么会有浅的表现、如何深化学习过程。

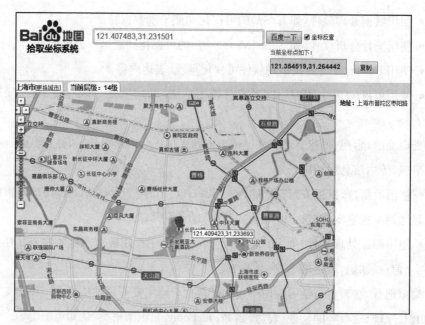

图 1-1 百度地图——精准定位经纬度

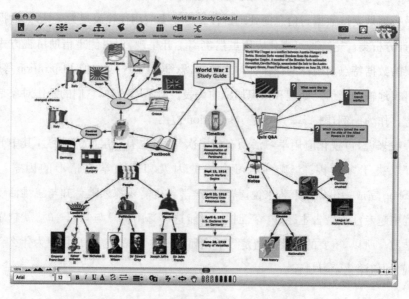

图 1-2 Inspiration 学习应用——第一次世界大战

1.2.3 可视化方式与数字化学习

(1) 数字化学习中"深"与"浅"的差异

数字化学习中的浅层次现象有诸多缘由。除了从宏观与微观上直接观察浅层次学习现象的原因,还可以通过比照看其本质。这样,对浅层次学习现象的理解将更加清晰。有研究对深度学习与浅层次学习的特征做过比较,见表1－1。

表1－1 深度学习与浅层次学习的比较

	深度学习	浅层次学习
记忆方式	强调理解基础上的记忆	机械记忆
知识体系	在新知识与原有知识之间建立联系、掌握复杂概念、深层知识等非结构化知识	零散的、孤立的、现学的知识,且都是概念、原理等结构化的浅层知识
关注焦点	关注解决问题所需要的核心论点和概念	关注解决问题所需的公式和外在线索
投入程度	主动学习	被动学习
反思状态	逐步加深理解,批判性思维、自我反思	学习过程中缺少反思
迁移能力	能把所学知识迁移应用到实践中	不能灵活运用所学知识
思维层次	高阶思维	低阶思维
学习动机	学习是因为自身需要	学习是因为外在压力

从表1－1中的比照中可以看出,区别深度学习和浅层次学习的要素涉及:记忆方式、知识体系、目标、投入、反思、迁移、思维操作层次与动机。这些要素可以概括为四组:作为认知基础的记忆与知识、作为认知操作的迁移与思维、作为学习指向的目标与反思和作为情志力量的动机与投入程度。

在《剑桥学习科学手册》中,比较于传统教授主义的课堂实践而言,认知科学家对深层学习的发现如图1－3中所示。这里更多地集中于学习者在心智上做了什么。比如,"要求学习者寻找模式和基本原理",依照这一条,在深度学习中学习者就要理解并找出当前情境、问题、项目或主题等中的模式和原理来;对于教学而言,关键就在于如何能启发学习者习得掌握知识的一般方法与特别经验。

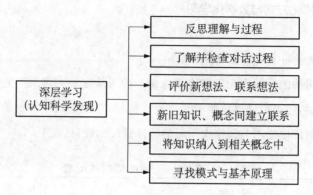

图 1-3　认知科学中的深层学习要点

(2) 影响学习"深浅"的心智活动

那么技术如何作用于学习者的心智活动呢？

从学习主体来看，一方面，纯熟的技术要能帮助学习者展开有深度的内外部行为；另一方面，这种内外部行为活动还得学习者自己进行，而不能由技术代替。所以，技术在这里的角色自然是辅助学习者，即以某种手法、方式刺激学习者产生较有深度的认知行为和学习活动。而技术设计的重点离不开学习的资源、工具、活动与管理几个方面。

(3) 可视化技术作用于心智活动的方式

在视觉媒体流行的数字化学习环境下，用以影响学习者的可视化技术主要是通过介入外在的学习环境与条件来实施的，已被设计并应用于学习资源和学习工具与平台之中。那么，在支持内容的呈现和处理过程方面，如何才能更好地支持学习的需要呢？现有的可视化技术软件工具又需要哪些方面的完善？

从深度学习的特征与要求来看，现在主要使用的(前面介绍的)可视化技术应用中缺乏某些关键的部分。比如：怎样更好地支持学习者连接新旧知识？怎样更好地辅助学习者找出模式与原理？又怎样更好地帮助学习者反思？笔者认为，为了更好地支持学习者的数字化学习，可以从两个方面将现有的可视化技术加以改进。一是整合软件工具的内容聚合——学习是在语义层面上发生的，情境不同则具体语义有异。在同一语境之下，足够的信息与事实才能相对完整地辅助对特定人和事物的认知，达到解决问题或提出方案的目标，即在"素材"支持方面应当是充分的。二是嵌入智能性的交互功能——深度学习要求学习者能够进行反思、批判、辨识、分析、综合等，如果在可视化技术应用场景中能通过智能技术为学习辅以提问、反馈、推荐等智能性操作，则更有助于学习的深入。

所以，问题的关键在于，在学习与教学的可视化技术应用主题下，如何能设计出更多、更好、更能"刺激"学习者进行有意义的或者说有效的心智活动的数字产品，以帮助学习者深化学习。

(4) 语义图示深化心智活动的逻辑

基于以上的认识，提出了"语义图示"的概念，并试图通过它"刺激"学习者进行更多有意义的心智活动，也就是说将学习的抽象的知识/信息（如概念、原理、关系等）通过带有语义规则的图形、图像、动画等可视化元素予以设计与表征，从而达到激发学习的目的。

为什么在促进深度学习方面作为可视化技术的语义图示具有很大的潜力？这要从学习科学层面来讲。在心智模型理论主导、基于模型的学习研究中，图示的方式与工具，恰好能够支持协作中学习者的内部构建。语义图示就是要研究并确定这样的方式与工具在学习中的功能与作用，及其对学习与认知的影响。基于心智建模构建图示在某种意义上可以增强学习效果，是因为图示方式是利用动静态图形图像呈现与表达、通过视觉知觉功能进行认知与理解，它结合了视觉认知与语词语义两个方面，能更大限度地连接人脑认知模式，激活人脑活力（Cavanagh，2011；Bergen，2007）。在高阶学习中，尤其是在复杂任务的处理中，语义图示工具可以（或者说需要）帮助学习者聚焦于对象及其语义关系，更好地发挥视觉认知的特性，从而更好地激发思维活动和大脑潜能。有研究认为：可视化的力量来自于它能将复杂概念结构以视觉方式呈现，从而影响人的认知系统并延伸工作记忆的限制(Keller 等，2005)。也有研究表明：如同对数据的研究一样，成功的可视化技术可以让用户更易洞察知识，提高知识学习与利用的效率和效果(Larrea 等，2010)。在已有的研究中，概念图、思维导图是典型的图示方式与工具，对它们的应用有来自认知等相关科学的研究，其在教与学中的各种应用也较多。而深度学习所要求的"深度心智活动"与心智建模所倾向的图示方式——反映知识的结构、网络和关系组成等特点是相一致的。语义图示的设计也是出于类似的目的。

1.3　深层次学习与可视化表征与建模

在上一节的基础上,进一步把知识作为促进深层次学习的着力点。作为学习活动中重要资源的知识,既对学习者的学习起指导作用,也是被学习者操作的客体对象。知识如何才能有效地被学习者吸收就成为一个关键问题。有研究表明,知识的外在呈现方式深刻地影响着学习者对知识内容的认知、理解,也影响着知识本身的传播、生存质量和发展方向。笔者认为,知识是学习者最终需要掌握、利用并探寻的资源或财富;学习者需要在学习中学会:理解并掌握现有知识,通过科学的实验或思维鉴别、批判知识,从数据与信息中发现、提炼新知识,利用科学方法与工具创造知识等。所以,对知识的表征、建模和可视化研究变为焦点,成为促进学习者深入学习的有力途径。

1.3.1　深度学习

前面描述过浅层次学习,也提及了深层次学习(深度学习)的特征。已有较多的研究对深度学习有过分析、比较与总结。下面是典型的几种:

深度学习是指在理解学习的基础上,学习者能够批判性地学习新的思想和事实,并将它们融入原有的认知结构中,能够在众多思想间进行联系,并能够将已有的知识迁移到新的情境中,做出决策和解决问题。与那种只是机械地、被动地接受知识、孤立地存储信息的浅层次学习相比,深度学习强调了学习者积极主动地学习、批判性地学习(黎加厚,2009)。其特征有三:其一是概念交互;其二是过程中有反思和元认知的参与;其三是高水平思维。深度学习的最终结果是概念的转变,我国学者高文(2009)指出学习就是在生活概念和科学概念之间建立联系,并且能够进行概念转变。因为概念转变是有意义学习的内在机制,而有意义学习正是深度学习的主旨。

深度学习要求学习者在真实社会情境和复杂技术环境中更加注重批判性地学习和反思,通过深度加工知识信息、深度理解复杂概念、深度掌握内在含义,主动建构个人知识体系并有效迁移应用到真实情境中以解决复杂问题，最终促进学习目标的达成和高阶思维的发展。

从深度学习的描述或定义中可以看出，深度学习强调的就是认知、思维、情感和意志方面的要求。它需要学习者在情境中能够以积极的精神与心智活动，充分地接入"场"，完成某些操作、达到某种状态。在教学层面上，深度学习就在于通过课前设计与学习活动引导学习者达到相应的精神状态并进行需要的心智活动，以便能够充分、深入地理解所学内容。而在技术层面上，表现于充分地把握数据、信息，利用知识处理数据与信息，从而理解、把握或完成学习内容，达到既定的学习目标。在深度学习中，就要基于视觉知觉特性，与视觉认知和可视化技术相连接，加速并提高对数据与信息的理解与把握；同时利用视觉检索功能，在复杂任务的学习中发挥聚集、导航等作用，提高学习的效率与效果。

1.3.2　深层次学习中的知识表征

从学习科学视角来看，可视化技术在促进学习方面很有潜力。早在 20 世纪 90 年代，乔纳森（Jonassen）教授就已经描述了一系列可视化方法，以培养空间学习策略并开发用于知识可视化的技术。有关信息可视化与知识可视化技术的相关研究，也充分说明可视化在学习中的积极作用。具有促进学习潜力的可视化技术能够发挥其积极作用的地方，首先在于知识的可视化表征。因为在学习中，学习者首先面临的是对知识的理解与掌握，其次才是知识的利用、生产与创造。

人的认识始于人的知觉系统与现实环境的交互作用。学习中的意识活动，主要通过感官的神经知觉来感受环境，其中视觉感知是主要的渠道。而在传统的教学与学习中，学习者主要通过"看文本""听声音"进行学习，这里通过视觉所"看"的内容形式并不"适配"于视觉所"熟悉"的"可看"的事物。有研究认为，人类思维的基本方式是隐喻式的，作为人类获取信息与知识的重要感官的视觉感知，它能在人的思维活动中起作用的关键就是视觉隐喻。如果能以更加"可视"的方式，连接所学习对象、内容与学习者已有的知识积累、生活经验,那无疑会增强学习的效果。

除此之外,可视化知识表征作为一种表达与呈现策略,它在学习中还有如下优势:

- 帮助学习者获取、存储、重构、交流和利用知识与资源;

- 克服学习者工作记忆区限制;

- 以视觉空间形式可视化地呈现个人知识,以促进新信息在语义记忆区中的连贯呈现;

- 帮助学习者组织或重组、建构或重构、评价、评估、交流知识,利用观点、想法、知识与相关的内容与资源;

- 更有效地处理命题,等等。

所以说,可视化知识表征具有支持深层次学习的作用。从数据、信息和知识的相生关系上来看,可视化呈现相关数据与信息,非常有助于学习者利用强而有力的视觉知觉能力,快速、轻松地理解或提取知识。总之,可视化技术借用了视觉认知特性,能快速接入学习者的视觉经验,并利用视觉检索功能锁定目标并寻求结果。在这个过程中,语言认知、空间策略等心智资源共同参与学习过程。在这样的情形下,可视化应用能更多、更有力地激发学习者有深度特征的心智活动。换言之,以可视方式学习,达到有效、有深度的可能性更大。

1.3.3　深层次学习中的知识建模

深层次学习的另一个重点就是利用并创建知识。而这个过程,也就是面对情境、项目、问题等所需要进行的知识建模活动。

对于知识建模有多种理解,如面向知识管理的建模、基于知识的建模等。在人工智能和知识工程等领域发展起来的基于框架、规则、模型、本体等多种知识建模技术,主要是为了实现计算机对知识的智能推理,提高计算机的智能服务。这些技术在发展和应用中遇到的最大难题是知识的获取。面向知识管理的知识建模主要是对知识载体、知识内容信息(Knowledge content Information,KI)和知识情境的建模。

　　这里所说的知识建模，是指学习者利用数据、信息，运用方法与工具等，提出关系、发现规律、寻找答案、提出方案等的过程，本质上也是寻求知识的过程，结果表现为不同类型的知识。

　　知识建模之所以成为深层次学习的核心，一是因为知识在整个学习中居于重要位置；二是因为通过建模形成知识往往需要深层次学习的几乎所有条件。换言之，以知识建模为目标的学习就是深层次学习。看图1-4有助于解释这个问题。

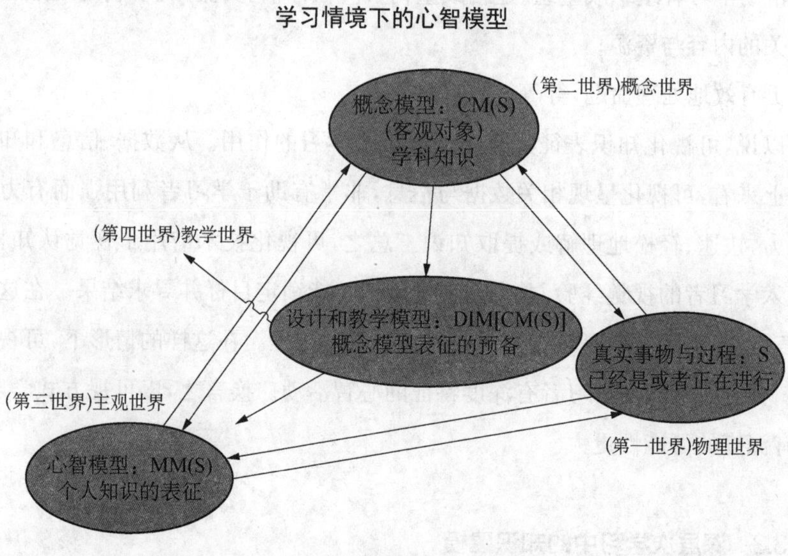

学习情境下的心智模型

图1-4　学习情境下的心智模型

　　图1-4所示是诺伯特·M·西尔（Norbert M. Seel）在其"学习情境下的心智模型"一文中所阐释的人的认知中所存在的四种模型：主观心理模型（真实事物与过程）、概念模型（客观对象）、心智模型（个人知识的表征）和设计与教学模型（概念模型的预备）（Seel，2006）。知识是人对客观世界的认知与总结，它是对客观事物运动状态与规律的反映。而在人的认知中，就是将世界的事物与过程概念化与对象化，进而形成个人认知结果（知识）的过程。从心智模型理论看来，这个过程就是建立知识模型的过程。而要较好地完成这个过程，则需要深层次的内部心智行为和相应的外部活动。

1.3.4　语义图示：可视化知识表征与建模

由前述可知,知识的表征与建模是进行深层次学习的必要条件,而视觉感知又是人们学习知识的主要渠道。将知识的表征过程与建模过程以可视化的形式呈现将有助于学习者更容易便捷地获取知识,增强学习(阅读)的效果。

在数字化学习或数字化阅读中,人们常常只是获取简单、零散的信息,却无法满足深层次阅读和深度思维训练的需求,也就是缺乏有意义的图示表达和结构化的知识体系。语义图示在认知科学层面上对学习的作用已经得到证明,作为一种思维建模工具,它有望解决数字化阅读中出现的这些问题。利用语义图示能在知识碎片间建立语义关联,基于语义规则构建知识体系,实现有意义的"读图"学习。如对数据的研究一样,成功的可视化技术可以让用户更易洞察知识,提高知识学习与利用的效率和效果。

知识表征与建模是深度学习的重要内容,语义图示就是通过可视化技术促进知识表征与建模,帮助学习者深入学习。图示技术促进深度学习的可能,或者说优势,就是以人的视觉认知特征为基础,调动视觉认知经验,并在外在的呈现与内部心智图式之间建立有力的沟通。或者说,视觉方式强化或转变了信息的加工方式。其关系如图 1-5 所示。

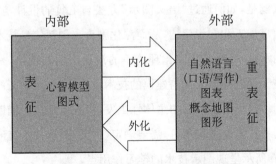

图 1-5　内外部心智图式之间的关系

在知识表征与建模的学习与教学应用中,图示技术的优势,至少可以概括以下几点：

> 图示可以清楚呈现知识相关信息与数据；

> 图示可以积极调动人的视觉经验；

> 图示可以通过隐喻促进知识迁移；

> 图示可以加强学习中的交流；

> 图示可以快速识别简单模式；

> 图示可以有助于对命题的计算；

> 图示有助于分析、组织、解构与建构；

> 图示可以在复杂认知中减少认知压力。

深度学习在认知方面，最重要的内容就是概念的形成与转变，而知识的表征与建模的重点之一就是概念的形成与转变。事实上，就是这样。语义图示在其中的一个重要意义，就在于它从语义上考虑并设计图示的应用。抽象的语义表征，离不开概念——语言是思维的工具这一重要判定支持这样的论断；而知识的表征与建模也离不开概念——内部心智操作除了视像的、也有语言的等部分的参与，这时概念就起作用了。这种内部操作也会反映到外部的学习行为中，概念图的应用就是一个很好的例子，而知识图谱也是以语义网技术为支撑的。所以，语义图示必然可以很好地支持知识的表征与建模，进而很有可能帮助学习者达成深度学习。

本书关注的议题是，如何通过"语义图示"方法与工具的设计与开发，促进面向知识学习的可视化信息加工和知识建构，从而深化融合与创新信息技术应用的数字化学习。而利用语义图示技术，突破数字化环境下的浅层次学习现象，是一个非常有挑战性的课题。关键在于促进知识表征与建模的技术设计及融合、创新的技术应用与学习者之间关系的处理。这里从学习者的主体性出发，将技术定位于辅助、引导的角色，即居于辅位。依据图示技术的辅位角色，需要确定（语义）图示技术突破浅层次学习现象的作用点。图1-6所示呈现图示技术的学习作用点。

由图1-6得到的启示是，图示技术作用于学习的切入点，可以从学习的内外部活动的方方面面入手。然而，值得注意的是，从深层次学习强调心智活动与认知操作这

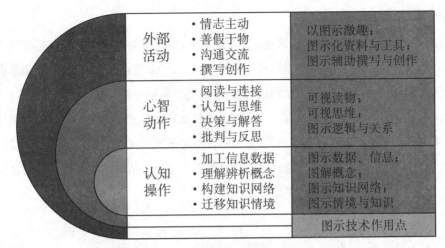

图 1-6 语义图示技术辅助学习的着力点

一点来说,图示技术最集中的关注点,应该在于学习者心智活动中概念的形成与变化,也即心智活动中被操作对象的状态得以改变,这是底层的认知操作中的核心点。在认知上,图示技术至少在人脑的两大功能上辅助学习者:一是视觉知觉;二是语言理解。这两大系统与运动系统一起在人的认知与学习中起作用(Bergen,2007)。

因此,可以将利用图示技术突破浅层次学习(阅读)现象的主要研究内容,即主要设计并实施的内容,大致明确如下:

• 数字阅读(主要是电子教材)中的可视化知识表征方案。包括数字读物中的知识形态、知识类型、知识表征的方法与过程,以及用于知识可视化表征的工具。

• 数字化学习中面向问题解决的可视化知识建模方法。包括面向问题解决的可视化知识建模方法、一般过程和辅助工具与环境。

• 支持数字化学习的可视化学习工具(知识图示工具)。包括内容聚合、图示比较、适当反馈、智能推送等功能的实现。

• 学习中的图示技术设计与应用。包括针对学习活动与过程的学习地图设计、基于模型学习的辅助图示方法与工具的设计与应用。

• 教学中的图示技术设计与应用。包括教学设计辅助图示工具、基于模型教学的图示技术设计与应用。

通过对以上内容的研究，以求能：①在理论上，深化有关图示理论的研究，在数字技术为图示的外部表征提供的新的可能性的基础上，探索带有语义规则的"语义图示"以更契合大脑中的记忆和知识结构的属性，从而更有助于突破"浅阅读"并进行信息加工与知识建构；同时，探索语义图示的类别、属性及其对知识建构的功能。②在实践上，从当前电子课本研发的需求出发，为电子课本的研发者提供指南，在电子课本的数字内容表征中，以"语义图示"为新的视角，对教学内容进行结构化组织和可视化表征，便于学习者建立对所学知识的系统思维。

第二章

知识可视化的理论与方法

　　语义图示是知识可视化的进一步发展。与可视化的样式、可视化周期表等类似，它是在语义层面对可视化表达认知事物工具的进一步的设计与开发。在以语义图示深化数字化学习的过程中，语义图示设计与应用的技术形态，更倾向于一种聚焦信息与知识的语义特征和自身语义功能的图示化工具。这类图示工具随着应用情境不同，自身特点也有所变化。本章围绕可视化知识表征与语义图示就相关设计、开发与应用方面的研究工作予以梳理。

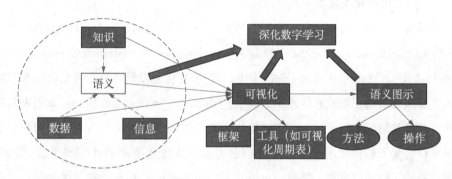

图 2-1　知识可视化示意图

2.1　知识的可视化表征

　　知识表征，是支持学习者深入学习的重要部分。适宜的知识表征可以加速学习者对知识的吸收和理解；出色的知识表征，能够活化学习者对知识的掌握并增强其实际应用的可能。而有益、有力的知识表征方法，则可以帮助学习者在学习中提高认知水平，提升思维品质。从学习的内容、过程与效果来看，可视化地表征信息与知识能够帮助学习者聚焦、理解、呈现与应用；相应地，对学习材料的表征和学习过程中对学习内容和结果的表征，包括知识，就是可视化知识表征重要的研究内容。

2.1.1　知识可视化表征研究的意义

与知识可视化表征相近的概念主要有：知识可视化、知识表征、知识视觉表征。这里将三者的内涵同质对待，均指将知识以"可视"的视觉方式呈现出来。

（1）知识可视化表征及其科学价值

领域专家对知识可视化早有解读。马丁·J·埃普勒（Martin J. Eppler）和雷莫·A·伯克哈德（Remo A. Burkhard）在其著作《Knowledge Visualization Currents：From Text to Art to Culture》中有述：一般来说，知识可视化领域研究的是视觉表征在改善两人或多人之间知识创造和传递中的应用。因此，知识可视化是指所有可以用来建构和传递复杂见解的图解手段。伯克哈德认为知识领域的可视化聚焦于识别和视觉呈现多学科背景下的科学前沿动态，并可以新方式接入将连接、关系和科学领域（知识）结构可视化了的知识资源。特根（Tergan）、凯勒（Keller）和伯克哈德认为知识可视化是一个研究领域，研究以视觉形式表征知识的力量，旨在生成、呈现、组织、检索、分享和使用知识方面支持认知过程。罗伯特·梅耶（Robert Meyer）认为知识可视化是一个相对新的领域，它研究在有或没有计算机辅助下通过可视化对知识的创建与传递，它应该是众多不同学科间的调解器（Meyer，2009）。

基本上，知识可视化表征有这样几个要点：一是它针对知识与信息；二是它相关于知识的生成、呈现、组织、检索、分享以及使用过程（创造与传递）；三是它是一种视觉表征；四是它应用于两个及两个以上主体的知识工作中。所以，知识可视化表征是对知识和信息进行视觉表征，其功能是呈现与分析，其目的是知识利用、创造与传递（呈现、结构化检索），作用是助益于理解对象（情境、问题、事物、知识等）的维度，构建信息意义（产生知识），支持认知过程。

知识可视化在学习中有着重要的科学价值与意义（Keller 等，2005）。知识可视化可以帮助学习者组织或重组，建构或重构、评价、评测、阐述、交流和（协作）构建知识，可以利用相关内容与资源的观念、想法和知识。在获取、存储、重构、交流和利用知识与知识资源，包括挑战个人工作记忆的能力限制方面帮助个体时，空间策略是需要的。可以通过视觉空间形式外化呈现个体知识的技术，促进语义记忆中新信息的清晰呈现，获取和传递结构化知识，并帮助学生组织他们的知识。

比较于命题形式，知识的可视化外部表征常被更有效地处理。因为可视方式支持许多感知推理（这对人类极其容易），用绘图（mapping）方式能很好地完成，如通过空间层和元素高亮的方式表示境脉关系和它们的相对重要性。空间表征常被直接关联于空间心智过程，如在数学和物理中。面向知识的可视化技术在问题解决中的"外部认知"方面，可视化扮演着重要角色。乔纳森等人已经描述了一系列用于培养空间学习策略和技术的可视化方法，这些策略与技术可用于知识可视化。最常用的方法是思维导图和概念图方法。实验研究表明：概念图示在培养"外部认知"方面具有较大的潜力，它依赖于任务需求、使用者领域知识及其空间学习能力。

按照丹塞罗（Dansereau）的观点，在严格意义上，知识可视化概念限定于个体以自由地映射方式外化知识（即知识表征）。但它的研究与应用也被扩展到将学习者的知识绘图与专家的知识绘制进行比较。现在，知识可视化已经聚焦于概念知识的结构。教育情境中的知识可视化方法已经用于培养主意的产生、学习、评估和教学。

（2）多学科研究中的知识可视化表征

在知识可视化研究中，表征框架的研究经历了一个演进过程。埃普勒到后期的研究中，对知识可视化目的的定位偏向于传播与创新（Eppler 等，2004），在其影响下形成的可视化框架主要有：一是关注知识类型、可视化目的和可视化形式（Eppler 等，2004）；二是表征形式分析、表征内容建构、观察者解读和制作者设计（赵慧臣，2010）。伯克哈德后续又对知识可视化框架做过修订：关注功能类型、知识类型、接受者类型和可视化形式（Burkard，2005）。而且，在知识可视化表征方法方面，已有研究更多地集中在视觉表征所能表达的知识内容，而没有根据知识的属性探讨视觉表征如何表达知识（赵慧臣，2010），即缺少可视化表征知识的科学方法。

在其他学科研究中,知识可视化较为相关的研究问题,主要来自语言学、计算机科学和心理学等领域。在语言学中,用多符号组合方式满足科学知识的交流与表征,强调多符号在共同与特定情境中产生意义。刘(Liu,2011)等在其科学知识的意义及其符号语义建设的研究中,提示了制造意义的过程(使符号语义倍增)主要是交互符号隐喻——符号在不同情境下的使用导致其在语法和语义连接上产生语义重绘。而这在可视化支持的知识表达与生成议题上,以及科学知识交流中颇具意义。

在计算机与信息科学领域,可视化方面主要通过"元数据"和"本体"来表示信息和知识,研究主要集中于(数据、信息)语义与图示之间的关系,产生的结果主要是语法和工具。在解决从数据中获取信息意义的问题时引入了元数据。布法(Buffa,2008)等在 Web 语义研究中,形成概念体系的形式化标记,认为 Web 应用中应当有三个语义标记维度:语义、实用和社会。这与"本体"或"本体论"研究异曲同工。本体是指一种"形式化的,对于共享概念体系的明确而详细的说明"(Gruber, 1993);布鲁斯特(Brewster,2007)在使用本体的知识描述研究中,更是将本体研究置于知识呈现的长期研究中予以讨论。

在科学领域,则有基于离散对象的和连续区域的知识表征与建模。斯库皮(Skupin,2009)在(地理)科学知识可视化研究中写到:"科学的结构与演变的可视描述已经被认为是关键策略,用以处理庞大而复杂的且不断增长的不同学科间科学交流记录""地理信息科学中,空间被概念化为二元性的离散对象或连续区域"。研究中证明了科学知识被概念化为离散对象或连续对象的两种选择,会导致两种不同的可视化呈现。研究认为:离散性的对象本体已经开始主导知识建模;连续性的区域本体是知识可视化中离散方式的补充。其中的知识可视化一般过程有可操作性和一定的可模仿性。不同学科领域的知识或可用不同的可视化思路,而对于交叉域,可能需要一个共同的框架。

另外,在认知心理学理论研究中,知识表征以概念、命题为基础,以结构、网络为关联形式。在认知主义理论中,人脑是以命题网络或图式来表征陈述性知识,而以产生或产生式系统来表征程序性知识。联结主义者认为,知识大部分是以结构的形式建构的,其常见的心智结构主要有概念、命题和图式等,它们一般用来组织知识、创建相关知识的意义结构,并存储于联结权重之中(杨盛春,2012)。

(3) 可视化表征的语义规则与表征样态

以计算机科学为基础的可视化表征研究中,对语义的表征是重要的研究部分。它主要聚焦于表征规则与表征形式。它依据一定的表征方法进行,主要涉及"用怎样的表征符号(体系)和规则等表达什么含义"。表征规则主要有:重可视表达(组件—规则)、重语义行为(行为—规则)、重视觉线索(线索—连接)和从逻辑抽象到视觉表达等。

表征规则研究点主要有图表组件—数据结构、图表语法、视觉线索等。"图示"在程序设计环境中作为一种视觉化输入工具,被转化为语义描述,它始于收集的基本图表组件、结束于表示图表语义的数据结构。描述包括基本图示组件间的空间关系规格——依据它们的位置、大小等数字参数获得,和属性方法——用以描述具体图示语法和产生语义描述的规则(Minas,1999)。这种方法的逆序过程就是实现可视表征的一种。Baresi 和 Pezze(2005)用"图表语法(Graph Grammars)"描述选定行为,并且验证了两种图表语法,可以详细描述抽象语法陈述的变形,以及离散、并行系统的相应改变。Stolpnik(2009)研究了图像语义中的视觉线索,将其作为揭示语义信息和辅助语义图表导航与探索的一种方法。语义图表需要更强健的工具,能结合统计与拓扑分析,尽可能提供与正确信息背景的连接。视觉线索由图表和图表数据元素的详细(特定)问题定义。该研究中定义了三种视觉线索:拓扑学的、统计学的和语境的,并展示它们如何在面向多种任务的交互式图表视觉系统中有效使用。这对如何获得对数据的理解和洞察很有帮助,对语义图示过程的研究也很有帮助。斯库皮(Skupin,2009)用实例展示了从地理空间到数据库的过程,中间的"概念模型—逻辑模型—实体模型"间的转换也是对知识表征与建模可视化很有启示的一种方法。

可视化经过多年的发展,各种图符、图形在不同的领域里不断地被发掘、利用,业已在有限群体或领域范围内形成一些图解约定。各行业应用的主要表征形式有:①统计图(charts):饼图、条形图、直方图、拆线图、散点图等,②图表:表格、矩阵,③结构图:树形图、网状图、流程图,④时间轴,⑤维恩图解,⑥存在图(existential graphs),

⑦概念图,⑧实体关系图,⑨用户界面图,⑩楼层平面图,等等。这些图,都有相对确定的语义。但是,像基本形状、流程图符,在实际应用中却有着不确定性——同样的图可表示多种不同的关系,对细节的处理也各有不同。而且,很多在学习活动和学习情境中,也需要专门设计的图示表达。要明确而清晰地可视化表达知识关系或辅助学习,需要结合使用情境专门设计与开发。如,大卫·海尔(David Hyerle)博士开发用以帮助学习的语言,提供了带有明确含义的8种图,包括括弧图、桥接图、起泡图、圆圈图、双起泡图、流程图、复流程图、树形图(赵国庆 等,2005)。从已有的可视表征形式或工具的功能与目的看,主要的类别有：概念图、思维导图、认知地图、语义聚合、语义呈现、语义比较、语义分析、语义模拟、图示评估等。

2.1.2 知识可视化表征的视角与功能类型

业界可视化专家和研究团队已对知识可视化表征开展过专门的研究。这些研究有不同的目的和特点,对可视化知识应用都有价值贡献。由于背景、思想等的差异,这些研究也代表了对知识可视化表征的不同视角和观点。如,传播取向的、视觉文化视角的、信息论视角的。而从可视化表征的功能与形态特点来看,代表性的表征方法和表征工具主要有三类：侧重表达呈现的可视表征、侧重分析的可视表征、侧重模拟的可视表征。

(1) 知识可视化表征的不同取向

学界对知识表征的研究存在着多种研究视角,不同的研究主体团队从其研究背景选择了不同的研究取向。全面认识知识表征研究的不同视角与取向,有利于更加准确地理解知识可视化、知识表征与学习、知识表征与创新应用等工作。

A. 传播取向的知识表征

传播取向的知识表征,最典型的要属伯克哈德的研究。埃普勒和伯克哈德二人认为,知识可视化领域研究的是视觉表征在改善两个或两个以上人之间知识创造和传递中的应用。这其中透露着传播取向。在这种理解倾向下形成的知识表征框架,较重视主体(传播者与受众)和传播的目的,强调通过承载内容的表征形式实现人与人之间的内容传递(这其中包括了认知上的理解、活动中的交流与价值上的应用与创新)。伯克哈德认为成功可视化需要被定制到接受者的认知背景,达到接受者可以像发送者意图的那样重构自己的知识;通过可视化成功地传递并创建知识,需要考虑四个方面(Burkhard,2005a)。这四个方面基于下面的四个问题:为什么要可视化知识(目的)?什么知识需要被可视化(内容)? 要解释给什么人群(受众)? 可视化特定知识的最佳方法是什么?(媒介)? 由此,其知识可视化框架包括四个部分:关注功能类型、知识类型、接受者类型和可视化形式(Burkhard,2005b),见表2-1。

表 2-1　知识表征框架

功能	知识类型	接受者	可视化类型
调节沟通	什么	个体	启发式草图
引起注意	怎么样	群体	概念图表
引发回忆	为什么	组织	图片
激发动机	哪里	网络	知识地图
细化	谁		对象
创新认知			交互式可视化故事

在通过可视化将知识进行转化和表达的时候,从功能的角度告诉人们为什么要进行可视化,从知识类型的角度告诉人们内容的本质,从接受者类型的角度指出知识接受者(或者观众)不同的背景,从可视化类型的角度根据个体特征建构可视化类型。

在功能方面,调节沟通:可视化表征有助于个体之间的沟通(如协作过程中知识地图、可视化工具的运用,启发式的草图)。引起注意:可视化表征通过处理情绪得到关注(如广告),通过识别(如在白板上绘制草图)模式、极端值和趋势保持注意(信息可视化)。引发回忆:可视化表征提高对知识的记忆,帮助引发回忆(如视觉隐喻,故事,概念图)。激发动机:可视化表征激发、鼓励、激励和激活观众(如知识地图,共同的故事,指导图)。细化:可视化表征促进团队中知识的细化(通过草图或者物理模型讨论新的产品)。创新认知:可视化表征可以通过增加细节,显示对象间关系(信息可视化),或导致的影响(如视觉隐喻)支持新观点的提出。

在知识类型方面,知识被划分为五类:陈述性知识(知道什么,比如事实性知识),过程性知识(怎么知道,比如过程),经验性知识(为什么知道,比如原因),目的性知识(哪里知道,比如知识来源),个体性知识(谁知道,比如专家)。在接受者方面,识别目标群体和接受者,可以是个体、群体、组织或者网络。了解接受者所处的环境和背景对找到正确的知识可视化表征方式至关重要。

在可视化类型角度方面,通过七种可视化方式来传达和创新知识,每一种可视化方式都各有它的优点和缺点:①启发式草图能够快速地将新观点进行可视化表示。通过草图使得知识更加清晰和具有辩论性,用来帮助群体间的反馈和交流。②概念图表通过抽象和概要的表征探索部件之间的关系。通过图表表征的知识在分析之后,是结构化和系统化的。图表有助于人们对抽象概念的理解,帮助减少知识的复杂性,增强认知,解释因果关系,结构化信息和讨论关系。③知识地图,在知识管理中通常称为知识地图,将知识来源、评价、结构、过程图像化。然而,知识地图也可以是虚拟的、在建的或故事。地图有助于表征概况和细节,结构化信息,方便获取信息,等等。④图片能够代表现实,令人印象深刻。在知识表征和传递中,有助于吸引注意(如广告),影响接受者(如绘画),渲染情绪(如广告),引发回忆(如标志、视觉隐喻)和发起讨论(如讽刺漫画)。⑤对象处于三维空间中,并允许人们接触,有助于吸引接收者,支持学习。⑥交互式可视化,用于获得、探索和理解各种类型的信息。交互式可视化能够吸引大众,实现时间和空间上的协作,展现复杂的数据关系并创造新的图像。⑦故事,能够通过时间和空间转移和传播知识,一个叫做 storytelling 的应用能够通过口述或者手写的语言将脑中的图像说明,可以用在展示实践中。

伯克哈德在提出表征框架后,又提出了如图 2-2 所示的知识可视化模型,此模型较清楚地表现了知识表征的传播特点。

实际上,虽然,埃普勒和伯克哈德研究的取向是传播的,但其研究中涉及对知识表

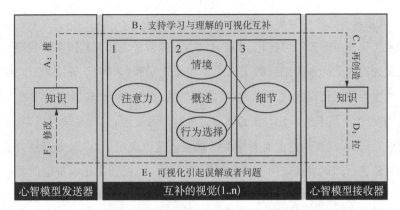

图 2-2　传者、受者和作为媒体的可视化之间的知识可视化模型

征更多要素的研究,包括表征的对象、表征的形式与方法。埃普勒更是进一步研究了用以可视化表达的众多方法,形成了可视化方法周期表。

图 2-2 中的框架也部分或全部为同类研究所采用。赵国庆等人的研究,认为知识可视化领域的知识表征是指知识的外在表现形式,与此相对应的是承载知识的图解手段,也是直接作用于人的感官的刺激材料;并认为知识可视化的研究框架,应当包含三个问题:可视化的知识类型、可视化知识的目的和如何可视化知识,如图 2-3 所示。他认为以图解的形式将知识表现出来,形成能够直接作用于人的感官的知识外在表现形式(物理知识制品),从而促进知识的传播和创新(赵国庆 等,2005)。换言之,知识表征能够更好地帮助学习者理解抽象的语言,加速其思维的发生,从而促进知识的传播与创新。

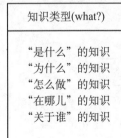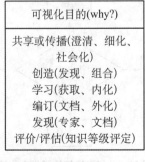

图 2-3　知识可视化研究的三个角度(问题)

B. 视觉文化视角的知识表征

视觉文化视角的知识可视化(表征)研究,以张舒予老师及其团队为代表。视觉文化被定义为以视觉元素为主导的文化现象和文化实践(朱静秋 等,2002)。在对以视觉元素为主导的文化现象进行思考,将之与教育技术创新比较研究时发现(张舒予,2006):作为教育技术的研究对象的学习过程和学习资源,尤其是学习资源,在其开发与建设中,视觉元素在理论上有着重要的地位。这也决定了,以视觉符号为基础从视觉文化视角进行知识表征应用在其中有重要价值。而视觉文化本身也需要得到表征与传播,这体现在视觉文化的多种外在形态中,其中之一就是知识可视化。

视觉文化符号本质上是其他事物的代表物,其指代关系也是多样的(因符号的不同和代表物的不同,两者间的相似性和形式也是不同的)。这与知识可视化中"表征"用符号的基本作用一致。"视觉符号与文本符号相比,有着不同的结构方式,因而具有相异的功能机制"。与一般符号一样,视觉符号也是由形式能指和意义所指两部分构成。视觉符号在结构上,能指与所指间存在相似度与直观性;视觉符号在功能机制上,不仅能指示外显的对象,而且其所指可容纳有层次的意义空间(张舒予,2011)。

视觉文化视角的知识可视化以视觉符号的结构方式与功能机制为基础。视觉符号中涉及了实物、抽象物、符号结构和意义所指,这几乎与知识表征中的所有基本要素一致。视觉文化表达结果(文化制品)所用到的表达手法,完全可以用来实现知识的表征。曾被用来表征视觉文化作为资源建设新视角的图2-4,在微观层面上也可以比喻

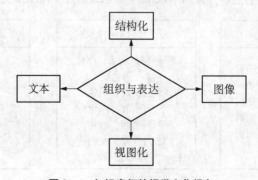

图 2 - 4 知识表征的视觉文化视角

指知识可视化工作：知识是对某种意义的组织与表达，表征中会用到文本或图像，表征的重点就在于内容结构和语义关系，表征整体上呈现出形态各异的视图。宽泛地讲，视觉文化制品，也是一种知识可视化表达。

C. 基于信息论的知识表征

基于信息论的知识可视化视觉表征被提出（赵慧臣，2011），主要有两方面的原因：一是之前的知识可视化研究被认为存在"缺少观看者和制作者等因素""未剖析因素间深层次关系"和对表征之社会意义考虑的缺失等缺陷；二是受视觉文化符号研究的影响和启发，信息论被认为可以提供新视角以把握知识视觉表征，以期促进知识可视化表征。从对信息的认识过程出发，"先形式、后内容、再效用"用以反映认识主体的"观察、理解和目的"特性，并且作为知识表征的分析与设计的三个要素与层次。由此，信息论视角下的知识可视化视觉表征研究框架，如图2-5所示。其中包括表征形式分析、表征内容建构、观察者解读和制作者设计四个有序的部分。

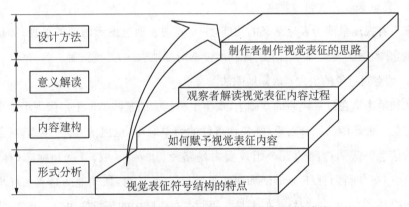

图 2-5　信息论视角下知识可视化视角表征分析框架

（2）知识可视化表征的类型及功能特点

知识表征方法，是指把知识语义转换为可视化内容时所用的原理。整体上看，知识表征的方法大体有四种：一是用图形图像还原知识本源；二是用概念、命题反映关系；三是用统计分析揭示规律；四是用仿真模拟反映事物本质与过程（知识）。在表征媒介上，基本上用到两种，一是图形、图像（内应为心理表象），二是概念命题。

从表征的功能形态看，知识表征方法有三个特点：一是突出呈现与表达的设计与开发；二是突出呈现与分析的设计与开发；三是侧重呈现与模拟的设计与开发。在具体的方法工具中，这三个特点并没有清晰的界线，如基本的呈现，在不同的工具中，都是被照顾到的。尤其是呈现与分析，也往往是一体的。三个特点的观察是为了辨识其隐含的功能特性，以便能在进一步的设计与应用中更加到位。下面按三个功能特点看一看四种表征方法。

需要说明的是，这里对知识的理解是比较宽泛的，甚至涉及信息与数据。实际上，知识在很多时候离不开对信息、数据的呈现。一方面，知识的呈现需要信息与数据支撑；另一方面，人要从信息与数据中得到知识，也离不开对信息与数据的处理（可视呈现）。比如，从有规律的数据中总结出知识。

A. 突出表达呈现的功能

突出可视地呈现与表达意义的功能，主要表现在通过图形图像的呈现（如认知地图）、概念图、语义类聚等方法上。此功能强调清楚地表达、呈现内容。

a. 对空间对象的呈现：认知地图法

认知地图是在过去经验的基础上，产生于头脑中的某些类似于一张现场地图的模型。它是一种环境的综合表象，既包括事件的简单顺序，也包括方向、距离，甚至时间关系的信息。认知地图的五个组成要素是路径、边界、区域、节点和标志（林玉莲，1991）。1975 年科斯林（Kosslyn）和谢帕德（Shepard）认为，认知地图是真实环境的复制品，它与物质环境大致对应，似乎是一幅贮存在头脑中的环境的图像。其实，这只是心理学家对认知地图持有的观点之一，即模拟观点。

还有一种观点是认知地图的命题观点。1973 年比利辛（Pylyshyn）更加强调通过对信息赋予标签并加以贮存。也就是说客观环境被再现为很多互相联系的概念，每一种概念都会引起很多联想，如颜色、名称、相应的声音、高度等，人们借助于这种命题网从记忆中寻找有关联想，并由所画的草图体现出来。它在研究中被称为"因果图"，由阿克曼(Ackerman)和伊顿(Eden)于 2001 年提出。它将想法(大多是句子或段落)作为节点,并将其相互连接起来,但是连线上没有连接词。

这里更强调认知地图法对时间与空间对象及内容的呈现。从时间与空间的视角来看,知识涉及其中的任何存在物。而且,认知地图的命题观点与概念图的呈现方式很类似。但不同的是基本元素不同(概念与句子),还有连接词上有区别。

与认知地图类似的另一种手法,是充分利用平面图形与图像表达两对概念关系的呈现方法:概念图法。

概念图是由著名的教育心理学家、美国康奈尔大学教授约瑟夫·D·诺瓦克(Joseph D. Novak)基于奥苏泊尔的同化理论提出的一种增进理解的教学技术。具体来说是通过表示概念与概念之间关系的图示来组织和结构化知识,从而帮助学习者学习。在诺瓦克提出的概念图中,包括"概念、命题、层级结构和交叉连接"这四个核心要素。其中,"概念"是知识的基本建构组块,运用方框或者圆圈进行表征;然后,根据使用者对概念的理解,运用连接词和带箭头的连接线连接不同概念,从而表征出一个"命题"或者对某个事件或事物的一句陈述,这样由"概念、连接线、连接词"的组合就形成了相对完整的学习单元:知识单元。

概念图法后期的发展,已经支持用概念以外的其他元素来表达知识。图像化和动态化的多媒体素材,文档材料,网页或其他一些类型。概念图的核心思想就是简化,无论是为了表征知识,用于教学,或者是作为知识管理的工具,概念图中可以整合各种类型的数字化材料。像基于面视的知识管理系统 Webster,它将知识进行可视化表征,对隐性知识显性化并进行清晰展示,简化了对多层抽象知识的多层表达建构和引导,能够将领域的核心知识、基础知识通过视觉、听觉整合的方式进行外化,对领域深入的理解和学习提供支持(Alpert,2005)。Webster 中的可视化种类、功能与样式,见图 2-6 和图 2-7。

b. 对聚类语义的呈现:知识图谱法

知识图谱是显示科学知识的发展进程与结构关系的一种图形(汤建民 等,2012)。典型的知识图谱产品与应用是 Google 知识图谱(Google Knowledge Graph)。它是

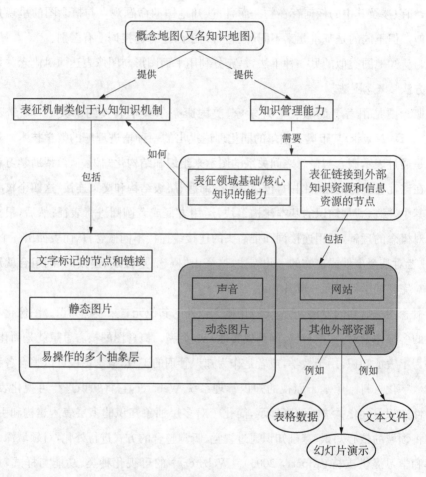

图 2-6 Webster 中的可视化种类和功能

Google 的一个知识库,使用语义检索多来源地收集信息,以提高 Google 搜索的质量。除了显示其他网站的链接列表,还提供结构化及详细的关于主题的信息。其目标是,用户将能够使用此功能提供的信息来解决他们查询的问题,而不必导航到其他网站并自己汇总信息。

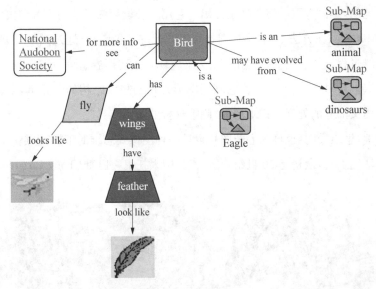

图 2-7　Webster 样例

所以在本质上,知识图谱是一种基于语义网络的同主题语义类聚性质的知识或信息整合应用。它可以帮助使用者更准确地搜索(Singhal,2012)、更深入而广泛地搜索,从而获得有关搜索内容的最佳介绍。从语义层面看,它是相近与相邻语义的聚合。

B. 突出分析呈现的功能

可视分析的突出功能,主要表现在思维导图和基于数据与信息的统计与可视分析方面。此功能强调对内容(信息、知识)的语义分析和对内容(数据、信息)的统计与可视分析。

a. 基于概念的可视分析:思维导图

这种可视分析功能是通过概念完成的。它的外在形态与概念图几乎一样,但这里用思维导图来表达基于概念的可视分析。因为分析是一种思维活动,但思维离不开语言。所以外显为语词的概念就成为可视分析功能实现的基本元素。与表达呈现的区别在于:学习者使用时,是把已知的内容用概念图呈现出来(用概念表达已有知识),还是把不完全知道的内容用概念思考、分析出结果来(用概念表达思维过程或结果)。

思维地图,是由大卫·海尔博士提出。它用8种设计图形辅助思考和决策的过程(Hyerle,1996)。在方法上,思维地图是利用设计的8种图形(通过其形状)喻指8种典型的思维过程,包括:呈现主题内容(头脑风暴)、描述形容、排序信息、分析对象、类比、分析(事件)因果、比较、归类。它利用图形外形与思维结构的形相近,来辅助思维活动中的语义部分的处理。详见后面"侧重分析的图示工具"。

类似地,思维导图(也称为心智图),也是一种图像式思维的工具,也是一种利用图像式思考辅助工具,最初是20世纪60年代英国人托尼·巴赞(Tony Buzan)创造的一

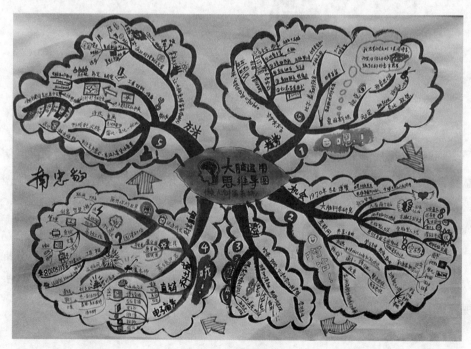

图 2-8　思维导图样例

种笔记方法。他认为传统的草拟和笔记方法有埋没关键词、不易记忆、浪费时间和不能有效地刺激大脑的缺点,而简洁、效率和积极的个人参与对成功的笔记有重要的作用。思维导图用一定的图形表征一个"核心关键词",然后通过例如联想或讨论等学习过程,发散或扩展出与关键词具有不同关系的其他"知识"(运用一定的图形进行表征),并且运用不同的颜色、线条、图像、符号等将其进行连接。可利用它引起形象化的构造和分类的想法,用一个中央关键词或想法以辐射线形连接所有的代表字词、想法、任务或其他关联项目。它可以利用不同的方式去表现人们的想法,如引题式,可见形象化式,建构系统式和分类式,普遍地用在研究、组织、解决问题和政策制定中。在意涵上,思维导图是用句群、句子、短语,或者说是陈述、命题,表现想法和思考过程;但在本质上,这些都离不开概念。建立于概念基础之上的陈述、命题等之间的思维活动,就是利用概念进行分析的体现。

有研究曾经对比了概念图和思维导图之间的不同之处:①概念图所注重的是通过建立不同概念之间的联系,从而形成一定的意义;而思维导图是围绕一个特定的"主题词",与其他相关知识建立联系;②在概念图中,概念与概念之间的联系需要运用词汇明确表示;而在思维导图中只需要运用不同颜色、不同粗细的线条来连接不同词汇即可;③概念图中不同的概念之间具有严格层级关系,思维导图中则不用如此,它主要表现出的是基于一个核心关键词的"树结构",而且知识与知识之间的分支结构不代表一定的层级或者交叉关系。这两种可视化知识的方式为理解如何运用技术支持学生知识的习得提供了两个不同的视角,其中一种形式可以帮助学习者建构知识的学习过程,另一种则可以帮助学生整理、反思学习知识的结构等。

虽然两者在技术解释上有这样的区别:前者可用于建构知识,后者可用于整理结构,但是当两者都用于未知或不确定知识内容时,其帮助分析的功能就能得到体现。因为建构、整理或反思时,都需要分析;而在这种风格下(基于语词概念的表征),离不开概念。

b. 基于信息、数据的可视分析

可视分析,在本质上是借助视觉的外在表达,辅助、深化理解和解析的过程;它在心智/认知层面上，是一种视觉或视像性理解与解析的过程。所以可视化分析，除了上面基于概念的可视分析外，还有另一种就是利用图形、图像的可视分析。目前典型的图形、图像化可视分析就是基于信息、数据的可视分析。这在方法上符合之前谈到的一种表征方法：通过统计汇总找出规律（如图示的统计结果）。

对数据、信息的可视分析是建立在统计的基础上的。这种可视化功能特点，反映数据或信息中的结构性或过程性规律，因为有数据支持，就可以动态地呈现不同情况下的状态或过程变化。如 Excel、SPSS 中的统计图表，Matlab 中的计算结果图示，都是基于数据的统计与运算结果。这些可视表达实际上是基于数据、信息的可视分析，因为在分析之前，难以从这些数据、信息中获得认识与结果。

术语"视觉分析"被定义为："基于交互式视觉界面的分析推理科学"。它的出现意味着，基于数据与信息的可视分析的重要性。在学习知识与认知过程中，可视技术辅助的对数据与信息的认知与处理，是重要的一部分，尤其是在科学思想与科学方法主导的技术与科学世界里。图 2-9 所示，可以作为基于数据与信息的可视分析用例。

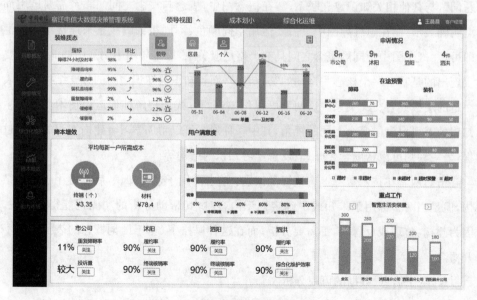

图 2-9　基于数据与信息的可视化

C. 突出模拟呈现的功能

突出模拟的可视化功能，主要是通过模拟的对象、目标、形式等实现的。可视模拟的优势主要表现在仿真性、交互性、动态性。仿真模拟的重点有两个，一是对事物形态的静态模拟，二是对事物状态与过程的动态模拟。可以用强、弱来区别对事物描述的抽象/可视程度。强仿真模拟是指对实际事物的特性、结构、关系和过程等的逼真的数字化模拟，相当于在认知地图上实现了动态模拟。弱仿真模拟是指对对象（事物本身的外形及其内涵等）做了简化与抽象性表示，只动态模拟其中的重点（符合目的的选择结果）部分的模拟。此功能特点强调对事物的真实模拟，能够看到事物关系、事物发生和变化的过程，以及事物变化后的结果。

其实，由于模拟所具有的多种优势，已经有很多学科在研究它，并已经被应用于很多领域。模拟（simulation），泛指基于实验或以训练为目的，将原本的事务或流程，予以系统化与公式化，以便进行可重现预期结果的模拟。模拟要表现出选定的物理系统或抽象系统的关键特性。模拟的关键问题包括有效信息的获取、关键特性和表现的选定、近似简化和假设的应用，以及模拟的重现度和有效性。目前常用模拟手段有：计算机模拟、实验模拟。可以认为仿真是一种重现系统外在表现的特殊的模拟。从模拟对象和方法上看，主要有物理模型、情境模拟、类比模拟和数学模型等形式。

可见，模拟的研究中比较强调系统性、模型化。其中有一个很重要的特色就是仿真。这与可视化表征的本质是一样的，如果不考虑仿真与可视化表征的语义范围与规模。事实上，知识内容的范畴并不排斥知识本身的规模与性质。所以对于知识表征来讲，仿真模拟可以看作是知识可视化表征的一个重要特色。

2.1.3 可视化知识表征的工具及其应用

虽然，知识可视化表征的框架有不同的视角和取向，但是，它们的基本逻辑框架则大同小异。各有侧重的表征类型与各具特色的表征工具，能够在学习与知识的相关应用中带来多样的表征样式与不同的表征效果。以上类型的知识可视化表征类型，在相应的工具设计和实际应用中各有代表。通过了解它们，可以一窥可视化知识表征开发与应用概貌；进而，可以启示面向深层学习的语义图示工具的开发。

突出表达呈现、分析呈现或模拟呈现的四种表征，各有其方法特色和相应工具；它们从不同角度体现了对可视化技术之应用功能的理解和设计。它们的代表性应用案例包括涉及 100 种可视化方法集的可视化周期、用以实现语义结构模式的 WordNet、实现语义推荐并与专家模型比对的 CmapTools，以及实现知识表征模拟过程的 Insight Maker。

（1）可视化知识表征代表性工具

现在可用于知识表征的工具已有很多。这些工具在功能特点上各有重点，在使用风格上各具特点。事实上，很多工具同时兼具几种功能或特色。表 2-2 列出了可用于知识表征的典型工具及其功能特点与表征方法。

表 2-2　可用于知识表征的典型工具及其功能特点与表征方法

典型工具	同性质工具	功能特点	表征方法
认知地图	百度地图、3D 地图	模拟、呈现	A
概念图	Inspiration，MindMapper，Cognitiveassistent	表达、分析、呈现	B
思维导图	MindManager，Xmind，The brain，	分析、呈现	B
思维地图	Office 之 SmartArt 思维导图之 8 图	分析、呈现	A
可视化方法周期表	Visio、Gliffy 等	表达、呈现	A
知识图谱	知识图谱，WordNet，Protage	表达、呈现：语义聚合	B
CmapTools		分析、呈现：语义比较、推荐	B
Excel	SPSS、Matlab、R	分析、呈现	C
Metafora	Freestyler	分析、呈现	B

续表

典型工具	同性质工具	功能特点	表征方法
Insight Maker	Flash	模拟、呈现	D
图示评估	HIMATT	分析、呈现	C

注：表征方法：A 用表象图形图像还原知识本源；B 用概念、命题反映关系；C 用统计分析揭示规律；D 用仿真模拟反映事物本质与过程(知识)。表征的功能特点：表达呈现、分析呈现、模拟呈现。

HIMATT：highly interactive model-based assessment tools and technologies，http://dro. deakin. edu. au/view/DU:30061847

知识表征工具的具体形态主要有三种：控件、模板、软件。控件是作为独立软件的装卸组件存在的，理想状态下，它可以在不同软件间共享使用。模板可以看作是较常用的示例，依附于独立软件。第三类就是独立软件。上表中，大部分工具都是独立软件。从图示与语义的形义关系来看，基本上是两种情况：一是形义聚合，即图示外形与语义内容合一的，如 CmapTools；二是形义分离，即只顾及图示外形或语义内容，如可视化方法周期表、SmartArt。

A. 侧重呈现的图示工具

典型的，已被研究并设计的侧重表达呈现的可用图示工具，主要有两大类，一是成组成套的图解图示，二是利用概念工作的概念图或思维导图工具。前者典型的有：18 种图(图式描述)、可视化方法周期表、SmartArt(组件)等；后者典型的有 MindManager。其中第一类主要是带有一定语义的图形设计。它们可以被开发为控件，也可被嵌入独立软体中。

a. 18 种图

伯克哈德曾整理了用于抽象观念图式描述的 18 种图形(Burkhard，2005)，它们可以结构化信息、图解关系，见图 2 - 10。每一种图在参数与内容上可以扩展。它们可用于很多种知识或信息的呈现，或可用来辅助分析。

与此相类似，作为组件存在于 MS Office 办公套件中的 SmartArt 也是这一类可视图示工具。还有可视化方法周期表，其中的图形整理内容更加丰富，组织上显得更加系统化，详见后面图示工具的应用。

图 2-10　结构化信息、图解关系的 18 种图

b. 可视化方法周期表

在可视化方法周期表中,根据可视化复杂度分为:数据可视化(饼图、线图等形式),信息可视化(数据图、流程图等形式),概念可视化(决策树图等形式),策略可视化(如商业管理图形式),隐喻可视化(如城市铁路规划图等形式),及复合可视化(以上几种的综合体),在每种可视化类型中,都有一系列具体的可视化方法。每种方法在表征

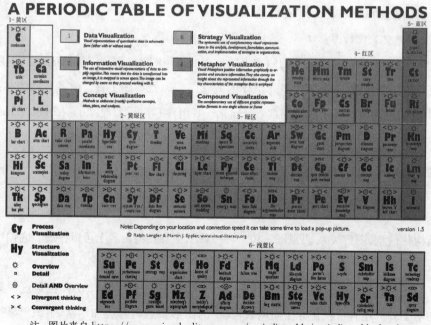

注:图片来自 https://www.visual-literacy.org/periodic_table/periodic_table.html

图 2-11　可视化方法周期表

形式、交互方式和认知特征等方面都有分析(Lengler 等，2007)。

六种可视化类型对应图 2 - 11 中的六个色区，如数据可视化对应图中的"1 - 黄区"。每一种可视化色块都包含了与之相对应的可视化方法集。周期表中的"方法"字母是每一个具体的可视化方法的英文简写，如图 2 - 12 所示，"Mi"是 Mindmap 的简写，且每个元素都有一个隐藏的实例，当鼠标放上去时就会出现，如图 2 - 12 所示是一个 Mindmap。

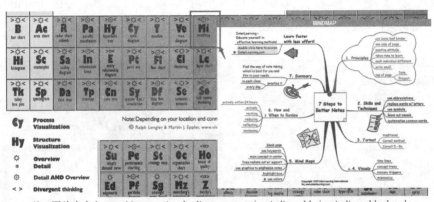

注：图片来自 https://www.visual-literacy.org/periodic_table/periodic_table.html

图 2 - 12　可视化方法周期表实例

可视化方法周期表中有七种图例，如图 2 - 11 的左下角所示。(蓝色)"Cy"和(黑色)"Hy"这两个图例为被表征对象的类型，分别代表程序可视化和结构可视化，两种颜色同时也与周期表中的"方法"字母颜色相呼应，给使用者以指导(具体颜色请参照图注地址所展示内容，并可查看更多方法样例)。另外五种图例分别是概述、详情、概述和详情、发散性思维、收敛性思维。七种图例使得周期表中可视化方法的使用范围排列清楚，一目了然。这对于可视化方法的初学者快速直观了解各种可视化方法极为便利。

c. MindManager

单独的概念无法传达任何信息，但是在意义学习的过程中，可以通过概念图中反映出的"概念和命题"的层级关系来判断学习者的认知结构,而且在概念图中展示出的"交叉连接"可以引发新的创新性见解(Novak 等,2008)。而主要用于表达发散性思维的思维导图类工具主要是在组织、梳理、扩展个体或团体对与核心关键词相关知识理解的基础上,帮助学习者记忆、形成对某一知识新的认识或新的问题解决方案等。有研究表明,运用概念图、思维导图进行教学,它不仅可以用来培养学生逻辑性思维和学习技能,还可以帮助学习者了解单个思维是如何组合成为思维整体的(Buzan,1993)。目前最能够表达概念图和思维导图理念的工具,包括 Inspiration、MindManager 等软件,其中 MindManager 的界面与样例如图 2 - 13 所示。

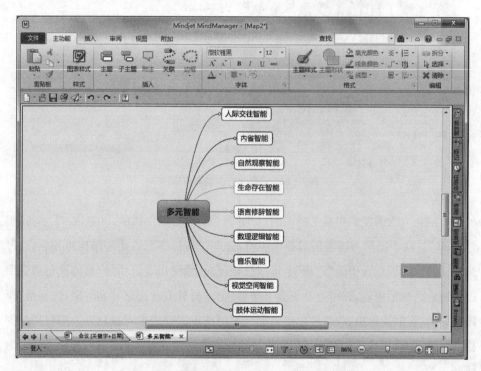

图 2 - 13　思维导图 MindManager 的界面与样例

B. 侧重分析的图示工具

典型的已被研究并设计的侧重分析的图示工具,有三类,一是专用于思维的成套图示,二是基于数据与信息统计的可视分析软件,三是利用概念和命题进行分析的概念图或思维导图工具。其典型的工具分别有 8 种思维图形、Excel、SPSS 等统计工具的可视化组件和 Metafora。

a. 8 种思维工具

思维图形,可运用在学习、研究、工作各个领域,将思维的模式和过程可视化表征。这 8 种图都是以基本的认知技巧为基础的,这些技巧包括比较和对比、排序、归类和因果推理,学生在建构知识时要使用多个图以用于提高基本的阅读理解、写作过程、数学以及问题解决能力和高级思维(技巧)能力。

表 2-3　8 种思维工具

必要的领导力问题	思维过程	作为工具的思维图形	
如何定义这个话题? 情境是什么? 影响我们观点的参考框架是什么?	在情境中定义	圆圈图	
描述话题,使用形容词和形容词短语,什么是领导力,逻辑和情感属性是什么?	描述属性/质性	起泡图	
比较观点,相似和不同的地方是什么,现在的情境和预想的目标一样吗?	比较和对比	双起泡图	
如何把这些想法分类? 主要观点是什么,支持观点的信息细节?	分类和群组观点	树形图	
有需要分析的物理对象、组件部分、子部分吗?	部分与整体	括弧图	
我们认为会发生什么? 事件发生的顺序是什么? 先制定计划,然后建立行动计划。	序列	流程图	
短期和长期的原因是什么? 系统的反馈是什么? 根据解决方案,预测会发生什么。	因果	复流程图	

续表

必要的领导力问题	思维过程	作为工具的思维图形
当前的情况是如何与已知的经验发生联系？什么类比指导着我们的思考？	类比	桥接图

这8种图分别是：圆圈图用于下定义和集思广益，进行头脑风暴以及通过提供情景信息呈现一个主题的先前知识。起泡图用于对事物的描述，用来描述形容词（和形容短语）的使用。双起泡图用于比较和对比。树形图用于群组观点，对事物和观点进行归类。括弧图用于整体—部分分析，分析物理对象，在左侧的线上是整个对象的名称或图像，在右侧的第一个括弧的线上是对象的主要组成部分。流程图用于对信息排序。多流程图用于表示和分析因果关系，中间矩形表示的是事件，左边是时间发生的原因，右边是事件产生的影响。桥接图用于建立类比和隐喻，为学生提供了看类比的过程的工具。

b. Excel 统计图表

基于数据、信息统计的可视化分析组件，被用于很多统计软件之中。它通过带有基本主题（如比较、幅度、趋势）的可视图形，反映一组数据或信息的整体语义。知识即由这样的信息处理而产生。这是科学方法中比较强调的知识观。图 2-14 所示是 Excel 中的统计处理图表。而数据除了数值型，也可以是文本。事实上，还有专门针对文本资料的编码统计处理软件，如 QSR Nvivo。

c. Metafora

Metafora 可视化学习平台的设计理念是利用可视化图示方式，通过带有小组规则和语义的图形，表征协作过程中的一般规律，为协作学习场景提供过程性的工具支持，促使学生在科学课或数学课中进行协作探究式的学习，其中主要包括"计划工具（Planning tool）"和 LASAD 工具（Dragon 等，2013）。

其中"计划工具"主要提供可视化的元素，用来呈现和表征小组在问题解决过程中的步骤和细节，从而帮助小组制定问题解决的计划，并且组织和完成问题解决的过程。

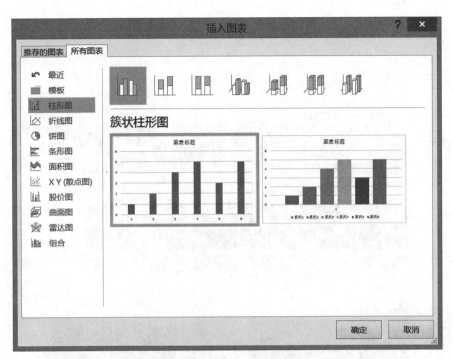

图 2-14　Excel 中的统计图表

具体来说,"计划工具"为小组讨论提供了"活动阶段、活动过程、态度、角色、资源和连接线"等六种类型的组件,基本涵盖了问题解决过程中涉及的基本组成要素。考虑到问题解决过程中包括不同的"活动阶段","计划工具"中提供了"定义问题""建构模型""评估"等 12 种"活动步骤"图标;考虑到完成某一"活动阶段"需要经历不同的"活动过程","计划工具"中定义了包括"汇报、演示、讨论和模拟"等 18 种"活动过程"图标。另外,考虑到在问题解决的过程中,不同的"角色"可以就某一"活动阶段"或者"活动过程"中的问题表达不同的"态度",计划工具中就设计了不同的"角色"和"态度"图标。运用这一工具,当小组成员出现分歧时,持不同观点的学习者(角色)可以表达和可视化呈现不同的观点(态度),并且还可以运用带有不同语义的箭头连接不同图标,表示图标与图标之间的关系。其中,"计划工具"中的主要组成要素的表征图标如图 2-15所示。

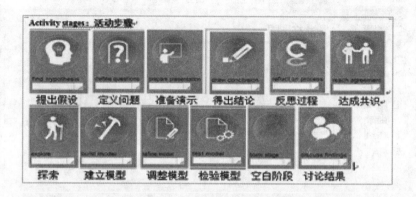

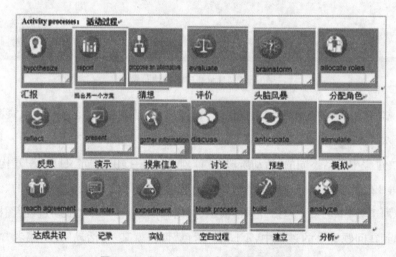

图 2-15　Planning tool 中的部分表征图标

在具体的学习问题解决的过程中,小组学生可以通过结合 Metafora 工具,对需要解决问题的步骤预先做好计划。这一工具对应用的样例如图 2‐16 所示。它与以往的可视化工具不同,它的特色在于这些可视化图标可以用来表征问题解决过程中涉及环节和步骤的语义,使得问题解决的具体环节和步骤能够显性化。通过这种对小组问题解决过程进行模拟,不仅可以促使小组成员了解问题解决的进展,为指导后续问题解决的计划提供显性支持;还可以让小组成员形成类似的问题解决过程的思考模式和规则,有利于在其他问题情境中顺利找到问题解决的思路和方法,从而提高学习效率和创造性。

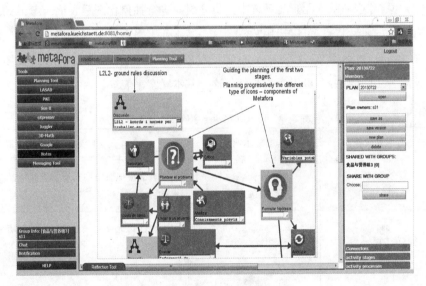

图 2‐16　Planning tool 工作界面

C. 侧重仿真模拟的图示工具

基本上,仿真模拟可以支持对系统性知识的表征。侧重仿真与模拟的图示工具可以归为两大类,模型化的图示工具和仿真性的图示工具。前者典型的有 Insight Maker;后者最常用的就是虚拟仿真实验平台,这是随着学科(知识领域)的不同而不同。两种工具的动态性、交互性是鲜明特色;而模型化模拟往往带有抽象性。模拟观点的认知地图,在这里被视为仿真的一种。

◆ Insight Maker

Insight Maker 是一款动态的可视化模拟工具,主要运用四类基本要素,即集合/原料(Stocks),流程(Flows),变量(Variables)和连接(Links),其图标示例和功能如表 2-4 所示。因为模拟是简化复杂系统的一种重现方式,所以,在模拟时只关注具有特定属性的对象集,而不是单个对象本身。

例如,当需要对兔子数量变化的系统进行模拟时,只将兔子的数量作为一个整体来关注,而不关注单个兔子的属性。为了实现这一功能,在 Insight Maker 中,可以运用"集合/原料"这一基本元素对系统中的集合对象进行抽象化图示表征。考虑到对象集具有不同的属性特点,可以运用"变量"这一基本元素来表征与对象集合相对应的变量情况。而且,可运用"连接"这一元素表征对象集合与变量之间的关系;而要体现不同对象集合之间的关系,可以运用"流程"这一基本元素来表征。

表 2-4　Insight Maker 中的四种基本要素

基本要素	图标示例	功　　能
集合/原料 (Stocks)	New Stock	用来表征模拟系统中具有特定属性的对象集合
变量 (Variables)	New Variable	用来表征模拟系统中与对象集合相关的变量
流程 (Flows)	New Stock Flow New Stock	用来建立连接不同"集合/原料"之间的连接,用以表征对象集合之间的相互影响和作用的关系
连接 (Links)	New Variable New Stock	用来建立不同"集合/原料"与对应的"变量"之间的连接,使得两者之间具有一定的联系

运用这四个基本的要素,可以实现对复杂系统中的基本对象以及变量进行表征,但是要能够动态模拟系统,需要对对应元素的属性值进行相应的设置,并且运用相应的函数或者设计相应的程序,建立不同要素之间的联系。这样,在运行模拟的模型时,就可以实现对系统的动态模拟。具体地,Insight Maker 中可以通过两种方式模拟,一种是基于系统动力的模拟,另外一种是基于代理的模拟。前者可以对简单的、固定变化的系统问题进行模拟,后者则相对复杂,可以对劣构性的系统问题进行模拟。虽然如此,两者还是共享着同样的要素和规则。图 2-17 是系统建模工具 Insight Maker 的界面,以及运用系统动力这一类型进行模拟的一则实例;图 2-18 是实例模拟的结果。

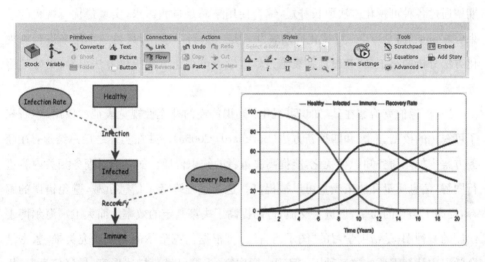

图 2-17　系统建模工具 Insight Maker 的界面　　　　图 2-18　实例建模结果

(2) 可视化方法周期表为典型的图形表征系列应用

图形表征系列,是通过图解(diagram or graph)或图表(statistic chart)呈现或分析内容意义的系列应用。其中用图解的外形、布局、大小、层次、顺序、色彩等表达内容意义的某些成分,很多时候需要语词配合;在图形外形上越靠近实体外形,呈现就越逼真。而图表也是借用完整的图形描述数据或信息的主要语义。它们的特点就在于,有较多的意义成分通过图形呈现表达了出来（比较基于概念的表征系列）。在视觉认知上，这种表征能更多地连接人的视觉知觉优势。

在可视化应用中，可视化方法周期表有广泛的指导作用。由瑞士知识可视化研究开拓者埃普勒联合瑞士几所大学的学者于 2007 年设计制作的可视化方法周期表，借鉴了门捷列夫化学元素周期表的架构、元素排列特点及其表现形式，并以元素周期表的形式呈现出了众多的可视化方法。它是精挑细选 100 种可视化方法编制而成的。

正如化学元素周期表旨在揭示通过元素得到化合物这种客观事实而不是元素的组织原则一样，可视化周期表的制作不是为了对各种可视化方法进行组织归纳，而是期望通过各种可视化方法取长补短，综合使用来满足自我需求，实现最优可视化的效果（Lengler 等，2007）。可视化周期表并不是一个科学模型，只是一个用来进行可视化方法分析的小工具，其设计初衷是为学生学习可视化方法提供方法引导，更好地服务于教学。

还有，像伯克哈德在其《知识可视化：知识传递的补充性视觉表征的使用》中研究了可视化的模型、框架和四种新方法（Burkhard，2005a）。并在实证之后总结道：在商务方案中加入商务知识可视化，能提高决策者的知识传递。如果能对商务相关内容进行图解，信息质量和决策质量可以被提高。这个过程降低了信息负载，避免错误的解释，提高了信息的质量，促进了交流，进而提高了决策制定的效率。而大卫·海尔博士绘制的 8 种图，是帮助学习的"图示语言"。可根据伯克哈德的实践研究类推，紧密结合学习中认知需要的这 8 种图：呈现主题内容（头脑风暴）、描述形容、排序信息、分析对象、类比、分析（事件）因果、比较、归类，也可以随着信息负载，增加信息和语义质量，促进交流，从而提高认知效果。从图本身的形之意来看，也可以根据需要，按情境被冠以其他语义，用作它用，但其基本语义（或者说功能）是不变的。

(3) Cmaptools 为代表的概念合语义网表征系列应用

概念合语义网表征系列，是通过概念或命题或语义网络呈现或分析内容意义的系列应用。思维导图中会用到命题；而最新研究中，语义网络也被用在学习中以支持或辅助概念图的绘制。相比较图形表征系列而言,它们的特点就在于,少了用图形外形呈现的意义成分,突出了概念及其平面布局,以重点呈现关系与结构。在视觉认知上,这种表征对视觉知觉的利用就偏弱。

目前,最能够代表运用概念图进行意义表征的学习工具是 CmapTools。1977 年,诺瓦克提出知识组成的关键要素是概念以及反映概念间的关系的命题(Novak,1977),当关键概念和概念间的相关关系通过概念图呈现给学习者时,诺瓦克发现这对学习者学习十分有效(Novak 等,2004)。图 2 – 19 表示了内在表征和外在表征之间的联系,概念图就是对语言表达的进一步整理,形成基础的底层结构(Kim,2013)。

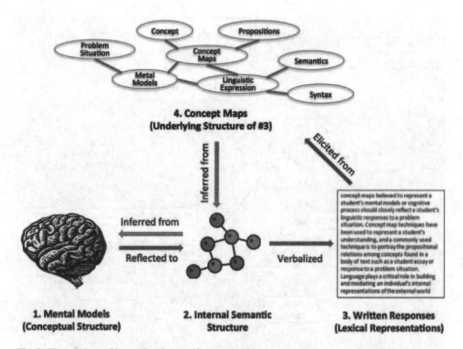

Fig. 1 The relations of internal and external representations

图 2 – 19　内在表征和外在表征间的关系

CmapTools 是人机识别研究院 IHMC(the Institute of Human & Machine Cognition)开发的软件,用户可以利用它创建、导航、共享和分析评价以概念图形式表示的知识模型。学习者可以通过 CmapTools 整合网络资源、课堂资源、实验资源以及领域知识，进行课程安排，记录相关阅读，整理数据，支持小组协作，整理画图、照片、视频，进行多学科整合，用于演讲、研究和课前、课后评价等活动，同时 CmapTools 为学习者提供脚手架支持，带来一种新的教育模式。CmapTools 包含"节点""连线"和"连接词"。节点代表某一命题或知识领域的关键知识概念，节点间的连线表示概念间的逻辑关系，连线上的连接词表示概念间通过何种方式进行连接。CmapTools 包含一个重要的功能，即学习者以"专家骨骼"为基础，通过对"专家骨骼"修改或者重构，来帮助构建自己的知识体系。如图 2-20 所示。

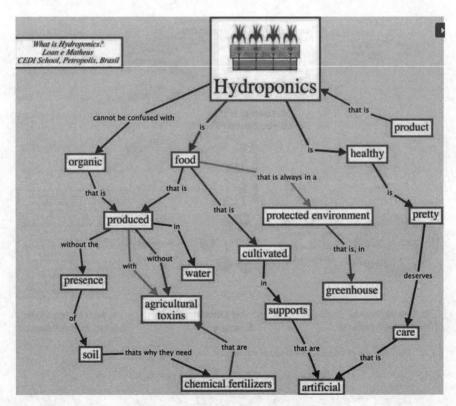

图 2-20　CmapTools 用例

CmapTools 中包括近 300 种概念图，合理涵盖 1 到 12 年级，6 到 18 岁的科学领域，很多科学家专注于某一领域，并且不断改进概念图以达到更好的效果，并可以进行语义结构比对，以及根据节点的语义关系及相关节点进行推荐。如图 2 - 21 所示。这种"概念图式"的知识表征过程，帮助学习者理清思路，梳理概念间相互关系；语义自动推荐功能为学习者提供脚手架，引导并支持学习者进行下一步学习；语义比对功能，与专家推荐结构的对照能够快速发现自主学习中的不足并及时矫正。

图 2 - 21　CmapTools 语义推荐

WordNet，同样是以概念为基础，并与语义比对和语义推荐密切相连的一个应用。语义关系的构建是设计语义图示系统最关键和基础部分。现有的工具中，WordNet 的类似功能能够很好地对此予以阐释。WordNet 是由普林斯顿大学的心理词汇学家和语言学家于 1985 年开始承担开发的一个基于心理语言学理论的在线词典参照系统。系统中的名词、动词、副词和形容词聚类为代表某一基本词汇概念的同义词集合，并在这些同义词集合之间建立起各种语义关系。

WordNet 是一个庞大的英语词汇数据库。同义词集的每个表达，代表一个不同的概念。同义词通过"概念—语义"和词汇关系相互关联。意义上相关联的词汇和概念网络可以在浏览器中导航。WordNet 是免费的，可以开放下载。WordNet 的结构，使其成为计算语言学和自然语言处理的有用工具。WordNet 在表面上类似于词库，因为它根据词的含义将词汇组织在一起。但是，它与词库有一些重要的区别。首先，WordNet 不是字母串形式的单词，而是单词的特定意义。在网络中彼此非常接近的单词，在语义上的歧义被消除。其次，WordNet 标记了单词之间的语义关系，而同义词库中单词的分组，只遵循意义相似性的显式模式。

WordNet 词库具有结构体的特性。WordNet 中单词之间的主要关系是同义词，如关闭（shut）和关闭（close）或汽车（car）和汽车（automobile）之间的关系。同义词是那些表示相同概念并且在许多上下文中可互换的词，它们被分组为无序集（同义词集）。WordNet 的 117000 个同义词集中的每一个，都通过少量的"概念关系"链接到其他同义词集。此外，一个同义词集合包含一个简短的定义（"注释"），并且在大多数情况下，一个或多个短句说明了使用同义词集合成员。具有若干有区分含义的单词形式，在尽可能多的不同同义词中表示。因此，WordNet 中的每个"形式—意义"的配对，都是唯一的。

WordNet 词库以关系为核心。同义词集合中最常编码的关系，是超从属关系（也称为上位，上下位或 ISA 关系）。它将"{家具，家具部件}"等更常见的同义词链接到"{床}和{双层床}"等越来越具体的同义词。因此，WordNet 描述家具类别包括床，而床又包括双层床；相反，床和双层床等概念构成了家具类。所有名词层次结构最终都会上升到根节点"{实体}"。上下位关系是传递性的：如果扶手椅是一种椅子，如果椅子是一种家具，那么扶手椅就是一种家具。WordNet 区分了类型（常用名词）和实例（特定人，国家和地理实体）。因此，扶手椅是一种椅子，巴拉克奥巴马是总统的一个例子。部分—整体关系，在"{椅子}"和"{靠背，座位靠背}""{座位}"和"{腿}"等同义词之间保持不变。部件是从它们的上级继承的：如果椅子有腿，那么扶手椅也有腿。部件不是"向上"继承的，因为它们可能只是特定种类的东西而不是整个类别的特征：椅子和椅子有腿，但不是所有类型的家具都有腿。

动词同义词也被排列成层次结构。用于树木底部的动词（部位命名法）表达了一种特定事件的特征，如"{交流}—{说话}—{耳语}"。表达的具体方式取决于语义场。

音量（如上例所示）只是动词可以详细阐述的一个维度。其他的是速度（移动慢跑）或情绪强度（喜欢爱情偶像）。描述必然和单向相互关联的事件的动词链接在一起："{购买}—{支付}""{继任}—{尝试}""{展示}—{看}"等。形容词按照反义词来组织。成对的"直接"反义词，如"干—湿""年轻—年迈"，反映了其成员的强烈语义契约。这些极性形容词中的每一个反过来都与许多"语义上相似"的形容词有关：干燥（dry）与干燥（parched）、干旱（arid）、干燥（dessicated）和干燥（bone-dry），以及潮湿（wet）到潮湿（soggy），浸水（waterlogged）等有关。语义相似的形容词是相反极的控制成员"间接反义词"。关系形容词（"relatedyms"）指向它们所源自的名词（犯罪（criminal）—犯罪（crime））。WordNet 中只有很少的副词（很少，大多数，真的等等），因为大多数英语副词都是通过形态附加法直接从形容词中衍生出来的（令人惊讶的是（surprisingly），奇怪的是（strangely），等等）

大多数 WordNet 的关系，都连接自同一词性（the same part of speech（POS））的单词。因此，WordNet 实际上由四个子网组成，每个子网用于名词，动词，形容词和副词，几乎没有交叉 POS 指针。跨 POS 关系包括"形态语义"链接，这些链接在语义相似的单词之间共享具有相同含义的词干：观察（动词），观察（形容词）观察，天文学（名词）。在许多"名词—动词"对中，已经指定了名词相对于动词的语义角色：{睡眠者，睡着_汽车}是{睡}的定位（LOCATION），{画家（painter）}是{绘画（paint）}的代理，而{绘画（painting）}，画（picture）}是它的结果。

"语义词库"配合概念图应用，再加上恰当的功能设计，无疑是支持知识表征、辅助知识学习的一种重要方法。对于抽象的知识来说，这可能是用得最多的一种。

（4）Insight Maker 为典范的模拟表征系列应用

模拟表征系列，是通过对事物、系统的仿真或抽象处理，进行合目的"演示"，以把握事物与系统，或解决关于事物与系统的问题。模拟所具有的多种优势，已经有很多学科在研究它，并已经被应用于很多领域。模拟有多种类型，常用的虚拟教学系统就是一种模拟系统。Insight Maker 就是典型的应用工具之一。

Insight Maker 能够将静态知识间的逻辑关系进行动态的模拟呈现,其所具有的知识表征模拟过程能够对语义图示系统的知识模拟功能予以示例。Insight Maker 是一个基于 Web 的可视化模拟工具,可以用它做系统动力学模拟、基于代理的模拟以及必要的编程模拟(Fortmann-Roe,2014)。其中系统动力学建模和基于代理的建模是 InsightMaker 最基本、最常用的建模方式。

系统动力的模拟,关注系统的整体集合。比如水桶漏水,将水视为一个整体,关心的是水的数量,而不是某一滴水。系统动力的模拟主要运用四类基本元素,集合/原料(Stocks)、流程(Flows)、变量(Variables)和连接(Links)。集合是储存原料的集合,例如一个银行账户是一个储存货币的集合。流程表示集合中存储的原料的移动,例如从存款到取款的过程,可以看作银行账户中存储的货币的移动。变量是动态计算值或常量,例如一个银行账户模型中,可以设一个变量表示利率,这个变量既可以是固定的,也可以是随时间而变动的。连接表示不同原语之间的信息传输,如果两个原语连接,那么它们以某种方式相关。

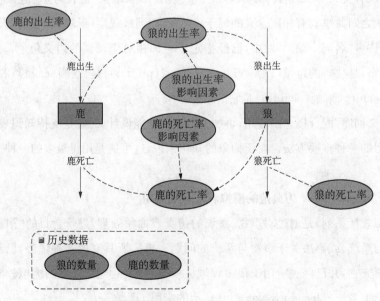

图 2 - 22　系统动力的建模案例——狼和鹿数量关系建模

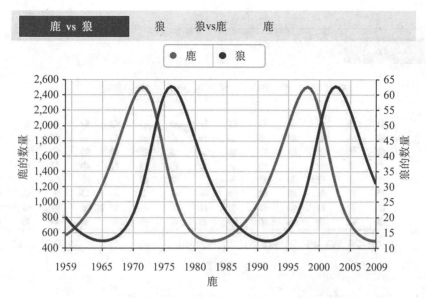

图 2-23　系统动力的建模案例——狼和鹿数量关系模拟

　　基于代理的建模,关注集合中的对象。对群体中的个体进行模拟时,需要独立的代理来代表人群中的每一个个体,每一个代理都需要一系列的属性来定义它的状态。

一个简单的动物觅食模型

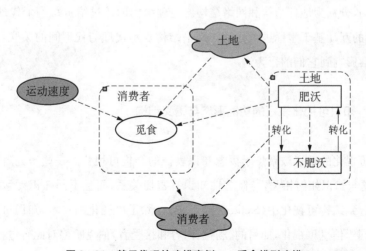

图 2-24　基于代理的建模案例——觅食模型建模

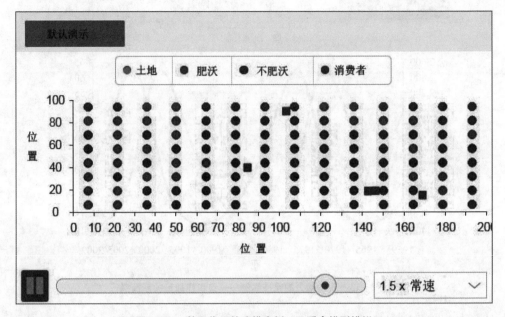

图 2 - 25 基于代理的建模案例——觅食模型模拟

例如，当对一个觅食模型进行建模时，追捕者应当设置"饥饿"和"饱食"两个状态，当捕食者状态为"饥饿"时找寻猎物，当状态为"饱食"时保持静止。基于代理的建模支持两种空间结构，分别为地理结构和网络结构。地理结构即通过给定每一个代理 x，y 坐标，代理间的互动基于坐标进行移动。网络结构表示代理与代理间的关联，代理间的互相关联会影响到它们的行为。

2.1.4 知识可视化表征的功能形态与语义结构

知识可视化的重点被聚焦于概念知识表征的结构可视化。一些研究者阐释一个问题：主题与知识如何相关，与概念性知识有密切关系，而且不同知识元素如何能被连贯地整合到结构可视化中（Keller 等，2005）。除了可视化的技术，知识可视化在很多方面不同于信息可视化，如目的、利益、内容和接受者，伯克哈德对此有过较多描述。

当前的知识可视化在三个方面存在着问题。伯克哈德曾提到这个方面：①对学习者作用的研究，即可视化知识时，如何考虑学习者的接受问题。②知识可视化考虑到了知识的分类，它与知识管理密切联系。如果能有一套方法是从知识分类入手的可视化，那它也能作用于知识管理方面。如果知识是网状的，层次、结构性的知识体系可能不便反映知识的复杂关系。③需要可视化一般框架，以协调不同领域的知识可视化，包括信息可视化、认知艺术、知识管理、传播学、信息架构、学习心理学、认知心理学等(Burkhard，2004)。

知识可视化缺陷与可视化工具的表征能力(representational facilities)有关。凯勒和特根在其研究中指出，知识可视化与信息可视化都旨在可视化结构，而结构涉及知识要素或信息要素(Keller，2005)。概念图成为这种要素及其结构呈现的主要形式。但当概念图被用于可视化文本中固有的概念结构时，专注于概念性知识就成为传统方式的残余意念。图示概念知识的限制与信息处理的认知理论、知识的心智表征相冲突，尤其是头脑中的知识也被非语词(non-verbally)地编码，包括视觉图像、模拟呈现(analogous representation)、声音和其他感觉信息。所以，概念图中需要基于图像的元素。概念间动态关系的呈现是没有可能的，因为它利用的是图示的层次和静态关系的优势，用于为给定域描述、定义和组织静态知识。因此，任何其中一个影响另一个变化的两个概念图不可以被呈现。此缺陷阻止了概念图用于可视化特定科学知识——基于概念间静态和动态关系的科学知识。后来为呈现动态关系而提议循环概念图，为呈现静态和动态概念图而提议用混合图。

以上是知识可视化的主要问题，以及作为知识可视化的主要形式的概念图的特点(需要)与局限。这里将可能用于知识可视化的众多可视化技术或方法纳入考虑范围，将其从功能上大致归类，可以进一步概括成如图2-26所示的知识可视化功能形态：

从以上讨论可知，知识可视化的重点在于知识语义的结构，作为源于认知的知识，其结构将与认知的特性(包括结构)紧密相关。根据目前的心理学有关认知表征形式与认知结构的研究，和连接意义传播通道的考虑，在知识与媒介/体间应当存在如图

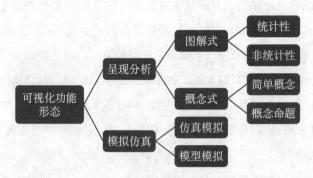

图 2‑26　知识可视化功能形态

2‑27 所示的关系。根据这种关系,用以辅助学习与阅读的知识可视化工作重点,应当关注语义中心与语义媒介的同理相连。这也说明,可以从知识本身入手,结合人认知/思维的特点,找出知识表征的方法。事实上,通过对相关项目的研究,已经有一些头绪;从语义层面思考对知识的表征,已然成为使研究深入的突破口。

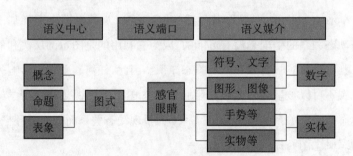

图 2‑27　语义中心与语义媒介的通路

2.2 基于语义图示的知识可视化

2.2.1 语义图示及其意义

"语义图示",是承载知识/信息的图示媒介。它是指将抽象的知识/信息(如概念、原理、关系等)通过带有语义规则的图形、图像、动画等可视化元素予以表征。

语义与图示之间的是"形义"关系。语义在语言学之语义学中的理解是"语词的意义"。从亚里士多德、奥格登(Ogden)和理查兹(Richards)及其他一些学者的认知与语义研究中,语义基本是指语言中语词和意义,是客观事物在人脑中的反映,在认知上涉及概念、关系、结构和规则等元素(周建设,1996;刘佐艳,2003;王寅,2002)。图示作为认知过程或结果的外部表征属外在之形,语义图示则是指用带有规则的图像外化形式来表达认知语义和意义。可以这样比拟,同样的认知或知识意义,可以用图示、数学、语言(如汉语、英语)等符号形式表达。"语义图示"内涵中的"带有语义规则",意味着建立、使用一套类似数学、(一种)语言的形式规则,它有明确解释规范,用以表达更多、更广的含义。语义图示,将作为一种工具,在认知、学习等领域中使用。

相关研究说明,语义图示工具在学习科学层面具有重要的意义。实验表明,"语言理解自然地完成运动和视觉模拟,并且运动与视觉系统参与了这个(理解)过程"(Bergen,2007)。语义图示相关设计与开发,可以从视觉上促进语言与运动理解。从语言、视觉和认知的角度来看,语义图示就是要发挥视觉潜能与语义理解的力量,释放人的学习活力和心智潜力。理论上,作为连接官能与"映射"心智的途径和工具,语义图示工具有助于简明地呈现学习内容,帮助组织信息,甚至可以激发思维,通过知识汇集、过滤、回馈、归纳、创新,形成有深度、批判性、理性化、系统的知识体系。在协作学习中应用语义图示工具,则有可能让学习者更能胜任复杂任务。

2.2.2 语义图示工具与可视化表征

作为可视化表征的工具之一，语义图示工具，是通过图示表达知识、信息含义的工具。它强调用带有语义规则的可视元素表征知识与信息中的概念、结构、关系和规则等元素。在宽泛的意义上，用以支持数字学习的可视化表征工具，都可以算作是语义图示工具。依据乔纳森的研究，可视化工具主要用于：可视化知识、可视化认知模式、可视化问题过程和可视化系统建模四种，其主要特点与实例如表 2-5 所示（蔡慧英等，2013）。

表 2-5 四种主要的可视化技术与应用

技术分类	技术实例	关注点	基本要素	表征方式	适合的学习情境
可视化知识的技术	概念图、思维导图	概念与概念之间的关系和知识的组织	概念连线	图形、带箭头、文字说明、不同颜色、不同粗细	知识类的学习
可视化认知模式的技术	思维地图	学习过程中涉及的认知模式	基本的认知模式	圆圈图、起泡图、流程图等8种基本的认知图示	基本的思维能力培训
可视化问题解决过程的技术	Metafora	问题解决过程中涉及的方法和规则	活动步骤；活动阶段；角色；态度等	带有文字和图片表征的图示	问题解决技能学习
可视化系统思维的技术	Insight Maker、STELLA	系统问题的建模和模拟	集合/原料；流程；变量；连接	表征四个基本要素的图标的属性设置，不同图标之间建立函数关系	系统思维能力培训

基本上，作为可视化技术与工具，语义图示工具在教育教学中的进一步应用与发展，大致可以从四个方面深入。一是面向知识的语义图示工具，需要与知识内容紧密结合起来。现有的工具都突出了内容抽象后的共同形式——体现在结构型、逻辑型等。这对于知识结构与关系的学习有益，但是，如果有了知识内涵其他要素，如指代、

属性、情境性等要素的参与,那对知识的学习将更有助益。二是面向学习的语义图示工具,兼容形象化的图像图示和抽象的概念图示。两种图示方式在应用中相得益彰。三是语义图示工具支持分析操作,重视在问题解决中的作用。四是语义图示工具强调事物动态关系模拟和系统建模。

2.3　知识语义图示的应用方向

语义图示作为可视化表征的进一步发展，以深层的语义分析为特点。知识的呈现与利用中，反应知识语义的认知与思维是重要的心智活动。这一过程普遍存在于知识利用、知识掌握与知识建模中，无论是在学习活动，还是教学活动中，这些活动都存在。语义图示的设计与应用，可以主要从以下三个方面展开。

2.3.1　面向知识表征与利用的图示设计与应用

语义图示的设计与应用研究，其中一部分就是面向知识表征与利用的设计工作。研究中深入分析了知识性质及其结果形态与产生过程，进一步延伸并扩展性地探索了能够作用于知识表征与知识建模的可视化技术，这里称其为图示技术。其中，重点涉及"用什么原理、思路进行图示工作"和"用怎样的图示符号（体系）和规则等表达什么含义"两个问题的图示技术。通过类聚、泛型化定义的图示语言，以及相应配套的图示工具设计，支持图示工具的开发工作。成套的图示方法与工具，可在实际的知识表征与利用中发挥作用。

基于相关研究文献，面向深层次学习的可视化知识表征工作，可从认知层面关注图示的设计，着重分析思维结构与语义关系，系统考虑知识元素的连贯融合和知识结构关系的多样性，以解决表征中学习者接受的问题。如此，可改进可视化知识表征，并尝试支持知识利用中的可连通性。这里且称为"认知—语义—知识"向度的知识表征方法。它与语义图示工具的设计一起，被用于实践应用中。语义图示技术的研究与设计被用于支持：数字学习材料中知识的表征、针对问题解决或复杂项目探究中的知识利用，特定主题的知识梳理、学科知识管理等方面。

2.3.2　面向深层次学习的语义图示工具设计

面向深层次学习的语义图示工具设计，主要面向支持数字化学习过程方面，一是涉及支持数字阅读的图示工具，二是支持学习思考的图示工具，三是辅助学习撰写的图示工具。三个方面都涉及对知识的利用与处理。工具的设计与开发，将以知识的理解、掌握、利用与创建为基点，围绕资料内容和学习过程进行。

面向知识与学习的语义图示工具的功能设计与开发工作，首先聚焦于原型设计部分，以关键技术的选择和演示性开为主要内容。研究中尝试了依据知识表征与建模的过程和深度学习的原理与条件，结合主流技术，确定了语义图示开发框架，并设计了一个具有语义关系组件的图示工具。通过可视化表征知识语义关系，来辅助对零散信息与知识的理解和组织；利用结构性比较、图像化呈现反馈、交互式模拟等可视化功能，来促进学习者深度学习的进行。具体工作内容主要包含：一是对语义图示工具的功能进行了详尽的分析，并归纳了语义图示的两个最大功能——语义建模与图示反馈；二是确定语义图示工具的开发原则、开发所依赖的关键技术、语义图示工具的开发案例，以及工具案例开发的应用过程和结果。

面向知识学习的语义图示工具的设计与应用，可以置身于数字化学习大背景中。以电子书包与电子课本为基础的设计，就是语义图示设计的典型应用之一。设计中的语义图示工具，可以电子课本、数字教材的编辑控件与模板的形式，应用于数字产品及数字产品的学习应用中。

2.3.3　面向模型化教学的图示设计与应用

语义图示方法与工具的设计与开发，最终也面向教学应用。在不同类型的教学过程中，语义图示方法与工具可以延伸并扩展其功能的实际使用，包括辅助教学设计、支持课堂自主探究、支持课堂协作学习活动等。语义图示工具应用的方法与策略也是研究中探究的问题。

　　研究中可以从教学过程语义特性和组成要素入手，将图示方法与工具的设计延伸到数字环境下的教学活动中，设计相应的图示工具并加以应用。语义图示方法与工具，除用来帮助学习表征、知识建模外，也可以用在教学实践中帮助组织教学过程和学生参与过程。依托电子课本编辑平台的学习地图模板设计，就是落实图示工具教学应用的途径之一。

　　再者，其教学应用研究中，可深入了解图示工具对学习过程的影响。与传统的领域学习工具（domain specific tool）不同，语义图示工具可以为模型化教学过程提供支持。类似语义图示工具的相关研究发现，可视化工具在协作学习中可以充当知识整合工具、元认知工具、沟通协作工具、学习评价工具和思维可视化工具。这些应用都具有针对知识、问题、认知事物与内容进行模型化的特征。而以模型化结果为目标的教学应用中，语义图示工具就是恰当的应用——它本身带有结构化模型的特点。语义图示工具的模型化教学应用，值得尝试，并需要进一步去了解它的效用。

　　还有，语义图示方法与工具的实际教学应用，需要相应的应用方法与策略。教学是一个多主体参与的、多元素渗透、过程与结果不确定的过程。即，在学与教的过程中，语义图示工具以外的其他因素，可能会在特定条件下起到相应的作用。如，在特定图示工具介入教学后，教师应该如何利用，应用工具时应该注意哪些要领，如何确定工具所产生的效用等。

第三章

面向深层学习的知识图示设计

本章从"语义图示"和知识表征的涵意入手,对用于知识可视化表征的语义图示基本方法、框架、过程与工具进行研究设计,以支持数字化学习中深层学习的诉求。语义图示工具直接面向学习中知识的呈现、信息的表达,以及对信息、知识的理解与掌握。

3.1 知识表征与深层认知

3.1.1 深层学习中的知识表征

在本研究中,知识表征是将知识结构予以呈现的手段,强调将知识结构中的知识对象及其关系、属性加以表达,以能够帮助学生超越思维局限,以便将新的知识吸收到已有的知识结构中。而可视化是指将知识/信息以形象化的表征方式予以呈现,以便人类更容易调动视觉潜能和脑功能对其进行识别和处理。其最基本的层面是信息可视化,它将非空间的数据和信息转换为可视化表达,使得抽象的信息变得更易于被用户观察和理解;知识(经过认知加工的信息)的可视化则是应用视觉表征手段进行知识传播、建构、创新及复杂知识表示的图解手段。

许多知识表征是对想法的线性呈现。思考在时间上是线性的,用视觉方式支持最好。不论使用逻辑、画面,还是语义网络或规则,从亚里士多德开始,图片与文本就是捕获概念及其关系主要的符号形式。其他相似的尝试是添加过程性组件,但它们总是在最初的呈现结构成熟后才被添加进来。在计算机科学中,知识表征是对知识的描述,表征由描述问题或问题域的语/句法语义规则组成。

深层学习的核心要求,都在于针对数据、信息、知识乃至智慧的认知操作。由外来看,知识表征的合理设计与有效表达,是促使学习者理解并掌握知识的重要前提;由内观之,知识表征的内容关系与内在方法,是连接与融通学习者已有认知经验与知识的重要有力触发。

3.1.2 深层学习中的心智模型

从深度学习重点——认知层面来看，学习中与知识表征交相呼应的理论之一，要属心智模型相关理论。心智模型直接指向大脑认知机能，涉及内部的认知模式、认知空间、认知对象及其关系，以及知识结构。它是在环境和教育的相互作用中，通过认识、辨别、评估、接受、内化等一系列心理过程逐渐形成的（杜玉帆 等，2009）。心智模型（Mental Model）最早源于苏格兰心理学家克雷克（Craik）介绍工作模型的概念与内部模型的想法，用以表示系统的内部表征（Seel，2006）。在《第五项修炼》中它被定义为："影响我们如何理解世界和如何行动的那些根深蒂固的假设、归纳，甚至是图像、画面或形象"（Senge，1994）。心理学家将心智模型当作理解人类感知、认识、决策以及构建等行为的重要途径，对它的关注主要集中在大脑中的推理与概念发展方面，而且更多地从个人知识状况加以阐释。威廉姆斯（Williams）认为心智模型是一些相互关联的心理对象的集合，是它们与其他对象相互关系的状态，以及一系列内部因素的外显表征（Williams，1983）。斯戴格（Staggers）和诺西奥（Norcio）认为心智模型是视觉上结构化的主题，由对象和对象之间的关系组成（Staggers 等，1993）。

心智模型是一种理解与解释方式。建构心智模型必然地假定使用与操纵符号，在这个意义上，人们通过心智模型组织经历与思考，以完成符号化的系统表示（Seel，1999；Shute 等，2009）。在认知心理学中，心智模型被认为是质性的心智表示，它由个体或小组基于所知世界的知识（或信念）而建立。这些知识（或信念）建立的目的在于解决问题，或获得特定领域的能力（Shute 等，2009）。

在数字化学习中，心智模型是个体、小组和群体学习中重要的部分，不管其媒介是什么，以及是如何操作的，它是对任务或问题情境的内部模型化的动态过程。有研究者基于西尔对心智模型的研究，对协作中的心智模型构建进行评估（Rowe 等，1995）。比如，集成于 HIMATT 工具包中的 ACSMM，是通过测定团队的心智模型的重复或共享程度，来评估团队工作过程并预测团队绩效（Shute 等，2009）。

3.1.3 面向深层学习的知识图示工具

知识是认知与思维的结果,用图示工具对知识进行语义层面的图示化解剖,对深层学习有潜在的效用。从知识表征着手,设计可视化知识表征方法与图示工具,可以在应用中增强心智模型的反应效果,促进深层学习的发生。它们的关系如图 3 - 1 所示。

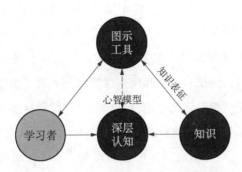

图 3 - 1　面向知识的图示工具与深层认知

语义图示的方法及其工具的设计与应用,可以在数字化学习活动中,起到深化理解与应用水平的作用。这种推理源于已有研究的相关结论。

一方面,直观地理解,心智模型更倾向于图示的方式——反映知识的结构、网络和关系组成等。而这种特点与图示方式与图示工具的“可视”是一致的。

在心智模型理论主导、基于模型的协作学习研究中,图示的方式与工具,与支持协作中学习者的内部构建甚为吻合。语义图示的研究就是要确定这样的方式与工具在学习中的功用,及其对学习与认知的影响。基于心智模型的构建,图示工具在某种意义上可以增强学习效果。作为利用动静态图形图像呈现与表达、通过视觉知觉功能进行认知与理解的方式,图示方式结合了视觉认知与语词语义两个方面,能更大限度地连接人脑认知模式,激活人脑活力(Cavanagh,2011;Bergen,2007)。

在高阶学习中,尤其是在复杂任务的处理中,语义图示工具可以帮助学习者更好地发挥视觉认知的特性，聚焦于对象及其语义关系，更好地促进知识学习与建构，激发思维活动和大脑潜能。研究表明，如同对数据的研究一样，成功的可视化技术可以让用户更易洞察知识，提高知识学习与利用的效率和效果（Larrea 等，2010）。在已有的研究中，概念图、思维导图是典型的图示方式与工具，对它们的应用有来自认知等相关科学的研究，其在教与学中的各种应用也较多。

另一方面，在（数字化）学习中，使用语义图示工具和图示方式，有可能对源于认知信息加工的认知负荷产生影响。

个体学习与小组学习都存在与工作记忆相关的认知负荷。斯威勒（Sweller）等人对认知负荷理论的研究梳理中指出，当处理二次信息时，人类认知涉及工作记忆（Sweller 等，2011）。如果处理新奇的信息，容量和持久性有限；如果处理与以前存储于长时记忆的相似信息，将没有容量和持久性的限制。教学需要考虑工作记忆的限制，以使信息可以存储于长时记忆。通过不同的教学过程施加影响于学习者工作记忆的认知负荷，要么源于教学材料的本质——引起本质认知负荷，要么源于呈现材料的方式和要求的活动——引起额外的认知负荷。本质和额外的认知负荷是相加的，它们共同决定源于学习材料的全部认知负荷。全部的认知负荷决定所需的工作记忆资源（Sweller 等，2011）。

当利用图示方式时，学习材料中的信息，如事物、关系、过程等，可用结构、网络的形式呈现出来，这样使信息的理解与处理变得容易，尤其是处理新信息或新知识时；而图示工具可以辅助将这些图示信息进一步组织、处理。如此，相当于用图示方式与图示工具对工作记忆的"扩容"，这将对高阶学习非常有利。

从实际学习行为与活动来看，图示工具在数字化学习中的潜在作用是多方面的。在低级、中级和高级的网络学习行为中（彭文辉 等，2006），低级行为更多的是反映一种单纯的操作活动，中高级行为则是对低级行为的复合和序列化，反映的是更高级的认知活动（李志巍，2010），而图示方式与图示工具在这些操作、行为或活动中都起着相应的作用，因为它们符合心智模式运作（构建心智模型）的需要，符合主体行动的需要。另一方面，从数字化学习的诸多要素来看，在学习个体或小组完成学习任务时，图示方式与工具对于其内部认知和外部操作与沟通能产生重要作用。尤其是在远程协作学习中——表征曾被主要定位于在沟通与传播意义上满足两人及多人间学习的需要。在本项目实践研究中,已经探究了图示方式与工具的功能,并得到学习者对图示工具应用的肯定。

3.2 知识的要素及其分类

3.2.1 知识与语义

知识是人对客观世界（自然、社会与人）的认识与经验总结。从各种知识（分类）可以看出，知识作为一种认识和经验，更多地体现着认识对象及其之间的关联。知识是认知范畴的概念，是关于事物运动状态和状态变化规律的描述（钟义信，2001）。知识作为认识的结果，其内在可以反映认知、思维的结构与过程，在语言上主要表现为声音或文字构成的文本。

知识在语义上主要体现为对象概念（包括其本质属性及其联系、外部特征及外部联系）及关于对象概念的命题、规则、原理等。语义本就是思维（如概括、抽象）的结果，即概念，在语言上外在地表现为字词。在概念与语词同步变化的情况下，语义、概念与语词可以被视为相同的对象和操作单位。从语言和思维上说，语义的基本单位就是字词。所以，语义图示的做法，就是从语义上考虑完成对心智操作内容的操作与表达，它完全可以用来可视化表征知识。

3.2.2 知识的类型与要素

在知识表征中，应当充分考虑自然世界和现实社会的真实状态，学习者的认知对象就是人、自然和社会，能否理解相关知识要看语义可视化程度和结构与关系的清晰程度。知识结构和知识关系中包含思维结构和认知过程。知识内部结构和知识外在关系也是由认知过程得来。即，语义层面上的知识图解与认知是合一的。知识可视化就是利用可视化元素表征知识的指代对象与关系。可通过对知识可视化目的和语义、图示、图式概念等的研究，形成知识语义图示思路。

知识可视化表征主要涉及语义处理方式、符号及其使用方式和知识结构与关系三个方面。这三个方面包括：①概念、概念属性、概念结构与概念关系是知识语义的重要要素，②图形、图像、表格等静态画面和视频、动画等动态画面，及它们的组合是知识可视化的媒体手段，③反映知识结构（关系、性质等）的图示规则、基本图示模板（Chang等，1998）。可以基于它们，实现知识可视化的方法和工具的设计，以完成"用什么图符（符号），怎样利用图示结构，表征与建模什么知识和意义"的工作。

为了更细致地了解各种类型的知识，以及知识所包括的要素，这里对各类知识进行了分析，其结果见表3-1。

表3-1　知识的类型

类型	诠释	细目	知识要素（图示内容）
感性知识与理性知识	感性知识：主体对事物的外表特征和外部联系的反映	感知：人脑对当前所从事活动的对象的反映	对象：外部特征 外部联系
		表象：人脑对从前感知过但当时不在眼前的活动的反映	众多对象：外部特征 外部联系
	理性知识：主体对事物的本质特征与内在规律的反映	概念：反映事物的本质属性及其各属性之间的本质联系	事物：本质属性 属性间的本质联系
		命题：规则、原理、原则，概念之间的关系，反映不同对象之间的本质联系和内在规律	不同对象：规则、原理、原则、概念 本质联系
具象知识与抽象知识	具体知识：对一定时间和地点发生的事实或事件的反映		事实、事件：5W1H
	抽象知识：对已知事实的概括性的反映，表现为概念、原理、公式、法则等		概念、原理、公式、法则
陈述性知识与程序性知识	描述性：关于事物及其关系的知识		是什么、为什么、怎么样
	操作性：以清楚陈述、只能借助于某种作业形式间接推测其存在的知识		做什么和怎么做

可以看出，各类知识作为一种认识和经验总结，更多地体现着认识对象及其之间的关系。知识表征所针对的，是对象（主要是概念），关系（如命题、规则、原理等），即概

念及其关系。所以，对抽象的知识进行表征可以取其要素，包括对象的属性、结构，间的关系、操作及其过程，分类而表之。

3.2.3 知识图示的分类维度

知识的表征是以图示的方式对抽象的内部结构予以处理，这种结构既可以是知识结构也可以是较低级的信息关联。这一方面的研究涉及两个过程：①知识模型的建立，及②模型外化的实现。对可视化领域的知识进行界定是可视化知识表征与建模的基本问题。

实际应用中，知识种类很多，各式各样，可以类化知识以分而表之。典型的知识分类有：①基于主体分为群体知识和个人知识，②基于认知心理学可分为陈述性知识和程序性知识，③基于符号表达可分为隐性知识和显性知识，④从知识经济应用的角度，可分为事实知识、原理知识、技能知识和人际知识，⑤2001 年修订过的布鲁姆（Bloom）教育目标分类，将知识从具体和抽象的角度分为事实性知识、概念性知识、程序性知识和元认知知识，该分类广泛应用于教育领域。知识可视化或学习都归结于人脑认知，从认知与教育的角度理解可视领域的知识将是适当的选择。

在学与教的应用中，知识往往是主题性的、相对完整的或模块化的。这意味着知识单位的大与小，可以单一性与模块化描述。而知识借由人的心智产生的过程中，表现为两个基本性质，即陈述与程序。从单位粒度与认知过程两个方面，可以很好地划分不同知识的归属。这里采用了"抽象—基于模型"和"陈述—程序"两个维度，将知识分为四种。在表征时，可以用它对知识语义作出基本的判定，以选择合适的语义图示辅助表征知识。

总体来讲，通过语义图示对知识作可视化表达，就是以图示的方式和契合语义表达的方法对知识进行视觉化描述。这个过程，需要遵循一个原则："不论何种描述知识的方法，都应当能够描述事物的运动状态以及状态的变化规律。"（钟义信，2001）

3.3 知识的图示方法与工具

3.3.1 图示知识的方法

通过"抽象—基于模型"和"陈述—程序"两个维度,可以将知识划分为四种类型。图示知识的基本方法,也就是对这四种知识进行图示化表征的基本元素、手法与过程。在表征时,可以用四种类型对知识语义类型做基本的判定,并选择相应的图示方法与过程。

(1) 陈述性知识图示

抽象—陈述性知识是在抽象层面上说明事物(对象)是什么、为什么和怎么样的知识。它在认识上表现为对象、对象属性、对象结构、对象间关系,可采用 E-R 图表示对象、对象的属性和结构,以及对象的关系。基于模型—陈述性知识,是可模型化的陈述性知识,即在抽象层面上对多对象、多要素的系统(往往表现为复杂的关系、结构、功能等)是什么,为什么和怎么样的洞察、总结与认识。它在认知上表现为特定系统的主要对象、对象属性、对象结构、对象关系,可用 E-R 图表示这类模型化的知识,重点表征知识对象间的关系,将模型结构表征出来。图 3-2 至图 3-7 所示是图示陈述性知识的方法与示例。

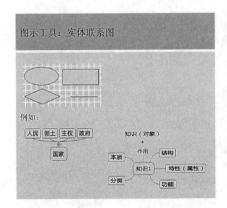

图 3-2　陈述性知识:图示工具例一

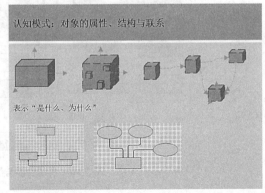

图 3-3　陈述性知识:认知模式例一

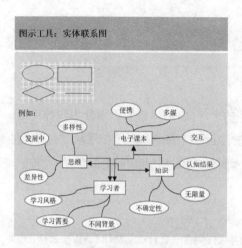

图 3-4　陈述性知识:图示工具例二

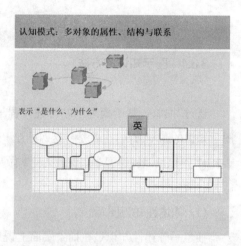

图 3-5　陈述性知识:认知模式例二

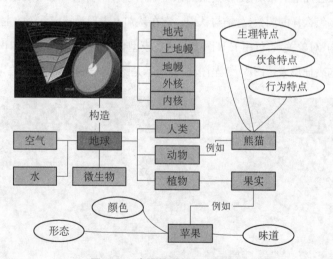

图 3-6　事物性质与组成的图示

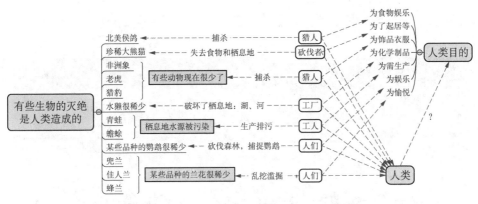

图 3-7　事物关系的图示

(2) 程序性知识图示

抽象—程序性知识则是在抽象层面上说明做什么和怎么做的知识,也就是操作和流程。它在认知上表现为:对象、操作目标、具体操作、操作顺序,必要时也可包括操作结果(对象属性、对象关系的状态),即一种静态的结果。过程可分为两种,一是有操作行为动作过程;二是没有明显操作行为的状态改变,可用"对象—操作—目标"表示操作,即"什么把什么怎么样";用过程图、时间轴表示操作顺序。基于模型—程序性知识,是可模型化的程序性知识,就是在抽象层面对成规模的系统做什么和怎么做(往往表现为复杂的功能操作、处理过程等)的洞察、总结与认识。它在认知上表现为完整系统中对象功能操作、对象作用过程等,可用"对象—操作—目标"表示操作,即"什么把什么怎么样",可用过程图、时间轴表示操作顺序,重点表征知识对象间的作用过程,将模型的过程表征出来。图 3-8 至图 3-12 所示是图示抽象的程序性知识的方法与示例。

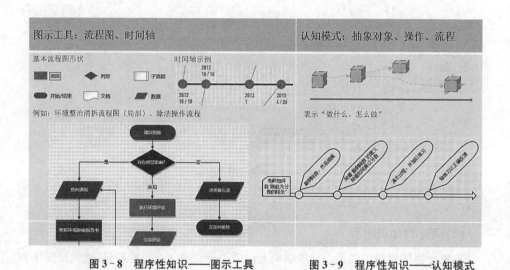

图 3-8　程序性知识——图示工具　　　　图 3-9　程序性知识——认知模式

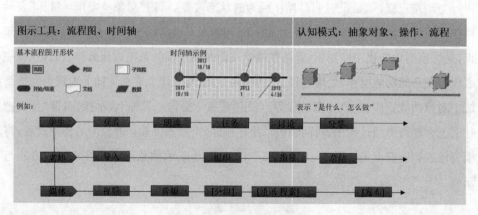

图 3-10　程序性知识图示

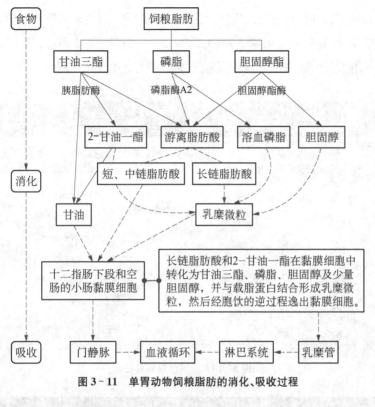

图 3 - 11　单胃动物饲粮脂肪的消化、吸收过程

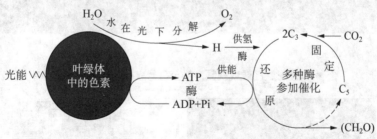

图 3 - 12　程序性知识(事件过程)图示

(3) 知识的图示形态

对知识进行语义图示的结果,在其形态上可以分为三个层次。一是用语词与框线呈现的语词图;二是用线条与形状呈现的图形(类几何)图;三是实物图像或影像。这

三个层次反映了将知识可视化的程度。这三类表征（图示）结果从性质上可归纳为两类：一类是"解析表征"——类概念图样式的语词图，如图 3‑13 所示；另一类是"拟象表征"——用图形图像表现的仿真图（地图、轮廓图），如图 3‑14 所示。

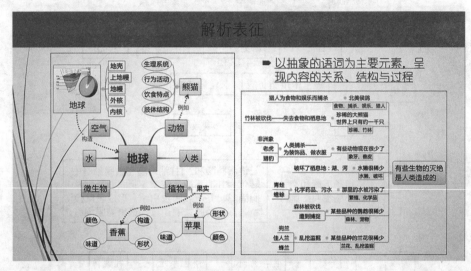

图 3‑13　知识的解析表征

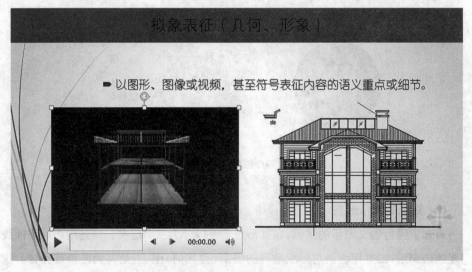

图 3‑14　知识的拟象表征

需要说明的是,对于抽象知识的图示表征,本质上是借助概念和语法进行的。解析表征更多是抽象的。而知识源于客观世界和现实生活,其重要特性之一是视像性,知识形成中的原初或过程性视像应当是表征中重要的部分。所以在表征结果上,"拟象表征"不可忽视,它与直观教学的思想一致。

可视化知识表征的结果,在动静态程度(灵活程度)上,又可以分为三个层次。一是完全表现为静态的图像、图形与语词画面。二是表现为动态影像的各类动画与视频。三是带有可调参数的交互动画与视频影像,如图3-15所示是交互式拟象表征的例子。

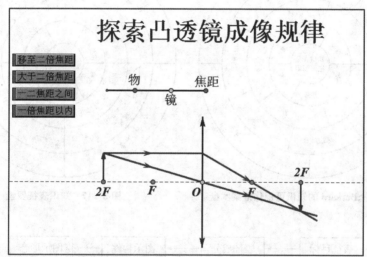

注:图片来自几何画板官网(www.jihehuaban.cn)

图3-15 交互式拟象表征——凸透镜成像规律

3.3.2 图示知识的框架与过程

(1) 图示知识的框架

知识表征的逻辑与方法,是从知识的本质入手,基于知识语义对知识进行形变以视觉化表征的研究。而可视化知识表征工作,需要有一个完整框架来进一步匡扶知识表征的主要内容与应用去向。如图 3-17 所示，这个知识表征罗盘是对伯克哈德于 2005 所修订的知识可视化框架的另一种图示表达，其包含的重要内容是"出于为什么主体的什么目的，把什么转换为什么形式"。借鉴图 3-16 所示框架内容，表达了知识表征的目的、对象、图形和样式，以及可以服务的主体；其中对知识表征的具体操作方法，见图 3-18 所示的知识表征过程图。

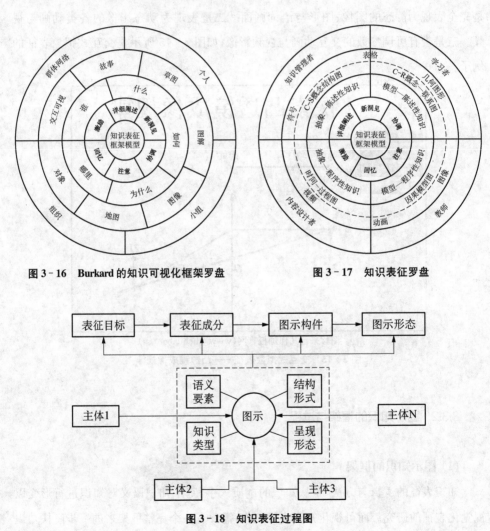

图 3-16 Burkard 的知识可视化框架罗盘　　　　图 3-17 知识表征罗盘

图 3-18 知识表征过程图

可视化知识表征在人的心智活动中的功能，可达六种以上。对于教学与学习来讲，是要利用这些功能达到一定的目的。在深度学习的研究中，这种目的也被聚集于人的心智与认知层面。在实际学习情境中，可视化表征方法与工具的使用能在三个方面提供基本的支持功能：理解、思考和交流；其目的主要包括：理解并掌握知识、分析与利用知识和发现与创造知识。而伯克哈德所列的六大功用与面向知识的目的是兼容的。就知识表征本身的功能而言，表现在呈现与分析两个方面；通过这两者在教学与学习中达到知识学习、利用与创造的目的。

在教学与学习情境下，知识表征框架罗盘中反映的应用主体，除了学习者和教师，还主要包括内容设计者和知识管理者。这也和基于语义图示的知识表征方法和应用情境有关。从知识分析入手的表征方法，可以为内容设计者和知识管理者提供一些支持，为把特定的知识转变为用某些可视元素呈现的某种图示样式提供指导。

(2) 图示知识的一般过程

知识表征的逻辑与方法，决定了知识表征的一般化过程是基于对象"要素—规则"的。在实际应用中，知识表征的一般过程可有如下几步：

首先，确定表征目标。即确定知识图示的语义重点，是在于对象本身、对象间关系，还是重在操作或过程；

其次，确定语义要素与关系。即分析知识语义图示对象——有哪些要素，是单个还是多个，同时，确定要素涉及的语义关系的拓扑构型；

再次，确定使用的表征工具。即确定图示构件，选择与关系拓扑匹配的图示工具（如语义模板），或直接用图元绘制；同时，处理要素与关系属性，完成完整语义的表达；

最后，确定图示结果形态。即可根据需要，考虑以静态形式、动态或交互形式展现。

由此，知识语义图示的过程就由目标（研究表征目标）、语义（确定要素与关系）、工具（使用图示构件）和结果（选择呈现形态）四步完成。图3-18所示是知识表征的过程图。

此过程与图3-17中的二环、三环与四环基本对应。作为通用的表征方法，表征目的并没有被充分考虑到表征方法与过程中。但是，第一步表征目标的确定与罗盘中二环的表征目的紧密相关。而第四步的确定，则主要依赖于服务主体的特点。

(3) 图示知识的几个重要问题

知识外延的不清晰及其语义的不明确，给知识表征带来很多困难。要能顺利地利用以上方法与框架进行知识表征，还需要理清一些重要问题，如，知识表征的单位、起点，隐性知识的表征，知识情境的表征等。这些问题的处理需要在方法上进一步阐明。

（a）知识表征的合个体性的要求——知识表征是有其服务主体的。教与学的应用中，表征要符合特定个体或群体的认知特性，这样才能为主体所吸收。技术上，可以通过图示形变来达到合认知特性的目的，这是一个图示形变的问题。途径有三，或者说图示形变体现为三个方面：一是图示关系结构的变化，如星形转层次结构。二是图示形态的变化，如解析转实例，概念转实体。三是以图示图（语义的延展），可以进一步图示，通过相近或相邻语义，让原图示更加清楚。道理在于新的图示有助于唤起、调动主体的已知或更多的已有认知。

（b）隐性知识语义表征——知识表征是对知识的视觉外部呈现（Visual external representations）。知识从其认知可接受性上主要有显性知识与隐性知识两类。其中隐性知识是非常个人化且难于形式化的，很难与他人交流与共享。王朝云（2007）认为，知识可视化表征应该由内隐知识外显化和外显知识生动化两方面构成。但对于隐性知识的表征，并不那么容易。

根据研究，隐性（内隐）知识的表征，可以通过视觉隐喻完成。视觉隐喻中涉及了喻指对象、代表项和受众三个方面。内隐知识表征中只要找到适当的代表项，就能通过代表项的"语义同构"，顺利地完成表征。当然，代表项涉及的情境与关系同构与喻指的内隐知识越接近，表征就越准确。莱考夫（Lakoff）和乔森（Johnson）曾强调："人类思维的基本方式是隐喻式的"，并将隐喻定义为"跨概念域的对应"，人们通过熟悉的概念体系来认识掌握新的知识（陈燕燕，2012）。隐性知识的表征借用的就是这个原理。

（c）知识情境的表征——深入的研究表明，知识情境是学习中值得重视的重要方面，学习迁移、知识与情境密切相关。在计算机中，VRML 可用以表征蕴含知识的情境或场景。在方法上,知识情境的表征主要是对重要场景状态的表征和对关键事件过程的表征。

在用语词图实现的解析表征中,场景状态表现为场景元素概念间的关联,概念分布可考虑或不考虑按实际空间进行平面分布。过程性事件表现为相互关联的语词概念间的顺序性关联。在用画面实现的拟像表征中,场景状态表现为实际场景的图像或其简化结果(如草图、素描图等)。过程性事件表现为实际事件的不同场景的静态或动态画面。

3.3.3 图示知识的工具设计

在实际应用中,为了能在操作中支持知识的图示,基于对知识的认知和知识表征方案的思考,研究设计了一套表征工具。主要由核心图元、通用图示、应用模板、可视化元素和应用规则五个部分组成。

(1) 核心图元设计

图元是用来反映基本语义的。根据对知识的分析与认知,从中提取知识涉及的基本语义成分,并用基本图示符号表示它们,就形成了用于知识表征的核心图元。表3-2中列出了抽取的核心图元。表中的图元,具有高度的概括性语义。

表 3-2　图元列表

	语义	图形	图元	外观属性
1	对象	矩形	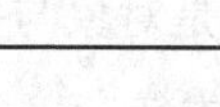 ▭	边框:颜色、粗细; 文本:字体、颜色、粗细、斜体、下划线; 背景:颜色
2	属性	椭圆	◯	边框:颜色、粗细; 文本:字体、颜色、粗细、斜体、下划线; 背景:颜色
3	构成连接	直线/曲线	——	边框:颜色、粗细;可选择曲线类型或方向

	语义	图形	图元	外观属性
4	关系	单箭头 双箭头		线型：曲线或直线；箭头：左/右/双； 框线：显/隐； 滑块：显/隐，表关系程度或水平
5	操作	扁平六边形		边框：颜色、粗细； 文本：字体、颜色、粗细、斜体、下划线； 背景：颜色
6	状态	圆角矩形		边框：颜色、粗细； 文本：字体、颜色、粗细、斜体、下划线； 背景：颜色
7	过程	刻点射线		边框：颜色、粗细； 刻点：大小、颜色； 刻点移动：增、删除刻点
8	事件*	六边形		边框：颜色、粗细； 文本：字体、颜色、粗细、斜体、下划线； 背景：颜色
9	边界**	圆形 封闭虚曲线		边框：颜色、粗细； 背景：颜色； 半径：数值型； 透明度：可配置

注：* 事件，是一个由七个六边形表示的组合图元，用六边形表示基本图元。其中有七个要素，包括事件名称、时间、地点、主角、起因、经过、结果。它有链接属性，点击后用其他图显示细节。

** 边界，用封闭的图形或封闭的虚曲线表示。它表示对象集合或整体性内容。其外观属性可根据开发需要更改。

图元可以用来表达信息、知识、事件等。在"实体—联系"思想的引导下，图元的综合利用，可以用以表达多样的认识对象。图元是构成通用图示的基本元素。

(2) 通用图示设计

通用图示的设计，源于这样的认识：知识中所包含的七种基本元素中，能够利用图自身的优势较充分地表达出来的，首先是构型——结构、关系或过程的构型，其次是现实存在的实体对象；而最不能表达出来的，是对象与关系的性质。通用图示就是找准图示优势，设计出通用的表达构型，以辅助表征。

基于对知识本质的认识：知识是对事物运动状态和状态变化规律的描述（钟义信，2001），由"陈述—程序"和"抽象—模型"两个维度划分的四种知识，对它们进行在语义层面的再度提取，抽象出了四种知识语义。分别是：概念性、关系性、程序性、过程性。在表征中，状态性与程序性两大类知识语义可以用四种图完成。概念性——可以用"实体—联系图"表征概念的性质，以及概念之间的语义结构；关系性——可以用"因果图"表征对象之间的关系及其强弱，当操作、过程与事件作为认知的对象时，它们之间的关系被以"状态"看待；程序性——可以用"流程"图表征操作或行为的顺序与规则；过程性——可以用"时间轴"表示对象的时间过程。

表 3 - 3　四种知识语义及其图示样例

类型	图示样例 1	图示样例 2
概念性	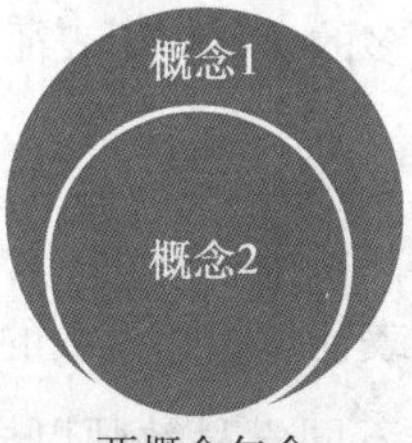 两概念包含	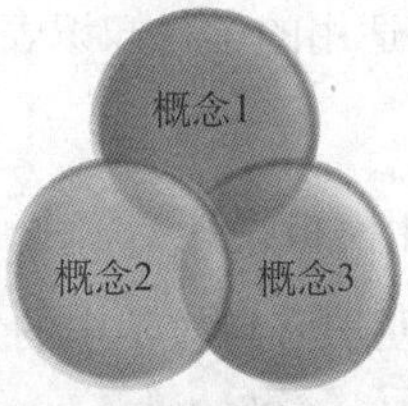 三概念交叉
关系性	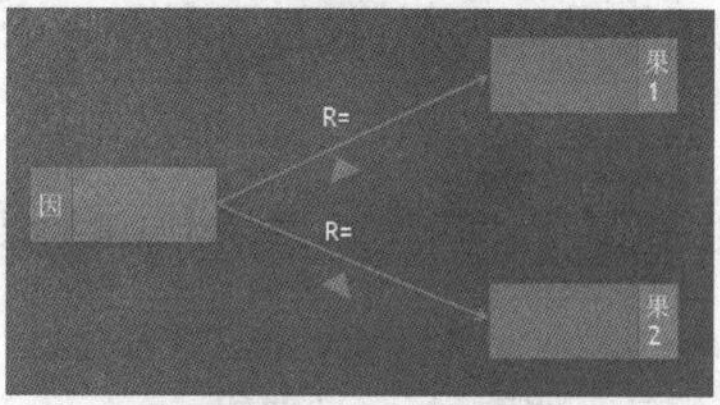 多因果—直接（1：N）	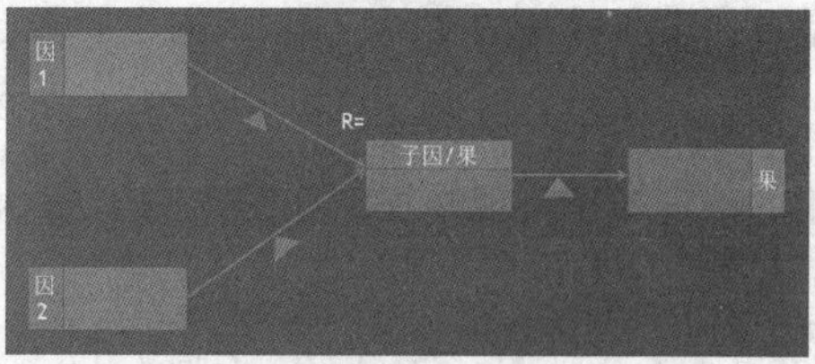 多因果—间接（N：1：1）
程序性	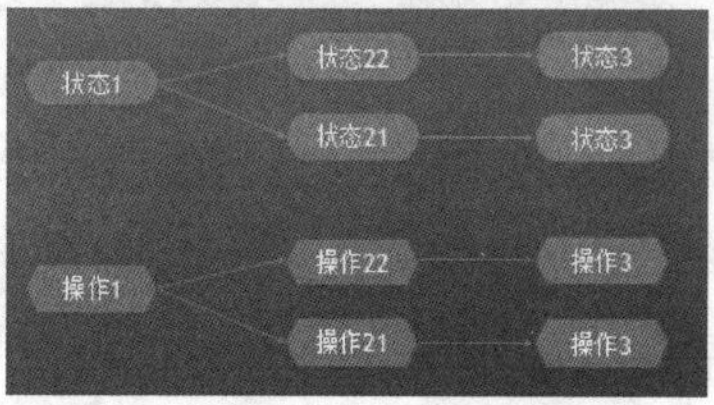 分支式	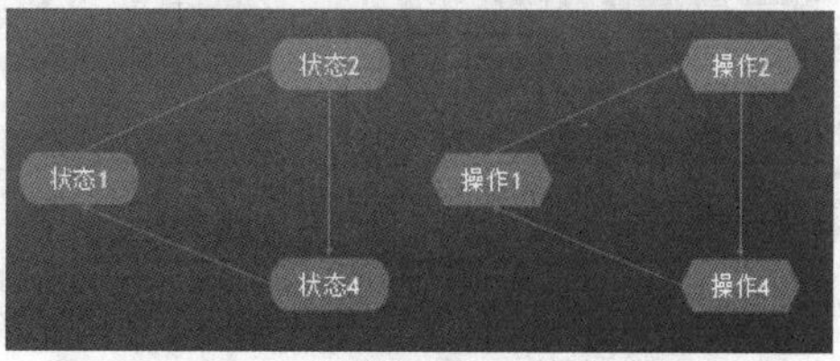 循环式

类型	图示样例 1	图示样例 2
过程性	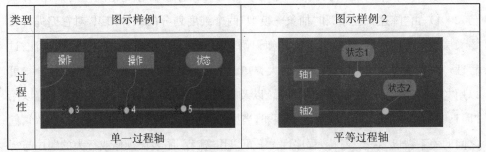 单一过程轴	平等过程轴

利用这四种图，可以表示更多复杂构造与多重结合的知识。随着学科知识的不同特点，可以基于基本知识类型，结合学科基本知识的语义做一些整理与变形，从而形成次级知识语义，即学科知识的顶层语义。在全面考虑学科知识的基础上，结合图元和四种图，做一些适用的学科知识表征语义模板，以便在更多的学科知识表征中进行引用。

(3) 应用模板设计

为了方便学习与教学中的实际应用，设计了知识表征模板。模板的设计有两个目的：一是在模板中体现知识语义图示的基本思想，给不同学科教师以样例性引导；二是方便学科教师的实际应用，依据主要教学应用场景的需要，设计学科知识表征模板以便直接使用。以语文学科知识为例，可以根据其主要知识内容的语义结构，设计常用的语言知识呈现模板。如图 3‐19、图 3‐20 和图 3‐21 所示分别是用于呈现语言

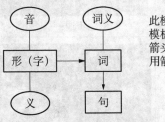

此模板包括"字模板"与"词"模板两个部分；字词间用关系箭头，词句间也是用例关系，用箭头表示。

图 3‐19　知识表征：字词模板

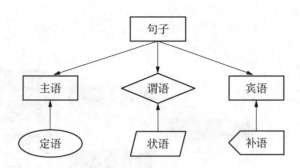

图 3 - 20　知识表征：句子模板

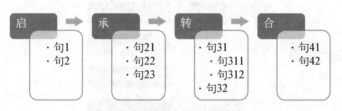

图 3 - 21　知识表征：篇章模板

知识的字词模板、句子模板和篇章模板。

从认知层面看，语义层面的结构典型，不光适用于知识表征，它还适用于其他方面，如教学过程、学习活动等。基于基本语义典型，也可以设计面向教学与学习的其他方面，设计实用模板进行应用，以帮助教师完成必要的教学准备与设计工作，辅助学习者表达所想，完成更多的学习活动。

实际研究中，依托于电子课本或电子材料的制作平台，项目设计了如图 3 - 22 所示的教学和学习应用模板列表。

所有这些模板设计，都被集成于电子课本制作工具中。当制作者需要时，可以方便地使用。如图 3 - 23 所示。如果电子课本或电子学习材料制作者需要特别的模板，也可以使用工具中的图元或通用控件，制作并保存新的模板。

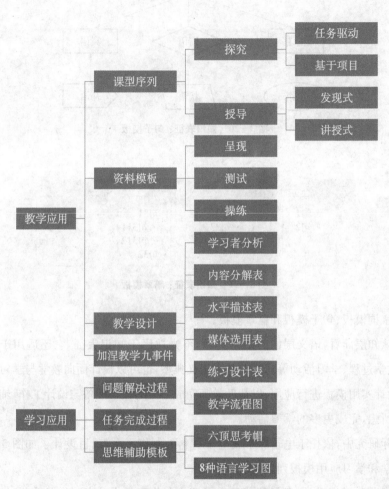

图 3 - 22　教学与学习图示模板列表

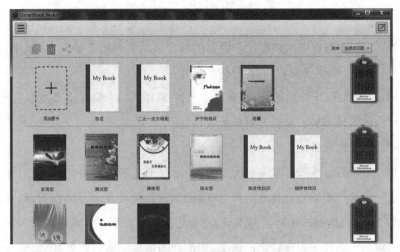

图 3 - 23　电子课本编辑器模板陈列界面

(4) 语义图示元素

可视化元素是指用来表征知识(语义)的"可视"符号类型或媒体类型,如图 3 - 24 所示。根据表征知识元素的需要,结合多媒体的研究,这里被选定以表征知识(语义) 的可视化元素,包括符号、图形(含统计图)、图像、动画、视频和表格 6 种。

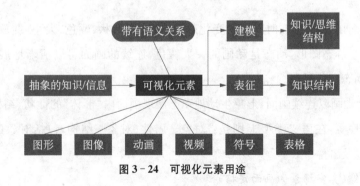

图 3 - 24　可视化元素用途

从可视化元素的角度理解,可视化表征知识,就是"用可视元素之义表征以文字记 录为主的知识语义"。可视元素的语义表达有其自身形式上的特点,在可视化元素的 应用中要考虑各自优势。

A. 表格

优势：表格能够将行和列所代表内容的对应关系表现得准确明了，集中而有序，避免了冗长的文字，便于查看、对比分析和统计；

应用：表格可以矩阵的形式，表征性质列表、顺序、类别等；在语义类型上则是：单个认知对象的属性、结构；多认知对象的关系、操作与过程。

B. 图形（含统计图）

优势：图形是由外部轮廓线条构成的图，相对于文字和表格，其表现力更直观和可视一点。一些图形明显地具有某种含义（语义），如箭头表示一种指向；双箭头有互为指向的关系；而用线段相连的两部分，意为之间有某种联系。常用的几种图样——由图形组成——则长于表现特定的语义，如流程图能清楚地表现做什么、怎么做的流程。而统计图可以使复杂的统计数字简单化、通俗化、形象化，使人一目了然，便于理解和比较（详见参考）。

应用：可以用各种不同的图样形式（图形的组合结构），表现结构、关系、过程、程序等；在语义类型上，则是：对象—结构（组成、构成）、对象—关系、对象—操作、对象过程。统计图可展现单/多对象的状态与状态变化趋势。

C. 动画

优势：动画是图形在时间线的变化过程，表现在形状、颜色、大小、绽放和结构等方面；相比于静态图形，动态是动画的一大特色，连续的画面可以清晰地展现画面内"形体"的动态变化过程。

应用：动画以连续画面，形象生动地动态展现画面内"形体"的性状、结构、操作等的过程、顺序等，在语义类型上则是：对象—属性、对象—结构，包括对象的关系、操作、过程，以及事件。

D. 图像（真实场景的画面定格）

优势：图像在真实景象、场景的再现方面非常有力。比起"白云"两字或是笔画勾勒的云朵，真实的白云照片更加直观具体，即在表义上（并非在概念上）更接近实物。

应用：图像往往表现了概念或一类事物的特定个体。即，相当于用实例来表征抽象的一类事物。语义类型上,应该是,对象—实例(这是语义类型的另一个维度)可以用图像作为例子,真实地表现抽象对象的属性、结构、关系、过程等。

E. 视频

优势:视频中的情境多为真实或者高仿真情境,所展现的内容具有很强的顺序性和时间性,通过视频能够将操作和流程表现得淋漓尽致。

应用:视频可以用连续的的画面,表现过程性概念或事物的实例的变化过程,包括性状、结构、关系、过程等方面;在语义上,更强调对象—实例(这是语义类型的另一个维度),对于之前的维度,应该是实例—属性、实例—结构、实例—关系、实例—操作等。

F. 符号

优势:符号作为约定俗成用来代表特定含义的标志,具有抽象性、普遍性和多变性。表征内容时,符号可以起到很好的辅助作用。

应用:符号可以用简约的形式,表现概念对象、概念整体内涵;对于对象特定的语义的表示,要视具体情况而定。

(5) 元素应用规则

可视化元素如何在知识表征中应用,每种可视元素适合表征不同类型知识语义的程度,可以用表3-4所列内容指导。

表3-4 可视化元素应用规则

	抽象—陈述	基于模型—陈述	抽象—程序	基于模型—程序
表格	√√ 如:利用1-N表格表示对象和属性	√ 如:利用M-N表格表示多对象及其属性	√√ 如:用行列表现各环操作	√ 如:用行列表现系统的各部分的操作
图形(含统计图)	√√√ 如:利用E-R图表征对象和属性;利用统计图表征对象的属性等;利用素描等图形表示抽象的对象	√√√ 如:利用E-R图表征模型内部各对象和属性;利用维恩图、统计图表征对象的属性关系、对象间的关系;利用素描等图形表示抽象的对象	√√√ 如:利用甘特图、流程图、轴线图等表征操作和程序;利用统计图表示作为结果的状态改变	√√√ 如:利用甘特图、流程图、轴线图等表征操作和程序;利用统计图表示作为结果的状态改变

	抽象—陈述	基于模型—陈述	抽象—程序	基于模型—程序
图像	√√ 如：表示某个对象（概念）或者对象的某个属性	√√ 如：表示某个对象（概念）或者对象的某个属性	√ 如：表示某个对象、对象的属性、某个操作	√ 如：表示对象（概念）、对象（概念）的属性、某一环节的操作
动画	√√ 如：3D图形展示对象结构	√√ 如：表示对象及其属性状态	√ 如：表示简单的某个环节的怎么做的操作和流程	√√√ 如：表示某个环节的怎么做的操作和流程
视频	√ 表现事物的性状变化	√ 表现系统的性状变化	√√ 表示做什么、怎么做的操作和流程	√√√ 展示做什么、怎么做的操作和流程
符号	√ 如：将抽象化的概念、属性具象化	— 如：将抽象化的概念、属性具象化	— 如：将抽象化的概念、属性具象化	— 如：将抽象化的概念、属性具象化

＊"√"的数量表示此元素适合表征此知识语义的适宜程度，分为 1 到 3 个等级。

＊"—"表示不确定，或完全不适宜。

(6) 知识图示示例

以上内容，从方法、框架与过程与工具设计三个方面，完整地呈现了知识表征的方案。此方案可适用于两种相关群体，对应地有两种用途：一是数字化教学与学习材料的设计与制作者；二是教学与学习活动的参与者。

更具体地，如果现在有一名教师，要讲授一部分地理学科的知识，如国家矿产及其分布。教师就要考虑以下的问题：学生处于什么年龄段，其认知、兴趣与行为等方面有什么特点？这次学习的目的与意义是什么？要帮助学生掌握什么内容（内容特点），这些内容是属于什么样的知识类型，其中的重点是什么？呈现或发现中，使用解析性还是拟象性的表征？用什么媒介工具进行？对于学生来说，这样的表征对于学生掌握内容能起到什么作用，结果是预期的吗（这是一个评估问题）？

下面通过一个示例，展现知识表征的方法与过程。以历史科目的"第一次鸦片战争"为例，用事件、关系、过程等图表征"第一次鸦片战争"。

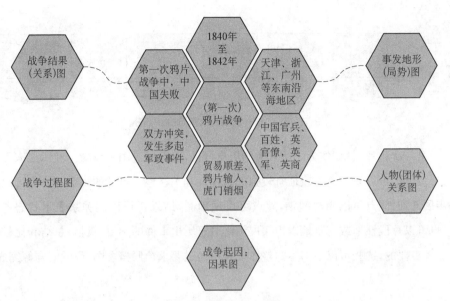

图 3－25 "第一次鸦片战争"事件

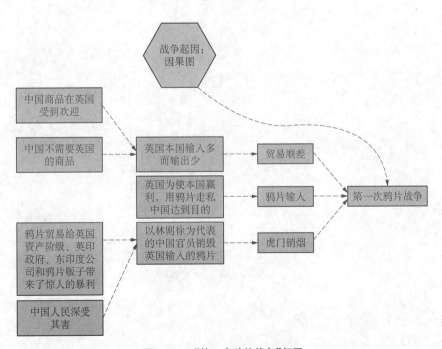

图 3－26 "第一次鸦片战争"起因

105

图 3 - 27 "第一次鸦片战争"过程（部分）

　　"第一次鸦片战争"作为一个重大的历史事件，可以通过图示清晰地展示出来。以上只是部分，可以看到这种表征有较强的结构性和关联性。事件的每个部分都可以进一步展开，时间点可以用时间轴，地点可以用地图，结果仍可以用关系表示状态。当然，也可以片段性地或完整地以视频展示。对于历史事件的学习，概括、总结和比较等是比较重要的，这些可以在书本的整体设计中通过要求绘制概念图、设置问题等完成。

3.4 知识表征中的语义关系

语义可以理解为知识的基础概念。在人类认知中,首先知觉、意识到的是认知的对象、认知的单位,即基本的语义对象、语义单位,其次产生、形成的是集合性的知识。以语义图示可视化表征知识,势必需要研究语义要素。根据前述研究与设计,关系语义是语义要素中的核心元素。

3.4.1 知识图示的重点:关系语义

学习的基本目的是掌握知识,其重要目标就是能灵活运用它。而掌握知识的首要一步,就是要准确而深入地理解知识。知识表征就是要支持学习者对知识的理解。语义图示介入深层学习中的重点,就是以可视地表征知识,促进深入理解与灵活应用。语义图示辅助主体激活学习中大脑的两种功用。一是以概念图和思维导图为基础的对命题网络的图解,二是以视觉认知和直观经验为基础的对真实世界的理解。这两种功用,是使主体学习赖以深入的坚实基础。

而这两种功用的发挥,在语义上体现在一个真正重要的部分,就是关系语义。认知活动中基本有三个语义要素,语义对象是最基本的,而语义关系是最重要的。语义要素,尤其是语义关系,源于实际生活,生于知觉与意识。同样地,用语义图示表征知识,或者说可视化知识表征,语义对象和语义关系也是最基本、最重要的,即知识要素。从主要的知识类型中可以发现,正是各种语义关系将对象联系成一体,共同反映认知事物,形成有关它们的知识。在知识表征与知识学习中,对象辨识是一个基础;而对对象关系的觉察与描述,将受到实际情境清晰程度与学习者自身经验能力的限制。

为了便于知识学习与知识表征有所参照,这里整理前人研究整理的语义关系。一是语义网络节点间可能的语义,二是面向合成语义的 26 种语义关系。

(1) 语义网络节点间可能的关系

乔纳森(2008)在研究技术支持的思维建模时谈到，学生对知识的获取可以反映在基于概念的语义网络的建立过程中。而语义连接，实际上就是对概念关系，即语义关系的确定。研究列出了语义网络节点间可能的连接，详见表3-5。

表3-5　语义网络节点间可能的连接(关系)

对称连接	相对的、同义词的、相同的、等同的、同属性的、接近的、相互依赖的、对立的、相反的、相似的	
非对称连接	包含关系(典型的最普遍的关系) 有……部分/是……的部分、包含/包含在……中、由……组成/是……的组成部分、包括/包括在……中、有……事例/是……的例子、有……实例/是……的实例	
	特征关系(比较普遍存在的关系) 有……特征/是……的特征、有……属性/是……的属性、有……种类/是……的种类、有……性质/是……的性质、有……类型/是……的类型、定义/被……定义、描述/被……描述、模拟/被……模拟、指示/被……指示、暗示/被……暗示、有……优势/是……优势、有……劣势/是……劣势、有……作用/是……的作用、有……尺寸/是……的尺寸、是高的/是低的、比……高/比……低	
	行为关系 原因/被……引起、运用/被……使用、解决/是……的解决方法、开发/被……开发、减少/被……减少、增加/被……增加、破坏/被……破坏、阻止/被……阻止、影响/被……影响、决定/被……决定、授权/被……授权、吸收/被……吸收、作用/被……作用、消耗/被……消耗、从……转移/转移到、设计/被……设计、雇用/被……雇用、进化为/从……进化来、产生/被……产生、更改/被……更改、从……起源/是……起源、提供/被……提供、需要/被……需要、发给……/从……收回、管理/被……管理	
过程关系	有目标/是……的目标、有输出/是……的输出、有结果/是……的结果、有子进程/是……的子进程、有进程/在……中的进程、组织/被……组织、有输入/输入到……、计划/被……计划、依赖/有依赖性、总结/被……总结	
临时关系	有步骤/在……中的步骤、有阶段/在……中的阶段、领先于/随后是……	

注：此表由费舍尔(Fisher)于1988年整理。

(2) 二十六种语义关系

爱德华多·布兰科(Eduardo Blanco)等人在研究语义关系的合成时，提出了一个合成语义关系的框架，语义关系从文本中抽取(Blanco 等，2010)。其中介绍了26种语义关系,可在图示化学习中作为参考。详见表 3 - 6。

表 3 - 6 二十六种语义关系

类型	语义关系	例　子
推理	因果,理由,影响	地震,海啸;禁止,抽烟;不上课,成绩不好
目的	意图,目标	教学,教授;存储,垃圾
对象修饰语/修改者	价值,来源	聪明,小孩;墨西哥人,学生
句法对象	代理者,感受者,工具	John,买;John,听;锤子,打破
直接对象	主题,话题,刺激	车,买;花儿,送;火车,听
联合	联合关系,血缘关系	叉,刀;John,他的妻子
无	是一个,整体与部分 制作,方式 接受者,同义 在……位置,在……时间 性质,数量	吃油车,汽车;引擎,汽车;汽车,宝马;福特 F - 150,John;快,传送;Mary,给;一打,12; 晚会,John 的家;晚会,上周六;高度,John;一 打,鸡蛋

在两部分语义关系中,前者更贴近于知识表征中的应用——用来作为语义关系确定的参考。比较而言,后者更多是从“关系发生”的角度考察的结果。

3.4.2　语义关系的重要性

语义图示可以以更为具体、更具有操作性的方式,在知识学习中经过设计并加以应用。在解析表征中,如果用本体表征某学科完整的知识结构,再找到以图示方式表征的方法,就完成了学科知识表征。实际应用中可以通过这样的知识表征,来帮助学习者掌握众多的语义关系和知识要素反应的思维结构,从而增强其学习过程,促进其学习效果。结合拟象表征,以概念图和思维导图为代表的解析表征法,可一起用于辅助主体进行数字化学习,包括阅读、分析、绘制与撰写等。

重要的是,以语义图示实现知识可视化表征,能为学习者在学习中对语义关系的领悟、推理,铺就了先前经验与参考。如果说将所学与已知相连是真正学习发生的一条定律，那么语义图示使知识可视化表征的功用又进了一步——用解析图示促进知识建模。

在语义图示设计及其知识学习应用中，对知识表征的定位是一个重要的问题。图示方法与工具是以另一种"风格"，即更多地利用视觉官能，作用于学习者的认知与思考，成为学习的辅助技术。在学习的内外部行为相互作用中，它积极影响学习者的认知与理解。通过图示方法与工具，图示作者将蕴涵知识的信息、想法更"可看"地表现出来，而阅读者则通过它接收、理解信息。在视知觉的作用下，主体内部的心智模式与外部的图示工具或图示相结合，使主体学习时不再有纯语言和文字符号操作那般压力，还可能使心智活动的焦点更多汇于语义反应。学习科学层面的研究，也支持这样的视觉化学习过程解释。

而且，基于对知识语义类型的认识，语义图示设计中的结构性与过程性语义关系，不仅可用于内容、材料的可视化表征，也可以用于组织学习活动，也有助于学习者组织自己的学习过程。所以说，图示技术的知识表征与建模应用，对学习有着重要意义。

第四章

语义图示工具的学习应用

语义图示工具是面向知识学习的。它对学习者知识学习的支持,除了需要从学的角度考虑其支持学习过程的技术特色之外,还需要从教的角度考虑其"教学性"技术特色。这样,才可以方便教师在辅助学习者掌握与利用知识的过程中发挥其不可替代的作用。相应地,只有在语义图示工具上"增加"一些能体现教师教学策略和教学思想的技术功能,才能使语义图示工具有效地整合到教学设计的过程中,并在课堂教学的过程中,切实支持学习者的知识学习。

本章主要是从教学设计的角度,聚焦语义图示工具"教学性"的技术特色及其应用。首先,基于模型教学相关理论,论证语义图示工具与教学设计相结合的合理性。其次,梳理当前典型的可视化教学设计工具,通过对比这些工具的特点,总结出指导教学设计的语义图示工具的设计要点。再次,为满足数字化阅读和数字化学习的要求,基于电子课本的平台环境,提出支持教学设计的图示工具,即学习地图的设计理念、思路和技术实现方法等。

4.1 学习境脉中的可模型化特质

教师、学生和学习内容之间的互动在很大程度上依赖教师选择教学模式的能力,这些教学模式有助于满足学生的学习需求。当教师做出如何教学的决定时,必须考虑能够最大限度地激发每个学生学习潜能的方式或模式。学习设计工作的核心就是要解决这一问题。

学习技术可以为教学过程提供巨大支撑。如何设计适当的学习技术帮助教师进行教学设计,最优化学习者的学习效果,是语义图示学习应用的重要内容之一。学习设计描述了由结构化的学习活动、资源、服务构成的学习经历,其思想通常来源于教育价值观、教育理论以及设计经验(Conole 等,2004;Sicilia 等,2011;Verbert 等,2012)。通过有效的学习设计,教师可以清楚地知道自己应该使用的教学过程,以及要达到的教学目标,为课堂教学导航;而且还可以记录和管理课程计划和教学方案,与同事分享并合作,以得到创造性的教学经验。教师可以根据学习设计框架调整他们正在进行的教学过程,掌握运用新型技术、多媒体的方法,并据此用一种建设性的方式比较自己的教学与可能的学习过程。

然而,学习设计在现实环境下的实际应用却遇到很多阻碍。就新手教师而言,其面临两个主要问题。一是缺乏教学设计的经验,二是运用信息技术的能力有限。由于理论研究与实践应用往往存在差距,教育参与者通常不能将教育理论和模型灵活运用在学习活动的设计中。在某些情况下,教育参与者自身的时间限制、运用新媒体技术能力不足、更新知识的额外压力等,也阻碍了技术应用增值。

针对以上问题,已有研究者尝试了不同的方法,帮助新教师进行学习设计。例如,有部分学者关心学习设计的规范化问题,设计了协作脚本。一份协作脚本就是一系列的指令,规定学生应该如何形成小组以及他们应该如何交互和协作来解决一个问题(Dillenbourg, 2002)。为了使这些脚本能够被计算机应用理解,IMS学习设计及其规范被提出并加以应用(Hernández-Leo 等,2005)。从某种程度上讲,这样的规范化脚本设计,就是一种教学建模。它能够以模型化的方式描述学习过程(IMS, 2003)。有的研究者则考虑为教师提供基于模型的资源,以建立鼓励理论问题反思、支持学习计划发展的学习设计;并且提供设计编写工具,以避免复杂的设计过程。为了解决学习设计问题,各式各样的关于学习活动和资源的工具被开发出来(Boyle, 2010;Conole 等,2004;Conole 等, 2005;Masterman 等, 2007)。而这些工具在学习设计中的使用,已被证明可以有效改善技术的整合应用。另外,可视化的方法和环境能够将学习过程的记录变得简单(Neumann 等, 2008;Dodero 等,2010;Laforcade, 2010)。埃尔南德斯·利奥(Hernández-Leo)等提出,根据具体情况需求而选择的可视化模板,在帮助教师改进学习设计方面有重要价值;同时,额外的设计选项和提示还能优化设计过程(Hernandez-Leo 等,2010)。

这些研究证实了可以从学习设计的宽泛视角,综合基于心智模型教学设计和可视化教学设计理论,设计可以支持教学设计的语义图示工具的设想。借助面向教与学活动设计的语义图示工具,有望为教师的教学设计工作提供技术性支持。

4.1.1 学习设计的模型化特点

学习设计于 2003 年由澳大利亚著名教育专家、墨尔本皇家理工大学教育主席麦瑞·卡兰齐斯(Mary Kalantzis)教授和比尔·科普(Bill Cope)博士带领学习设计项目组进行了深入研究。经过几年的研究和实践,培养了一大批优秀的教师,也取得了很多宝贵的经验和优质的教学资源。学习设计现在已经成为一个广泛应用的领域,是面向实践的理论,对人类如何进行学习有现实的指导意义(Sicilia 等,2011)。

学习设计(Learning Design),即"为学习而进行的设计",是一种以活动为中介的课程、学习规划。它有三个最重要的理念和共识(Britain, 2004):

• 学习者通过积极参与活动进行学习会取得更好的学习效果。"活动"是学习设计的重要载体,包括课堂/小组讨论、问题解决、角色扮演等。学习设计的目的之一就是要拓展可用于支持数字化学习的学习活动。

• 将学习活动结构化、序列化,形成学习活动序列,以促进更有效的学习。学习活动序列涉及不同教学活动的时间顺序以及各种教学内容出现的逻辑顺序。

• 对"学习设计"进行记录,以供学习者共享和重用。在对数字化环境中的个性化学习的追求中,这一观点非常重要。

IMS 全球学习联盟(IMS Global Learning Consortium)的学习设计概念得到了广泛认可。其第一版学习设计规范(IMS Learning Design Version 1.0)指出,学习设计是对学习者按一定的顺序在一定的学习环境条件中通过执行一定的学习活动进而达到特定学习目标的方法的描述(IMS LEARNING DESIGN ORG,2003)。学习过程中的角色、环境(资源及工具)、方法(环节和活动)是学习设计的三个重要因素,通过这三个元素可以描述学习过程,形成一种通用的描述方法(顾小清 等,2013)。

学习设计关注学习者的经验世界,强调学习者对知识意义的建构。它的特点是更加注重学习过程,重视活动和活动序列的设计。依据所采用的教学模式不同,可产生不同的学习设计方案。科珀(Koper)博士认为学习设计是学习单元(Unit of Learning,

简称 UoL)的建模，或者说是应用学习设计知识开发具体的学习单元(Koper，2001)。其中，学习单元是为学习者提供的能满足一个或多个相关学习目标的最小单元，它是组成学习活动的基本元素。从物理资源角度来看，学习单元可以是一个资源，如文本、音频、图片、视频等，也可以是几种物理资源的组合。可以认为，学习单元是知识的基本单位，具有相对独立的知识形态，分开后将破坏知识的语义完整性。需要提出的是，学习设计的特点之一是可重用的设计理念，而可重用设计的潜在思想是使用模型。多位学者也提出过使用模式或模型去支持学习设计(Conole，2004；Boyle，2010；Verbert，2012)。在给定的环境下，运用"模型"是实现一体化处理、降低成本的有效方法。

在设计中，解决不同具体情景下问题的教学法不同，而模型是对这些教学法的归纳。模型最大的作用，是以一种结构化的方式呈现教学设计者的设计思想(Goodyear，2005)。因此，一种基于模型的教学方法连接了教学法、循证研究以及设计的经验知识(Goodyear，2005)。设计模式、教学模型、学习理论以及技术都被统一打包，以创造一种新的学习设计(Sicilia，2006；O'Neil，2008)，并根据用户的偏好和需求，进行个性化处理，通过提供合理建议、设计模型、恰当的教学理论资源来指导教学设计者。新手教师对使用模型持有积极的态度，模型有很多好处：辅助设计、支持协作、共享经验、节约时间等。

4.1.2　可视化教学设计的结构特性

可视化概念最早于 1987 年被提出，最早运用于计算机科学领域。它是一种通过可以觉察的视觉方式将思维外化呈现的过程。可视化的目标在于帮助人们增强认知能力，理解事物间的联系，降低认知的难度。随着信息可视化、知识可视化领域的应用和拓展，教学设计研究也出现了可视化视觉转向(钱旭鸯，2010)。网络教学的发展使得教学活动开展形式更加地多样化，以及更加注重交互性，基于此，可视化教学设计的定义不断地得到补充和丰富，可视化教学设计研究也得以发展。

在传统课堂教学活动设计过程中，可视化教学设计往往是教师通过纸笔以图文形式在纸上呈现教学设计过程。而随着信息技术的快速发展，数字化学习的方式开始影响教师的教学设计过程，并逐渐开始利用可视化建模语言（如 IMSLD、POEML 等）和思维导图工具在计算机屏幕上呈现教学设计（陈婧雅，2013）。2008 年，瑞士卢加诺大学的博图里（Botturi）和美国杨伯翰大学的斯塔布斯（Stubbs）联合出版了首部有关教学设计的可视化语言手册——《教学设计可视语言手册：理论与实践》。该书指出，从可视化技术到可视化教学设计，并不是一种技术的应用和可视化研究领域的简单拓展，更重要的是一种教学设计思维范式的转变，是换一种解决问题的方式。教学设计可视化主要是通过各种可视语言来实现可视建模（visual modeling）的过程。

教学设计作为一项创造性工作，可以从设计语言的应用中有所获益。可视语言最根本的作用在于表征过程、应用、方法和理解；研究者和理论家使用可视语言的根本目的就在于简化或解构复杂、复合的文化思想。可视教学设计语言目前提供了表征知识过程的中间和最终结果，大致分类如图 4-1 所示。

	可视建模语言	可视记录语言
基于技术	IMSLD，poEML，coUML，LDL Mot等	思维导图等
基于纸笔		E^2ML，绘画，叙事图等

图 4-1 教学设计可视化实现途径

进行教学设计时，运用图表可使结果表述更加形象直观，易于理解，从而加深对教学活动安排、教学资源工具运用的印象。通过将教学设计可视化，可以建立教师学习共同体，鼓励教师集体备课，有助于教师间的智慧交流。同时，图示化的教学设计往往表示了学科的基本结构和学科知识结构之间存在的某种基本逻辑，学生在理解该逻辑之后再学习细节部分就相对比较容易，这有利于学习者的学习。

4.1.3　基于模型教学的心智模型

心智模型从认知的角度分析了学习者是如何学习的，并描述了学习者接受新知识的内部反应过程。从心智模型理论出发，根据学习者内部学习机制，部分研究者对符合心智模型的教学模型进行了研究。

心智模型研究的不断发展，逐渐影响到教学设计领域。传统的教学设计往往使用固定的模板，更新速度慢、内容表述模糊笼统、关注一些既定的点。布鲁姆舍因（Blumschein）从心智模型的理论出发，提出了一种全新的教学设计理念——基于模型的教学设计（Model Centered Instructional Design，简称 MCID）（Blumschein，2008）。在基于模型的教学设计理念中，最核心的就是一种迭代循环的思想。教学设计不是一成不变的，它需要经过分析、设计、开发、评价一系列循环过程之后才算完成。

温格（Wenger）提出的教学模型包含三个在教学过程中活跃的元素：教学者希望分享给学习者的心智模型、传递心智模型的外在经历、学习者不断发展的心智模型。在讨论基于模型的教学中，最关键的是认识到模型的概念（Wenger，1987）。模型是指：领域的模型、模型的通信过程、学习者模型。这几个概念的关系如图 4-2 所示。

图 4-2　教学模型的要素

随后，汉克（Hanke）根据温格所提出的基于模型教学的要素，给出了基于模型教学的模型（Hanke，2008）。他认为，基于模型的教学可以分为 5 个子过程，这 5 个过程环环相扣，共同说明了基于模型教学的实现方式。当学习者遇到新的现象时，①学习者会激发自己心智模型的失衡，老师所要做的事情就是促使这种激发的发生；②学习者激活自己的前期知识,与新知识进行对比,这时教师应该尽可能去引导学生激活更多更适当的前期知识;③当学生发现已有知识无法解释新的现象时,学生会寻找更多的信息去解释这种差异,教师此时需要提供充分而适当的资源;④学生会将获得的新知识整合进自己的心智模型,教师应该提供学习的"脚手架";⑤教师通过让学生实践运用习得的知识,将学生新形成的心智模型程式化。

综上所述,学习设计强调可重用与结构化设计,有助于设计与应用面向知识学习的语义图示工具。运用可视化的手段表征教学设计过程,是从教师的视角优化知识学习过程、强化语义图示工具应用的有效途径。而基于学习者认知状态变化进行学与教的设计,可以更接近学生的认知发展。所以,面向知识学习的语义图示设计,可以从教师教学、学生认知、技术设计三个方面,充分借助已有理念的优势,形成能结构化表征教师教学设计理念、模型化表征设计过程与内容的技术工具,以促进教学中学习者认知的发展、技术组件的复用,为知识学习提供便利。

4.2　学习活动的图示化表征

教师利用教学模型开展教学，一方面可以帮助教师进行教学活动的组织，另一方面可以帮助教师理解和提升运用 ICT 进行教学的理念。教师可以借助现有的图示化教学设计工具，建立自己的教学模型，或使用同行设计好的教学模型。下面，将从设计理念、图示化设计要素和图示化设计的技术实现这三个方面，介绍两款学习活动表征工具，即 Compendium LD 和 Open GLM。然后，从这两款学习活动表征工具中，总结出其特色之处，从而设计出符合本项目设计理念的、支持教学设计的语义图示工具。

4.2.1　学习活动表征工具：Compendium LD

（1）Compendium LD 的图示化设计特色

Compendium LD 是由英国开放大学知识媒体研究所主导开发研制的，具有灵活的可视化界面，是支持学习设计的工具（Conole 等，2008）。因为以可视化的方式来支持学习设计，可以降低教师学习设计的难度。因此，使用 Compendium LD 设计并绘制学习序列，可以帮助教师等相关教育工作者清晰表达其教学观点。在 Compendium LD 的辅助下，教师不需要成为专业级的设计人员，也不需要太依赖学习设计人员，就可以完成学习设计过程。从教师的使用反馈来看，可视化的设计过程可以使其设计想法更加明确，并且能突出一些非可视化状况下他们不会关注到的问题。

Compendium LD 包含了一套通用的、预先定义的图标来代表一些具体的学习设计过程。用户可以通过拖动图标和箭头来建立图标之间的关系，形成一个表征学习活动的地图，从而使得教学设计中的各种教学理念之间的联系可视化（王海燕 等，2011）。运用 Compendium LD 进行可视化教学设计时，要求教师在教学设计之前要对学习内容、任务、达到的预期结果、涉及的资源、用到的工具进行分析，然后运用

Compendium LD工具中的相应图标，真切地模拟出教师的教学过程。因此，运用Compendium LD工具的过程，是教师梳理教学流程的过程，也是帮助教师对教学过程进行修正、完善和扩展的过程。英国开放大学的格兰尼·科诺尔（Gráinne Conole）教授认为，Compendium LD最大的好处在于借用可视化的方式，把教师的注意力从关注教学内容中解放出来，转移到了关注学生活动，关注究竟要让学生学习什么知识上来。

Compendium LD还能够与Cloud Works整合使用，使更多教师一起交流各自的Compendium LD学习设计案例和经验。Cloud Works是以Web2.0思想为基础，为教师提供分享、交流学习设计的空间。教师可以在Compendium LD中进行可视化学习设计，再在Cloud Works中对各自的设计进行分享和讨论。另外，制作好的知识图可以导出成HTML格式，方便读者在浏览器中浏览；也可以导出成XML格式，支持读者在Compendium LD中阅读或重新编辑。

（2）Compendium LD中学习活动的图示化要素

Compendium LD中包含30个图标（Icons），主要用来表示学习活动的成分。它们可以帮助教师便利地表达他们的教学设计思想。这些图示包括学习设计的核心图标、顺序图标（Sequence Mapping）、条件节点图标和标准节点图标四种类型。教师可以通过拖拽这些图标，以链接的方式形成学习活动组图。下面依次介绍这四种类型图标的含义和功能。

A. Compendium LD中的核心图标

根据教学设计过程中经常涉及的要素，Compendium LD中包含的学习设计的核心图标，主要包含活动、学习者输出、学习结果、资源、角色、停止、任务和工具8个要素。在教学设计过程中，这8个不同的要素，具有独立的"教学性"含义，用于不同的情境、流程和环节中。例如学习者输出，主要用于预设性表征学习者在学习过程中产生的输出，例如论坛上发表的评论、给出的问题解答等。学习结果，则用于表征学习者最终的成果。对这8个核心图标的解释，详细内容见表4-1。

表 4 - 1　Compendium LD 中学习设计的核心图标要素解释

图标名称	图标	描　述
活动		用于表征学习设计中的某一个活动节点。双击活动图标,可打开活动内容。这些内容可以由任何 Compendium LD 图标来组成
学习者输出		用于表征学习者在学习过程中产生的输出,如论坛上发表的评论、给出的问题解答。学习者输出可用于形成性评价中
学习结果		用于对学习者最终的成果的表征,可用于总结性评价中
资源		用于表征学习者在学习过程中使用的文件、视频、音频等学习资料;通常与任务图标相连
角色		用于表征学习活动中的特定角色,例如学生、教师
停止		用于表征一个角色在学习活动中的行为结束
任务		用于表征角色的行为
工具		用于表征学习活动中使用的工具

B. Compendium LD 中的顺序图标

与核心图标不同,Compendium LD 中的顺序图标主要关注教学设计过程中涉及的"流程性"内容。它可以连接学习设计的核心图标,模拟出教学流程的路径和走向。Compendium LD 中包含日期/时间安排机、意图和挑战、学习输出、将要学习的内容、学生活动、媒体和工具、学生资源和支持角色 8 个顺序图标。每个顺序图标都有与之对应的不同的图标,表征不同要素的"教学性"含义。例如日期/时间安排机,主要用来表明学习活动中的特定日期或时间,例如"三周""一小时"。

在教师拖动顺序图标时,都有一个"泳道"表示学习活动,每个"泳道"都有标题。教师可以根据需要更改这些图标,从而实现教学设计者的个性化定制。通过使用顺序图标,教师可以比较清晰地标识一系列图标的含义。对这 8 个顺序图标的解释,详细内容见表 4‒2。

表 4‒2 Compendium LD 中顺序图标要素解释

图标名称	图　标	描　　　述
日期/时间安排机		用来表明学习活动中的特定日期或时间,例如"三周""一小时"
意图和挑战	INTENT AND CHALLENGES	一个设计应该能捕获或表达设计者在教学上想实现的目标,以及他们所认为的学习目标中的重要挑战。在设计过程中,填充这个图标可以帮助设计者更好地理解关键设计问题,并帮助设计者确定适应最初意图与现实问题之间的最短路径
学习输出	LEARNING OUTPUT	学习输出包含的形式很多,可以是写作作业或者细微的行为观察。学习输出在形成性评价、总结性评价、研究、工作量计划等方面都可以有所贡献
将要学习的内容	WHAT IS TO BE LEARNT	一个设计必须清楚地展现设计者希望学生学习什么
学生活动	STUDENT ACTIVITY	描述学习活动中学生会参与的部分
媒体和工具	MEDIA AND TOOLS	描述为学生传递资源的工具或者媒体
学生资源	STUDENT RESOURCES	描述传递给学生的资源的语义和意义。资源通常通过媒体和工具来传递,例如对一个理论的阐述,可以使用打印的文件或者网页
支持角色	SUPPORT ROLES	支持角色不仅包含老师,还包括其他参与到学习的角色,如导师、学生支持服务者、其他的学习者等

C. Compendium LD 中的条件节点图标

教师设计教学流程时,需要考虑到学生的不确定性反应。而 Compendium LD 中的条件节点用于表达"if X then Y else Z"的逻辑,因此,在用 Compendium LD 进行学习设计时,可以运用条件节点图示来表征学习者的不同学习路径。表 4‒3 中列出了 Compendium LD 中表示条件节点的三个图标。"条件"图标用于表示学习设计中影响学生学习路径的条件;"正确"图标表示条件成立时的学习路径;"错误"图标表示条件不成立时的学习路径。

表 4 - 3   Compendium LD 中条件节点图标要素解释

图标名称	图　标	描　　述
条件		条件节点用于表示学习设计中影响学生学习路径的条件
正确		正确节点用于表示条件成立时的学习路径
错误		错误节点用于表示条件不成立时的学习路径

D. Compendium LD 中的标准节点图标

Compendium LD 中的核心图标、顺序图标和条件节点图标，基本可以勾画出学习设计中的主要步骤、流程和活动等。但是，为了深化教师的学习设计与学习者的学习过程，Compendium LD 中还配备了"标准节点图标"。

标准节点图标，可表示学习活动中涉及的关键性"要素"，包括支持、反对、地图、参考、笔记等。它扩展了 Compendium LD 使用的范围。例如"问题"图标，表示学习者在某一学习环节需要提出一个问题。"反对"图标，表示学习者在与同伴进行讨论交流时表达反对观点的节点。Compendium LD 中标准节点图标的具体解释，如表 4 - 4 所示。

表 4 - 4   Compendium LD 中标准节点图标要素解释

图标名称	图　标	描　　述
问题		提出一个问题
回答		提供一个问题可能的答案
地图		(A) 创建观点之间关系的组图 (B) 将问题或者观点进行有意义的分类、集群 (C) 创建节点之间的连接

续表

图标名称	图　标	描　　述
列表		（A）创建节点的分类列表 （B）呈现研究结论 （C）将独立的节点(不与其他节点产生关联)集中起来
支持		支持一个观点
反对		反对一个观点
参考		提供一个到外部文件的链接（例如电子表格、图片、文件）
笔记		提供一些额外信息
决定		解决了一个问题，达成共识；可将该节点直接与问题相连
论证		表征一个观点，通常用来回应一个问题或立场

在使用 Compendium LD 进行学习设计时，设计者可运用核心图标表征学习中的核心要素；运用顺序图标表征流程的走向；运用条件节点图标表征动态性的学习路径；运用标准节点图标表征细节性的学习活动。从学习设计的纵向流程以及横向宽度来看，Compendium LD 可以帮助教师运用图示化图标，准确而全面地表征学习活动。可见，Compendium LD 是一款设计良好的支持教师进行学习设计的可视化工具。

Compendium LD 所提供的技术支持，可以使教师对每个图标进行内容、属性、视图的编辑。图 4-3 所示即为"资源"这一图标被双击之后弹出的编辑窗口。在内容页面，设计者可以为图标添加描述、更换图标的图片、添加超链接等。而且，可以根据需要，在内容窗口中，添加 Word 文档、PPT、图像、PDF 文件等常见文件类型。在属性页面，可以查看创建修改的时间以及作者。在视图页面，可以查看图标所处于哪一层视图。

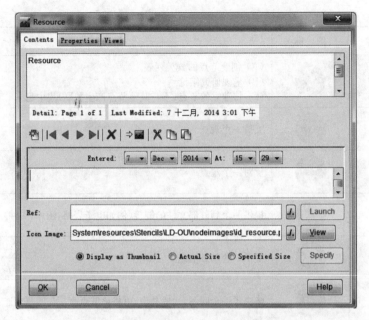

图4-3 "资源"图标的内容、属性、视图弹框

正因为有了对每个图标进行个性化编辑的学习技术支持,Compendium LD可以更深一步帮助教师细化教学设计流程。因此,Compendium LD对教学设计的支持不再仅仅停留在对教学流程的可视化预设上,更可以从学习活动的组织、学习资源的整合应用上,丰富可视化的教学设计过程。某种程度上,这一可视化的教学设计做法,使得理论上预设的教学设计流程能尽可能地接近真实的教学过程,保证了教学设计从理论性的设计到实践性的操作的适配。

(3) 基于 Compendium LD 的学习设计案例分析

"使用基于互联网的角色扮演学习方式学习中东政治"的学习活动设计图,是Compendium LD官方网站上提供的案例。从这一案例中,可以看到 Compendium LD在学习活动可视化表征方面的优势。

"使用基于互联网的角色扮演学习方式学习中东政治"(以下简称"中东角色扮

演"）的显示界面中，图标分布在三个板块："角色扮演模拟的背景知识""中东角色扮演
的参考文献和资料""学习活动"。如图 4－4 所示。

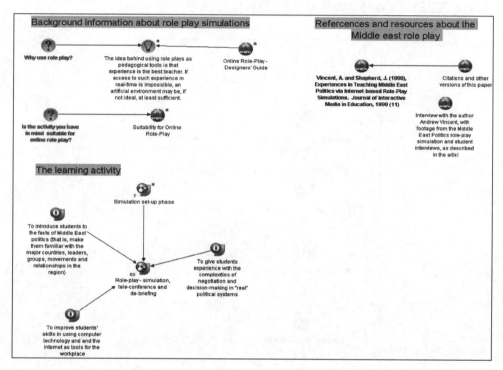

图 4－4 "中东角色扮演"显示界面

如图 4－4 所示，用 Compendium LD 图示化具体学习活动前，通常先在主窗口
（Home Window）列出各学习活动之间的逻辑关系，并给出必要的学习活动说明。这
个案例给出了使用角色扮演模拟的背景知识。设计者提出了两个问题："为什么使用
角色扮演？""学习活动是否适合在线角色扮演？"，并提供了自己的解答以及相关资料
的链接。设计者通过这一步操作可以帮助自己理清设计思路，排除设计障碍，并且使
得设计可读性良好，有利于分享。在界面右上角，设计者列出了进行教学设计的主要
参考材料，说明教学设计的科学性。

左下角的学习活动部分是整个教学设计的核心。这个部分包含了两个学习活动

图标和三个学习结果。学习结果可以与课程的教学目标相呼应，作为总结性评价的依据。鼠标双击两个学习活动图标，可以分别打开活动设计的详细内容。双击"创建模拟的步骤"图标，可以打开如图 4－5 所示窗口。

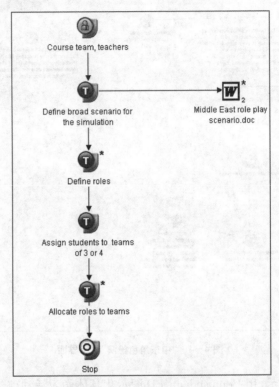

图 4－5　创建模拟的步骤

　　如图 4－5 所示，清晰的可视化表示可以帮助使用者直观简明地了解角色扮演模拟需要经过的几个步骤。这对课堂学习活动设计具有明显的指导意义。角色图标确定了设计中的角色涉及课程小组和老师。角色扮演首先要定义模拟的情景以及情景中的角色；然后将学生分为 3—4 人的小组；再将角色分配给小组中的每个人。设计中的第一个环节，定义模拟的情景时，需要用到一些辅助的资料，这个资料就是带有链接的 Word 文档，与第一环节的任务图标相连，用户点击 Word 图标就可以打开 Word 文档。

　　关闭"创建模拟的步骤"窗口，双击"角色扮演模拟"中的图标，可打开如图 4－6 所示的界面。

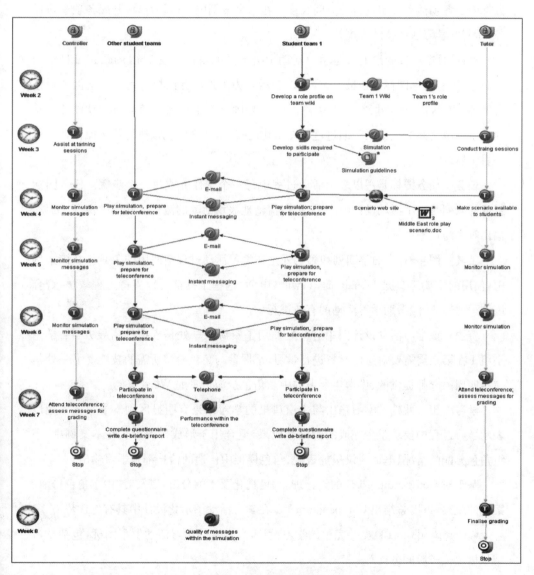

图 4－6　角色扮演模拟

时间管理 时间管理是教学设计中很重要的部分。图 4-6 的最左边，是进行时间管理的日期/时间图标。整个学习设计从上至下，时间从前到后，日期/时间安排下方标明了各项活动拟定进行的时间长度。在这个案例中，以周为单位开展各项学习任务，所有的学习活动持续八周。

角色 图 4-6 的最上方是学习活动中会涉及的角色。在 Compendium LD 中画图时，一般将角色图标画在最上方，用以表示其为下列任务的执行者。该案例的角色有四类：控制者、学生小组 1、其他学生小组、导师。学生小组 1 随学习活动设计与其他学生小组之间产生关联。通过这种图示化的表征，什么角色该执行什么操作就变得一目了然。

任务 任务图标是用以表示活动过程中每一个子任务或每一个步骤。任务图标组成的队列是整个活动设计的主干，可以清晰地表示活动的流程。其他的资源、工具、输出等都与任务图标相连。

工具 图 4-6 中的第四列和第六列是在学习活动过程中使用的工具。在该案例中，使用的主要工具是 E-mail、简讯、wiki、电话，这些工具都可以支持远程教学，符合该课程的性质，能帮助学习活动的有效进行。

资源 该学习活动设计图中有两处使用了资源。一处是模拟的指导方针：学生小组 1 在第三周需要对这份材料进行学习，掌握参与角色扮演所需的技能。另一处是在第四周由导师提供的、供学生参考的中东角色扮演情景的 Word 文档。

学习输出 此处的学习输出与主窗口里的学习结果有明显区别。学习输出用以表示学习过程中要求学生完成的阶段性成果，适合用于形成性评价。在本案例中，小组角色分配的情况、电话会议里的表现、角色模拟中传递的信息都是学习输出。

基于对 Compendium LD 的设计理念、可视化要素的分解，以及对"中东角色扮演"案例的观察，可以总结出 Compendium LD 在学习活动图示化设计中具有的优势。

● Compendium LD 支持完整的学习设计，有丰富的学习活动要素图标，包括学习结果以及任务时间分配等。

● Compendium LD 有利于促使学习设计者考虑学习的评价，例如评价应该是形成性评价还是总结性评价。

● 学习设计者可以通过拖拽多媒体、文本文件到学习活动的节点上,将学习活动与学习资源联系起来,创建资源库。

● 学习设计者通过 Compendium LD,可以帮助自己明确教学的目标,发现教学活动中的重点、难点,并不断完善其教学设计。

● 学习设计者可以给每个图标添加描述,列举更多的活动细节,或以添加笔记的方式对自己或同事创建的设计提出问题。

● 学习设计者可以通过多种方式分享自己的设计。例如简单的 jpeg 图片文件、Web 网页版或资源共享的网站。

4.2.2　学习活动表征工具：Open GLM

(1) Open GLM 的图示化设计风格

为了提供一个学习设计格式和模型,使其能在更广范围内编码、传输和传播,全球学习联盟制定出了学习设计规范(IMS-LD)。该规范不仅规定了学习设计的基本要素、名词规范、模型结构等,还给学习设计的使用者和工具开发者提供了一个统一的参考标准。学习设计规范工作组已经提出了三个不同水平的学习设计规范:水平 A 是将学习单元定位为可以重复利用的部件,这些部件可以根据一定的目标设计成某种工作流。水平 B 允许属性和条件的加入,因为属性的加入对于实现基于学习者特征的适应性学习尤为重要。水平 C 提供了实时通知的功能,以允许系统间信息的分享和运行中事件顺序的调整,它为适应性学习序列、角色扮演及事件驱动的模拟奠定了基础(曹晓明 等,2006)。IMS-LD 可以理解为一种支持学习过程建模的元语言,由 A、B、C 三个水平构成。每一个水平都融合了前一水平并进行扩展。水平 A 包含元语言的核心元素,水平 B 支持使用类的属性和条件,水平 C 允许灵活设置活动。

国外已经出现了多个学习设计支持工具。但是,它们大多数支持的水平比较低,仅仅支持水平 A 的教学设计,即对学习活动进行排序和结构化,形成学习活动序列。

131

与之不同的是，Open GLM 是一款开源的学习设计工具，在水平 A、B 上支持 IMS 的学习设计理念。Open GLM 的主要目标是提供一种复杂的、直观的 IMS-LD 建模软件，通过使教学从业者创建符合 IMS-LD 的学习单元，来减少 IMS-LD 说明的复杂性（Derntl 等，2011）。Open GLM 的次要目标是创建一种转换机制，可以将学习设计的图示翻译为 IMS-LD 信息模型指定的 XML 格式。这些目标可以通过学习者和教师的活动来实现。

　　这些活动的设计也是 Open GLM 建模软件的核心所在。这些学习活动以图示形式展现出来，并且学习设计者可以对其任意定义和安排。为了帮助非 LMS-LD 专家创建、分享、重用学习单元，Open GLM 专注两个方面。首先，它采用用户图表界面，通过一种可视化方式表征教学设计信息。其次，它提供了内嵌的查询功能、开放存储空间的导入导出接口。这种开放存储空间，包含了单一学习对象、完整在线课程，具有超过 8 万条教育资源。Open GLM 文件可以通过软件内置的搜索功能，从 Integrated Learning Design Environment(ILDE)(http://ilde.upf.edu.)或 OICS(Open GLM 的资源库)导入。Open GLM 工程可以上传到 ILDE、OICS，或导出为符合 IMS 格式的 Zip 包，以实现资源和思想的共享。在导出或上传前，Open GLM 还可以进行项目设计自动化检查。如果不符合设计要求，如缺少连接线，将不允许导出或上传。

(2) Open GLM 中学习活动的图示化要素

　　Open GLM 是一款支持 IMS-LD 的建模工具。其图示化设计包含了 IMS-LD 的基本要素，即扮演不同角色的人物、不同角色按一定的目标进行学习/支持学习、学习活动的环境（包含学习对象和服务等）。

　　打开 Open GLM 软件，界面如图 4-7 所示。界面的左侧列举了图示化学习活动的要素：角色、活动、附加项目、工具和材料，这些要素的设计来源于 IMS LD 的需求。点击某一要素，在它旁边的栏目中会展示整个项目中该要素的结构和内容。界面的中间为编辑区域，可视化的图形在编辑区域进行组合排列。界面的右侧为可视化工具栏，用户可以选择需要的可视化元素，拖动到主界面。

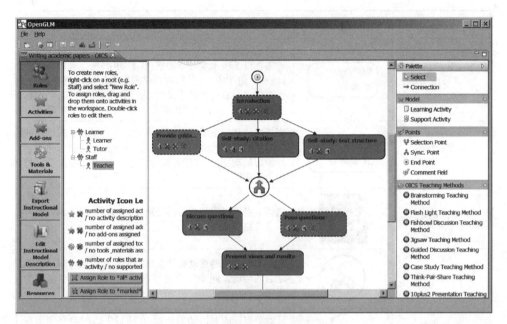

图 4‑7　Open GLM 界面

在 Open GLM 中，用于表征教学设计中学习活动的图示化要素主要包含连接、学习活动、支持性活动、选择节点、同步节点、开始节点、结束节点、评论板 8 种。每一种可视化元素，都表征着教学设计中的不同含义。例如"连接"图示化元素主要用来连接不同的活动，箭头方向代表活动的进行方向。其余每种图示化元素的详细内容，见表4‑5 所示。

表 4‑5　Open GLM 中表征学习活动的图示化要素详细解析

图示化元素名称	图示化标识	描　　述
连接	⟶	连接箭头可以连接不同的活动，箭头方向代表活动的进行方向；Open GLM 中的每一元素都必须使用连接箭头与其他元素相连

图示化元素名称	图示化标识	描　述
学习活动	查找资料 ★ ✖ ✖	学习活动用实线圆角矩形表示。学习活动元素包含活动的名称以及表示学习活动描述、附加项目、工具资料的图标(在左边图中,从左到右),双击矩形框可以进行编辑。当图标上画有红色的小叉时,表示没有该项内容;当图标上有数字时,表示该项内容有几项
支持性活动	课前预习 ✖ ✚ ✖ ✚	支持性活动用虚线圆角矩形表示。它主要表示辅助性的学习活动,例如课前预习、材料准备等。它的图示化表示与学习活动相似,在学习活动元素的基础上增加了支持性角色图标
选择节点	select: All	选择节点可以实现学习活动路径的选择。双击该元素可以定义路径的条数
同步节点		同步节点之前的活动必须全部结束后才能进行同步节点之后的活动。同步节点可以起到控制活动节奏步调的作用
开始节点		开始节点标志着活动的开始,在项目生成时会自动出现在编辑区域
结束节点		结束节点标志着活动的结束
评论板	Enter Text	评论板上可以进行任意的批注、评论、笔记

在上面所述的 8 种可视化元素里,学习活动元素承载了最核心的设计信息,是整个学习活动设计的重点。IMS LD 涉及的基本要素:角色、学习活动、环境(学习对象、服务)都可以在学习活动元素中反映出来,包括角色、活动描述、附加项目、工具、资源、学习目标、先决条件。双击学习活动矩形框,可以弹出学习活动的内容编辑窗口,如图 4-8 所示。

角色　用户可以创建学习活动中的各种角色,如学生、教师、导师、助教等,每一种角色用一种颜色代表。拖动创建的角色到学习活动的矩形框中,矩形框就会变换为相

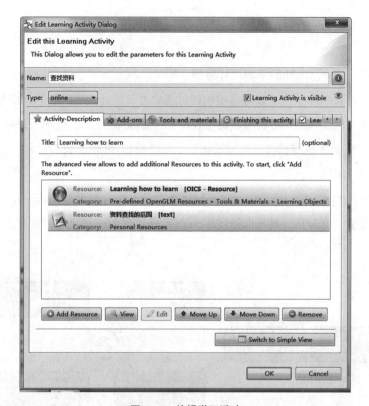

图 4 - 8　编辑学习活动

应的颜色,用以表示活动的执行者。

　　活动描述　教学设计者可以为活动添加描述,增加可读性。添加的描述形式多样,不仅可以手动输入文字描述,还可添加本地文件、网上资源、OICS 资源。

　　附加项目　附加项目是对活动描述的补充。新增附加项目的类型有文字工作、更新文件、问答、多选,每一种类型都可以对其细节做详细设置。例如设置多选题的选项个数、正确答案个数等。

　　工具和资源　Open GLM 提供了五种工具和资源的类型:学习对象、论坛服务、聊天服务、发布服务、发送邮件。每种资源同样可以进行相关属性设置。

　　学习目标与先决条件　添加学习目标和先决条件类似于添加活动描述,都可以手动输入文字描述,还可添加本地文件、网上资源、OICS资源。

(3) 基于 Open GLM 的学习设计案例分析

Open GLM 中除了给予教师自主创建可视化教学设计流程的工具和空间之外,还整合了提供现成经典教学方法模板的 OICS 平台资源库。因此,教师可以根据教学需要,在 OICS 资源库里寻找合适的可视化教学设计模板,并对其进行个性化的编辑,从而为教学设计提供模板指导。

这里选择 OICS 平台资源库中的头脑风暴教学方法为案例,对基于 Open GLM 的学习设计案例进行分析。具体的运用 Open GLM 实现的头脑风暴可视化教学设计结果,如图 4-9 所示。

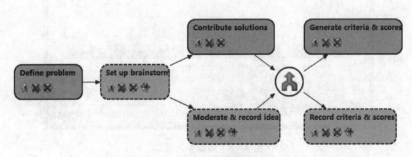

图 4-9　头脑风暴教学方法

从上图学习活动和支持性活动矩形框的颜色可以看出,该学习过程有两类角色。点击 Open GLM 左侧的"roles",可以查看头脑风暴参与者和头脑风暴协助者。头脑风暴参与者是学习活动的执行者,头脑风暴协助者是支持性活动的执行者,这样的角色与活动搭配是符合工具的设计要求的。头脑风暴法一般不需要额外的工具、资源,所以表示附加项目、工具资源的图标上标有小叉,代表内容不存在;所有的活动矩形框里的小图标只有代表描述的图标标有数字1,说明每一个活动都添加了一条描述,可以帮助自己和其他学习设计者了解每个步骤的内涵,从而更好地理解这一教学方法。

根据每个活动的标题和描述可以了解到，在进行头脑风暴教学法时，第一步是由头脑风暴参与者定义问题。定义的问题一定要是创造性的，并且表达要简洁、直指要点、排除任何无关信息，例如"我们如何提高产品 X 的质量""我们如何吸引更多的当地群众加入俱乐部"。接着，头脑风暴协助者要启动讨论，协助者要注意控制时间，通常在 25 分钟左右，但如果小组的人数较多，可以适当延长时间。然后，进入正式的讨论环节，每个参与者都要发表自己的观点；协助者要记录下参与者说的每一句话，并且记录不能带有自己的主观价值判断，同时还要注意时间控制，在适当的时候结束讨论。此处，在上图中可以看到同步节点，这意味着参与者结束讨论、协助者记录完成才能进行下一步活动。最后，参与者需要给出大约 5 条评价标准来判断哪些观点能最有效地解决第一步定义的问题，并对每一个方案进行打分，得分最高的方案就是讨论的最后成果；此时协助者的工作就是记录参与者提出的评价标准，并将参与者对每个方案的打分进行统计计算。

通过以上介绍，Open GLM 工具的优势可以总结如下：

● Open GLM 可以使用可视化的方式表征学习活动，并让非 IMS LD 专家设计出符合 IMS LD 要求的设计内容。

● 可视化元素设计简洁明了，操作性良好。

● 可视化元素拥有强大的属性设置功能，能够对复杂的学习活动进行详细的描述，并能清晰地可视化呈现。

● Open GLM 提供搜索功能，可以通过关键词搜索需要的教学方法、学习活动设计模型的模板。

● 教学设计者可以轻松实现资源共享、重用。通过 OICS、ILDE 资源库，可以轻松导入、导出学习活动设计模型。

4.2.3 对比 Compendium LD 和 Open GLM

通过对 Compendium LD 和 Open GLM 的系统性分析，可以发现，它们是两个成熟的、完善的支持教师教学设计的可视化平台，其共同之处主要体现在三个方面，如图4－10所示。这三个方面分别是包含对教学设计中涉及学习活动的图示化表征、包含支持教师进行可视化教学设计的编辑界面、包含学习设计的共享模块。

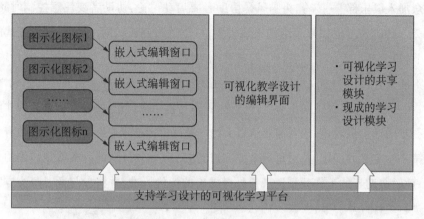

图 4－10　Compendium LD 和 Open GLM 的共同之处

首先，这两款学习设计平台对教学设计过程中涉及的主要元素，进行了系统的抽取和分类，并且用图示化图标对这些要素进行了预先的表征。因此，教师运用这些图标，可以对教学设计的流程进行可视化的表征呈现。这样不仅有利于教师再现教学活动的过程，还可以借用这一可视化表征流程，帮助教师修正、完善和扩展自己的教学设计过程。除此之外，这两款学习工具运用了嵌入式属性编辑的理念，允许教师对每个图标对应的教学设计活动进行深度的编辑和设置。这使得教学流程由简单的可视化得到深度的细化编辑，有利于教师预设的教学设计有效地在课堂环境中得以落实。

另外，这两款学习设计平台为教师提供了可视化教学设计的编辑界面。教师可以将学习活动的图示化图标轻松地拖动到编辑界面上，并且在编辑界面上对每个图标进行个性化的设置和编辑。另外，考虑到教学设计中某些学习活动的复杂性，编辑界面采用了嵌套式的设计理念，允许教师开设新的嵌套式界面，对学习活动进行细化设计处理。

最后，为了降低教师进行可视化教学设计的负担，两个学习平台均设置了学习设计的共享模块。主要体现在预设性的共享模块和生成式的共享模块。前者主要是指学习平台本身会为教师提供典型的学习设计模块，供教师使用；后者主要是指教师可以对设计好了的可视化学习设计进行共享，允许其他教师使用和再编辑。

所以，基于对 Compendium LD 和 Open GLM 的分析，可以为后续基于电子课本设计支持教学设计图示工具提供指导思路。

4.3 电子课本中的图示设计

4.3.1 电子课本概述

(1) 电子课本概念模型

电子课本是依托个人移动终端的数字化学习资源集合。它不仅具有数字化阅读的一般属性，而且需要在电子书的基础上体现其教育应用的领域特性，起到连接数字化阅读与数字化学习的作用（顾小清 等，2012）。作为一种应用于学习领域的数字化阅读资源，电子课本比电子书更具有教学活动特性及关联特性；与带有"预设计"特点的网络课程、教学软件相比，电子课本则具有更多的灵活性以支持教学设计需求的多样性；此外，作为一种数字化的教科书，电子课本更能够支持"用教材教"的教学与教材互动关系。为此，在保证电子课本的内容能体现教材设计者的预设路径之外，还需要提供学习设计功能，以实现学习活动的定制，以便根据教学现场的需要，实现教师定制的学习内容排序与导航、基于内容的学习互动、学习活动的设计与干预等。

电子课本信息模型定义了电子课本的内容结构模型以及使用电子课本的功能结构模型，如图 4-11 所示。

电子课本的信息模型是三层结构。通过对 e-Publishing 领域与 e-Learning 领域的资源进行符合教育特性的模块化包装，并从电子课本角度对新的模块进行分类、重组、聚合。在信息模型的第三层结构，引入电子课本应用特有的行为控制操作定义，完成对资源内容层次的互操作。

A. 电子课本的内容结构

微资源体层和内容聚合层描述了电子课本的内容要素结构。

微资源体（unit）是电子课本资源内容在语义层面的最小结构。电子课本内容结构定义了五种类型的微资源体。在特定教学情境中对这些微资源体进行组合，使电子课本的内容符合学习情境的需求。微资源体也是功能结构中所定义的关系与行为操

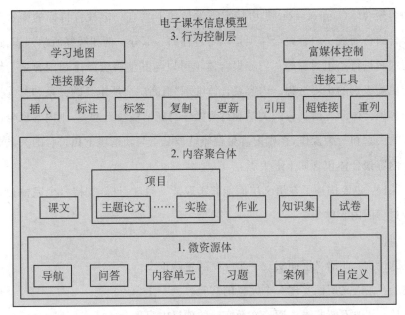

图4-11　电子课本信息模型

作所面向的最小对象。微资源体包含如下五大类：

● 导航：主要定义了两种语义实体，分别是电子课本在生成时的目录微资源内容与电子课本具有学科属性的学习内容模板，为静态内容，在电子课本第一次生成时定义完成。

● 内容单元：主要描述了一个语义层面上的学习内容体。

● 练习测验（习题）：主要描述了语义层面上最小的一个练习或者测验单位。只包含测试题目部分，不包含标准答案部分。

● 案例：主要描述了语义层面上的最小的案例（例题）单位，必须包括问题部分及一个标准答案部分。

● 问答（讨论）：主要描述了在语义层面上的一个讨论内容，必须包含一个问题部分及多于一个的应答部分，其应答部分在语义层面上不限定于必须是该问题的标准答案，可以包括与该问题相关的帮助信息、参引信息、背景信息等内容。

内容聚合体（aggregation）是由特定教学情境下具有一定教育目标的微资源体和内容聚合组合而成。内容聚合体项是学习过程的一部分。例如解释所学知识，进行课程练习或者进行小组讨论等。内容聚合体项可以与其他微资源体和内容聚合体组合以进行更高级别的学习过程。内容聚合体继承"更高层次所定义的关系和行为操作"，如果内容聚合体原先所具有的关系和行为操作与新情境没有冲突，则内容聚合体保持其原有的关系和行为操作，否则内容聚合体就被赋予与新情境下相符合的关系和行为操作。内容聚合体包含如下七大类：

- 课程：主要描述了在语义层面能够实现某一教学目标，支持一个完整独立的最小教学过程的内容体集合。

- 项目：

主题论文：在语义层面实现一个完整的主题论文。

实验：在语义层面实现一个完整的实验。

其他：其他不能归入主题论文及实验的项目内容集合。

- 作业：在语义层面为达到某一教学目标的一个完整的作业过程。

- 知识集：由问题汇集而成的、按照各个主题归类的知识集合。

- 试卷：由习题测验等微资源体汇集而成的一个完整试卷资源体。

B. 电子课本的功能结构

基本行为功能层描述了对于微资源体（内容聚合体）的一系列交互行为操作模式。基本行为部分规定了八种可施加的功能：

- 插入：用于描述在一段内容中插入新的内容的行为。

- 标注：用于描述使用一定的信息标注一段内容的行为。

- 复制：用于描述将一段内容制作成一份或者多份副本的行为。

- 标签：用于描述将一段内容进行分类或标记的行为。

- 更新：用于描述将一段内容升级为最新的内容的行为。

- 重列：用于描述将内容进行新序列的编排的行为。

- 超链接：用于描述从一段内容指向另一段材料的行为或者直接在一段内容后

加入超链接对象的行为。

● 参引：用于描述内容所进行的对照材料的行为。

从电子课本的信息模型来看，电子课本是一个学习平台。对学习者而言，它们是提供学习资源的平台；对教师而言，它们是体现教师教学设计理念的平台。电子课本以资源和活动为基础，除了兼具电子书、网络课程的功能外，还需要具备一定的学习设计功能，成为学生个性化学习和教师适应性教学的载体。在使用电子课本进行学习设计的过程中，教师可以根据教学的实际情况，按需对课本资源进行编列，如根据学生的学习风格、学习能力和学习需求，选择相应学习策略和组织教学活动过程。

(2) 电子课本中学习设计的现状及需求

在目前的相关研究开发与应用实践中，很多电子课本在技术上以电子书、数字化教学软件为基础，在内容上则以教科书为基础。这种形式的电子课本，被业内批评为"书本翻版""教材搬家"(潘英伟，2007)。由于不具备学习设计功能，这种将纸质课本的内容进行数字化而形成的"镜像"课本，不足以体现数字化学习的优势。首先，这些数字化内容都是预设的，教师不能通过"选用"来设计针对性的教学，也无法有效满足个性化学习的需求；其次，这些形态的数字化学习资源是封闭的，其教学内容与活动相对固定，教师无法针对不同的教学需求，引用更多学习资源、选用多种教学模式、增加更多学习活动，也因此无法体现个性化特性以支持差异化教学。在实际的教学现场，具体的教学需求是多样的。一方面，电子课本需要承载纸质教科书作为标准化课程内容的功能，为教师提供与教科书相对应的教学内容；另一方面，电子课本也需要为满足个性化学习需求提供方案，使教师能够利用电子课本进行符合其实际教学需求的教学设计。也就是说，需要在电子课本中为教师提供"遵从预设"或"定制路径"的选择机制。实际上，这就对电子课本提出了"学习设计"的需求。

A. 现有课本的学习设计现状

课本是教学活动的媒介和载体，是教师开展教学活动的主要依据。有效地"使用"课本及其他教学资源，是教师上好课的前提。纸制课本和当前各种形态的"电子课本"，在教师使用课本资源进行学习设计的过程中为其提供的支持相对匮乏：或者以内容为主线，教师需要借助其他教学参考资料进行学习活动设计；或者学习活动预设且封闭，教师只能在"用"与"不用"之间做选择，无法进行按需编列以满足其特定需要。

首先，由出版社组织编写、发行的纸制课本，多以内容为主线、章节为单位来编排所要学习的知识点，以形成学习单元。学习单元是为学习者提供预设的内容资源，并能满足一个或多个相关学习目标的单位容器。虽然纸质课本的学习单元中也加入了一些学习活动环节，但对于教师来说课本的组织结构依然是以内容编排为主线，与现场教学的"活动主线"不匹配，教师需要花相当多的精力进行教学活动设计。

另一方面，多数与纸制课本相对应的电子课本，"内容主线"的组织方式依然明显，同样不符合实际教学的"活动主线"需求。这样，教师也很难在标准化编制课本的基础上，便捷合理地对课本内容进行重组和编列，对教学活动进行个性化设计，因而也无法满足技术丰富环境下不断涌现的教学模式的需求。

此外，各种以媒体文件、网络课程、学习软件的形态呈现的"电子课本"，虽然体现为"学习活动"主线的内容组织方式，但多采用预先设计的学习活动配以学习资源的方式，呈现出固定的、封闭的、割裂的特点，这种"铁板一块"的学习资源，使得一线教师很难有效发挥主观能动性以及结合实际教学中学习者特征进行个性化教学设计并按需使用。

B. 电子课本的学习设计需求

电子课本所承载的教育功能，依然是作为教师开展教学活动的主要依据，是教学活动媒介和载体。而这又是以学科教材编写专家的专业知识和对国家课程标准的贯彻实施为基础的，可谓"标准化"教学活动媒介；另一方面，按照学与教的过程对电子课本所提出的学习设计需求，电子课本所提供的教学资源和教学活动是需要按需定制的，成为学生个性化学习和教师适应性教学的载体。

为此，需要兼顾课本的标准化编列和定制编列，即能够为教师提供如何使用电子课本的选择：或者是遵从标准化的预设路径用于教学，或者是在标准化教学活动基础上定制路径，及对课本内容进行重新编列。前者，是保证课本的内容和教学活动符合国家课程标准的基本要求，保证根据教科书编写专家预设的学习途径完成学习活动能够达到预定的学习目标;而后者,能够支持教师利用电子课本所提供的资源与活动,对学习过程进行"因材施教"的个性化定制,实现班级差异化教学。

电子课本需要在内容呈现的基础上提供一种机制,允许教学的组织者、设计者和参与者根据教学目标与实际情况,在标准化编制课本基础上实现学习内容的重组、重列、替换、修订、编辑;在内容组织的基础上设计多样的教学活动;在预设的基础上加入个性化定制的内容元素与活动元素。这种机制保证了真实教学环境中,教师在电子课本模板、编辑工具、内容对象库的支持下,可以简单快速地重组教学内容单元,设计教学活动与交互形式,形成个性化的电子课本,体现电子课本相对于纸质课本和电子书的优势与特性。

C. 学习技术系统的学习设计

在当前的学习技术系统中,针对学习设计的需求,已经从标准的层面制定了相关的内容编列规范和学习设计规范,相应的实现学习设计的功能模块或编辑工具也出现在一些学习技术系统中。例如在数字化学习标准层面,大部分主流的标准都制定了学习设计相关规范,如 IMS 系列标准中的"简单排序"规范;SCORM 标准中的"排序与导航"规范(Rustici,2009);我国的 CELTSC(China e-Learning Technology Standardization Committee)标准的"课程编列"规范。这种在学习资源层面对学习行为进行编列控制的机制,是一种以学习内容为基础的学习设计。虽然各标准体系所采用的名称不尽相同,但是都采用了在学习资源包节点上添加排序信息的方法来实现。这种方法的优点是简单易行,不足之处在于功能有限,仅能控制学习过程中资源呈现的顺序,无法从学习活动角度来重构资源组织结构,无法实现学习资源与活动按需定制的目标。学习设计和各资源标准中的简单排序(排序与导航、课程编列)部分虽然都涉及了教学内容的排序问题,但是简单排序等主要适用于个别化学习,根据预定义的规则和学习者行为进行排序。也就是说,目前学习技术系统中的"简单排序"还不能满足电子课本在学习设计方面"预设 + 定制"的需求。

随着数字化学习领域对教学方法、策略、目标和活动等元素统一描述需求的日益增加,为了能够从标准层面提供一个学习设计的统一描述框架,国际标准化组织及研究者制定了学习设计标准。荷兰开放大学（Open University of the Netherlands，OUNL）最早提出了教育建模语言 EML（Educational Modeling Language）。IMS 则基于 EML 在 2003 年 2 月发布了学习设计的标准（Learning Design Version1.0，LD）。CELTSC 也引进了 LD 标准。LD 标准为学习设计提供了一个通用描述框架和模型。但由于 LD 标准面向的是学习技术系统，对于电子课本的学习设计来说，该标准则显得过于繁冗。

综上所述，电子课本的学习设计需求主要体现在两个方面：一方面是在内容组织与活动组织相结合的前提下，不仅能够为教师提供标准化的课本内容组织方式的电子课本，也可以提供以活动组织为主线的电子课本；另一方面是在学习设计标准的框架下，不仅能够提供遵从预设路径进行教学的功能，也能在预设学习路径的基础上，快速、便捷地对电子课本进行编排修订，实现按需定制的个性化电子课本。为此，基于学习设计规范、电子课本领域特性和学习设计的需求，本研究团队意图针对电子课本这一学习平台，设计支持教学设计的图示化工具——学习地图。其目的是：简化对于电子课本来讲学习设计规范中繁冗的部分，并吸收学习设计标准中学习对象的设计理念，注重学习过程、内容资源与活动设计整合的思想，从而实现预设路径与定制路径相结合的个性化电子课本。

4.3.2　电子课本的学习地图设计

(1) 电子课本中学习地图的总体设计

学习地图是依托电子课本学习平台进行技术设计与开发的。电子课本不仅具有其独特的教学意义——在实现数字化学习阅读的同时也实现了对数字化学习过程的支持，而且还具有独特的技术实现特点——其内容结构和功能结构能体现电子课本的教学意义。学习地图被定位为承载一定的教学目标、体现一定的教学策略，用于完成电子课本使用者动态学习路径的教学设计工具。从功能的角度来看，学习地图是电子课本提供的一种工具和服务，体现了电子课本的关联性、交互性以及开放性等特性。

利用该工具,教师能够轻易选择并排列课本中已有的学习资源,根据不同的教学需求重组成不同的教学序列,体现不同的教学策略和教学思想。

根据图 4-10 中所示的可视化教学设计工具的特征展开设计思路,可以将"电子课本"作为支持教师完成可视化教学设计的学习平台。采用学习地图机制是实现在电子课本层面进行学习设计的关键一步。在此基础上,按照 IMS-LD 学习设计标准的思想,结合电子课本的领域特性,将学习地图抽象为两大要素:活动与资源。教师可以根据教学需求选取适当资源进行重组与重新排序,预设学习路径,形成具有一定教学功能的学习单元。活动则是以主题为线索、以内容为基础、按一定序列组织起来的学习环节。电子课本中所有的资源都是以学习对象形态存在的,体现了电子课本的结构化特性。所以,从电子课本的设计中关注学习活动和学习资源的角度来看,可以将学习地图中支持可视化教学设计的要素,分为针对学习活动的图示化元素和针对学习资源的图示化元素。与之相对应的就是不同类型的学习地图流程模板以及针对学习者认知发展的图示控件。

基于电子课本的支持教学设计的图示化工具,如图 4-12 所示。

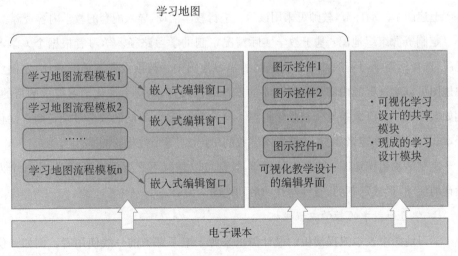

图 4-12 电子课本中学习地图的总体设计

147

(2) 学习地图中的流程模板

A. 学习地图的四种形态

从预设与定制两个维度出发，结合资源组织与活动组织，可以提炼出学习地图的四种形态，如表4-6所示。

表4-6　学习地图的四种形态

	资源组织	活动组织
预设	预设资源组织地图	预设活动组织地图
定制	定制资源组织地图	定制活动组织地图

预设资源组织地图：是指标准化编制的基于资源的模板、目录等，它对已有资源作了预设的排序，如纸质课本中的目录编排等。教师可以按照章节目录，利用组织好的资源直接教学，这是传统课本通用的内容编排形式。

预设活动组织地图：基于不同教学模式的教学，具有不同的活动组织方式。如抛锚式教学策略主要有创设情境、确定问题、自主学习和知识获取四个环节。电子课本中预设了部分以教学模式为导向、以活动为主线的学习地图。在抛锚式教学的组织地图中，基于上述四个活动环节，教师可采用该地图进行教学活动，导入配套的教学内容资源。

定制资源组织地图：基于教学实际情况定制的学习路径。学习者根据个人学习情况，选择所需学习资源并导入到定制的学习地图中。与预设资源地图相比，定制资源地图可以实现资源内容和组织顺序的重新编排，达到适应个性化学习需求的目的。例如教师可以在班级差异化教学中根据不同的教学模式、不同的教学对象定制个性化课本；学生可以创建诸如"我的错题本""我的单词本"等个性化的课本。

定制活动组织地图：结合实际教学，教师可以删减不必要的活动环节，添加个人设计的活动，形成定制的、有针对性的活动地图。

B. 学习地图中的教学流程模板

学习地图中教学流程模板的设计需求来源于电子课本的一线使用者。例如一位上海的教科书出版商代表提到，从他们的经验来看，应能够根据教学大纲和不同的学科特点制定出供教师使用的电子课本模版,从而帮助用户快速编写他们自己的电子课本。学习流程模板可以满足这种需求,它预设了多维度的模板。如教学模式模板,包括讲授型模板、自主探究型模板、合作探究型模板、抛锚式教学模板、支架式教学模板等;年级学科模板,包括二年级英语模板、三年级数学模板、初一语文模板等;主题模板,包括恐龙灭绝模板、摩擦力模板等。模板中预设有特定的学习设计样式框架,可按此模板将所需教学资源进行重组编排、预设学习路径;也可以选择性使用模板中的部分功能,以适应教学需求,完成电子课本的定制化修订。在实际使用的过程中,出于差异化教学的考虑,可以根据学习者特征在统一编排教学内容的基础上,结合学习设计模板,进行个性化课本的设计;可以基于同一个学习单元,根据学习反馈调整学习设计模板,制作新的学习地图;也可以基于相同的内容主题,根据学习设计模板结合教学的实际情况制作自己的学习地图。

在电子课本原型设计中,这里提出了两种典型的学习流程模板。一种是预设资源地图的模板,这种模板是基于纸质课本目录,代表了一般纸质教材的内容编列结构。教师可以将学习内容对象导入到该模板中,形成与纸质课本内容编排序列无异的电子课本。这种学习地图以目录形式呈现,整体框架顺序不可改变,模板如图4-13所示。

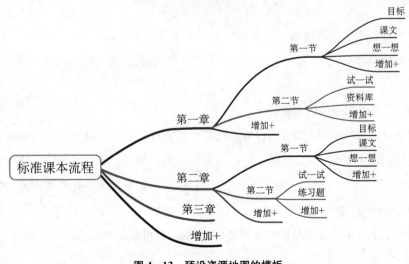

图4-13　预设资源地图的模板

另外一种模板是预设活动地图的模板，它是以教学模式为指导、以内容资源为基础的活动主线学习地图。下图以探究式教学模式为例，抽象出探究式教学模式的组成元素，并以活动为主线完成一个主题内容的学习。由于随意修改教学模式主题的学习地图模板会破坏一个完整的活动单元，所以不推荐更改该模板中预设活动地图中的主要教学环节。模板如图 4-14 所示。

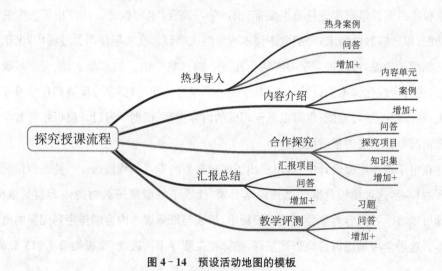

图 4-14　预设活动地图的模板

这两种类型的学习地图模板预先嵌入到电子课本的编辑工具中。基于这两种预设的学习地图模板，结合所要学习的内容主题，可以实现定制个性化的电子课本。

(3) 学习地图中的图示控件

控件是对方法和数据的封装，每一个控件都有自己的方法和属性。通俗地讲，控件就是应用程序中最小的、有独立功能的操作元件。控件的属性是控件数据的访问者，例如文字的颜色、大小、排版等。控件的方法、事件则可以实现控件的主要功能，例如呈现某一概念、播放一段视频。

作为电子课本中学习地图的重要部件，图示控件可以在视觉上让学习者直观地认识到自己所学习内容及其相互间的关系。图示控件的核心是通过可视化表征将隐性的学习内容显性化，将显性的学习对象生动化，使学习者更高效地理解记忆知识。制作者可以直接将控件拖放到编辑区域，更改控件属性，编辑控件事件，改造一本电子课本或重新设计一本电子课本。而学习者在学习中可以使用设置好的学习对象进行交互。图示控件在两个方面使电子课本的技术价值得到体现：一是实现用户与电子课本的交互，二是课本内容资源的可重用性。

电子课本中的内容与传统课本的内容相似。按电子课本中内容性质与作用的不同，电子课本学习地图中的图示控件，大体上有资讯控件、知识控件、流程控件、案例控件等。其中，知识是课本内容重要的部分，也是通过电子课本学习最终要掌握的部分。图示控件的核心作用是对课本内容进行可视化表征。知识控件的作用就是要把知识以图示形式呈现。知识控件的设计以第三章中的理论与方法为基础，通过知识控件，可以使知识以形象、直观的形式呈现出来。表4-7列举了一些知识呈现时使用较多的控件。

表4-7　知识控件举例

具体实体	抽象实体	单向、与关系	双向
模糊关系	无关系	实体属性	实体结构
判断	条件	操作节点	

电子课本学习地图的设计中，知识控件也会经常结合已有的图示化呈现方法与图示形式进行扩充性设计，以更加准确、灵活地呈现知识。如实体—联系图、SmartArt、逻辑图、矩阵图等。表4-8和表4-9列举了更多的知识控件。

表4-8 知识控件概念关系

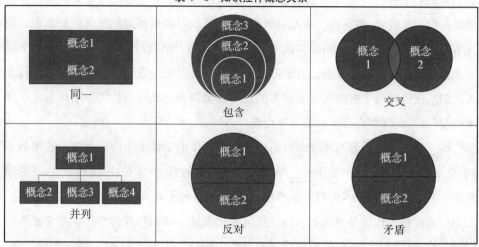

表4-9 操作关系

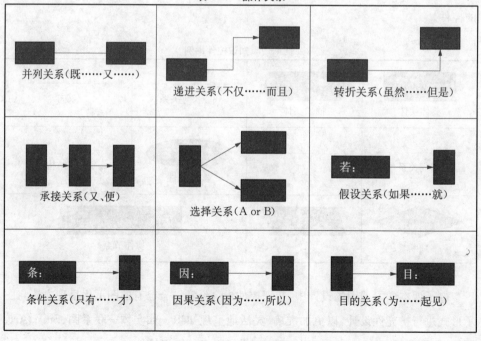

4.3.3 学习地图中教学流程模板的设计与实现

(1) 学习地图中的设计

A. 学习地图设计要求

电子课本中的学习地图工具主要是帮助教师按照自己的需要完成教学设计。根据前期的需求分析,该工具需要具备以下几个特点:

(a) 内容单元可以组织为一个独立的整体。电子课本信息模型的核心之一就是模块化,从而进行内容单元的共享、共建和重组。在学习地图工具中,教师操作的对象(如拖、拽、点击等)在外观上看起来为一块内容,当然从语义上来说也是一个独立的知识点。

(b) 内容单元的表现丰富。如果内容单元只是简单的文字或者图片呈现,那电子课本和教室里的黑板将几乎没有差异。内容单元需要呈现纸质课本不具备的音频、视频、交互操作等功能。虽然学习地图工具的主要功能点不在于开发和编辑这些丰富多样的内容单元,但是至少要能解析并渲染这些内容单元。

(c) 贴近教师日常教学,满足教师教学设计需求。开发该工具的目的就是供一线老师使用,从而推动电子课本在实践中的应用。教师只有意识到该工具能够真正解决他们的某些教学问题,他们才会坚持使用该工具。作者在调研过程中也了解到,教师们对于教学过程都有自己的想法和策略,确实需要这样的工具完成个性化的教学序列设计。

(d) 操作简单,用户容易上手。技术壁垒一直是阻碍教师大规模使用新技术产生的教学工具的重要因素。在该工具中,降低教师的使用难度一方面可以从操作行为的简单性入手,例如教师想新加入一个学习单元,他只需要将这个学习单元拖到页面合适位置就可以了;另一方面需要接近用户的使用习惯,例如工具界面可以模仿教师很熟悉的 PowerPoint 软件,左侧是阅览区,中间为编辑区,右侧是功能区。

如果教师真正使用学习地图工具,该工具需要提供如下功能才能满足教师的使用需求,如图 4-15 所示。

图 4-15　学习地图工具总体功能设计

B. 各功能模块设计

(a)导入/新建学习地图模块

从信息与数据层面看,学习地图是一个数据文件,里面记录了该学习单元引用的每一个资源体、学习单元的层级组织序列、学习单元在页面的位置信息等。该工具可以导入本地文件系统的学习地图到 FileSystem 中,为接下来的编辑做好准备。除了导入已有的学习地图,该工具需要提供一个入口,以实现新建学习地图的功能。

(b)编辑学习地图活动序列模块

该模块主要用于对学习地图活动序列的各种操作,包括添加、删除、重命名、复制、剪切、粘贴等。其详细功能如图 4-16 所示。

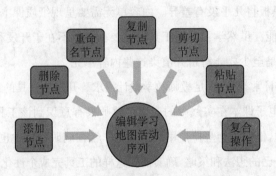

图 4-16　编辑学习地图活动序列功能图

（ⅰ）添加活动节点:每一个节点从表现上来看,应该是一个页面,教师可以方便地添加活动节点。节点与节点之间的关系应该既有平行结构,又有包含结构,也就是说众多节点构成了一个树状结构。教师添加节点的触发区应该是该节点的父节点。

（ⅱ）删除活动节点:当不需要某一个节点的时候,教师可以删除该节点。如果该节点没有子节点,那么就可以直接删除该节点;如果该节点下面还有子节点,那么删除操作除了删除该节点,还要递归删除该节点下面的所有子节点。

（ⅲ）重命名活动节点：当教师需要调整活动节点的名称时，就将用到该功能。

（ⅳ）复制活动节点：教师有时候需要复用已经做好的活动序列，这时候就要用到复制功能。复制功能可以复制一个节点，也可以选中多个节点同时复制。当被复制的节点没有子节点时，只复制被选中的节点；如果被复制的节点下面还有子节点，那么需要连同子节点一块复制。

（ⅴ）剪切活动节点：该功能和复制活动节点功能差不多，它们的区别和很多其他软件一样，就是剪切节点不会留下被剪切的节点。

（ⅵ）粘贴活动节点：该功能和复制、剪切功能配合使用，教师可以将复制、剪切的活动节点插入到想要的位置。

（ⅶ）复合操作：为了简化教师的操作，使该工具接近用户的使用习惯，除了上面介绍的基本功能，该模块还需要以下的复合操作：拖拽某个或者某几个节点，将之放置到想要放置的地方，从而调整学习活动序列的顺序，该操作是剪切和粘贴功能的复合。如果将拖拽的节点放置到序列之外区域，那么将删除拖拽的节点，该操作实现的是删除功能。还有一个软件当中常用的操作，就是 ctrl 和 shift 功能键辅助选择操作。教师按住 ctrl 键，则可以连续选择想要的节点；按住 shift 功能键，教师可以选择连续的几个节点。

（c）编辑页面

前面阐述的是对整个活动序列的操作，操作对象是每一个页面节点。而该模块的操作对象是页面节点的每一个内容单元，调整内容单元的位置，完成页面的重构。同时，吸取需求调研阶段一线教师的编辑需求，该模块还可以实现对每一个内容单元的简单编辑，如添加内容单元、编辑内容单元和删除内容单元。其详细功能如图 4-17 所示。

图 4-17　编辑页面功能图

（ⅰ）调整内容单元位置：教师可以通过该功能调整页面内学习单元的位置，按照自己的需要重构页面元素。结合前面的简易性需求，调整内容单元的位置操作是鼠标的拖、拽操作。

（ⅱ）添加内容单元：电子课本中存在自有的学习单元资源，通过该功能教师可以把需要用到的内容单元添加到页面中。添加操作同样为鼠标的拖、拽操作，将学习单元从"资源库"中拖到页面位置，放下后即添加了一个内容单元。

（ⅲ）编辑内容单元：有时候教师需要对某个内容单元做些内容调整，本模块只提供一些基本编辑功能来满足教师的这种操作需求。比如可以编辑内容单元的文字，替换内容单元的图片和视频。

（ⅳ）删除内容单元：教师通过该功能删除页面内不需要的内容单元。删除操作也设计得尽量简单，在每一个内容单元的左上角提供一个删除图标，教师点击图标，则可删除该内容单元。

（d）保存并导出学习地图模块

（ⅰ）保存学习地图：当学习活动序列发生变化时，触发该工具的保存功能，将改变的信息写入 FileSystem 相关文件；当页面内元素发生变化时，也将触发该工具的保存功能。

（ⅱ）导出学习地图：教师调整好个性化的学习序列后，可以将自己的成果导出为一个学习地图文件。该文件记录了活动序列以及页面内元素信息，其他人拿到学习地图文件后可以导入该文件，从而实现了教学过程或者教学策略的分享。

（ⅲ）页面设计：为了符合教师的使用习惯，本工具的页面布局参考了其他相关软件。学习地图工具总体界面分为上下两层结构，上层为菜单栏和内容单元库；下层又分左、中、右三个部分，左侧为学习活动序列区，中间是主要工作区，用来显示并编辑节点页面元素，右侧为每个内容单元的元数据显示区，可以显示并简单编辑内容单元。以下为具体的页面设计，如图 4-18 和图 4-19 所示。

菜单栏和内容单元库		
学习活动序列区	主要工作区	内容单元元数据显示区

图 4 - 18　页面总体设计框架

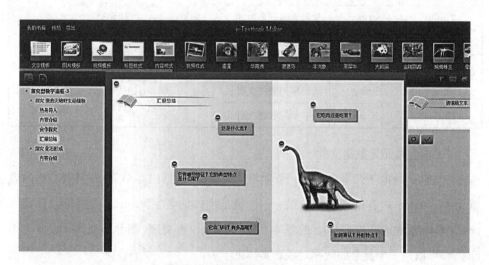

图 4 - 19　页面总体设计框架示例

C. 数据结构设计

工具开发中使用的数据文件都是 JSON 文件,数据设计时根据业务逻辑结构抽象出了如下数据实体:学习地图元数据文件,内容单元元数据文件和学习活动序列元数据文件。元数据文件里面的字段很大程度上是根据程序开发需要来定义的,同时兼顾考虑了完整性、语义性、共享性等特点。以下对每个数据文件进行详细说明:

(a) 学习地图元数据文件

该文件记录学习地图最基本数据,包括唯一标识 id,学习地图名字 name,学习地图创建时间 time,学习地图作者 author,学习地图的封面 cover,活动序列数据文件 flow 以及内容单元数据文件 units。以上数据字段为基本数据,如果有需要还可以继续添加。具体见表 4 - 10:

表4-10 学习地图元数据文件

字段名	数据类型	描述	示例
Id	String	学习地图 ID,唯一	
Name	String	学习地图名字	{ "id": "1",
Time	String	学习地图创建时间	"name": "book name", "time": "2012.12.12",
Author	String	学习地图作者	"author": "mark", "cover": {
Cover	Object	学习地图封面	"path": "cover.png" }
Flow	String	活动序列数据文件	"flow": "flow.json", "units": "units.json" }
Units	String	内容单元数据文件	

(b) 内容单元元数据文件

该文件记录电子课本中的每一个学习单元数据,包括内容单元唯一标识 id,内容单元名字 name,内容单元动作效果——这里是插件的名字 control,内容单元预览图 preview,内容单元呈现所需要的基本数据 content,如文字、图片地址等,这是一个 Object,可以是一个复杂的数据对象。具体见下表:

表4-11 内容单元元数据文件

字段名	数据类型	描述	示例
Id	String	内容单元 ID,唯一	{"id":"1", "name":"content name",
Name	String	内容单元名字	"control":{ "act1":"…" "act2":"…"
Control	Object	内容单元动作效果	…… } "preview":{
Preview	Object	内容单元预览图	"path":"a.jpeg" } "Content":{
Content	Object	内容单元呈现数据	"text":"第一单元" "path":"pic.png" …… } }

（c）学习活动序列元数据文件

该数据文件将记录树形结构的学习活动序列，以及每一个页面节点的所有内容单元信息。该文件包括以下必须字段：

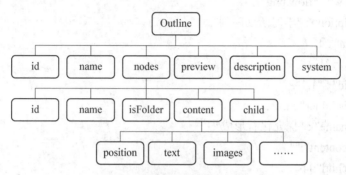

图 4‒20　学习活动序列元数据文件

下面是上图中一些主要字段的介绍。

● Outline：电子课本中的学习活动序列，数据类型为 object，可能是探究性序列，也可能是讲述性活动序列。

● Nodes：学习活动序列的页面节点，数据类型为 array，包含若干个页面节点。

● Preview：学习活动序列的预览图，数据类型为 string。

● Description：学习活动序列的简单描述，数据类型为 string。

● System：是否是系统活动序列，标识该学习活动序列是课本自带，还是教师自己新建的，数据类型为 boolean。

● isFolder：是否为文件夹，标识页面节点是一个页面，还是包含若干页面的文件夹，数据类型是 boolean。

● Content：数据类型为一个复杂的 object 对象，可以存储节点的页面信息。

● Child：该节点的子节点，数据类型为一个复杂数据对象 object。

● Position：内容单元的位置，数据类型为 array，包括水平位置 x 和垂直位置 y。

● Text/image：内容单元其他数据信息。

下面是一个简单的活动序列示例：

```
{"outline": {
    "id" : "1",
    "name" : "探究型教学流程",
    "preview" : "flow.png",
    "description" : "学习活动序列",
    "system" : 1,
    "nodes" : [{
        "id" : "1.1",
        "isFolder" : true,
        "name" : "探究化石形成",
        "content":"",
        "child":[{
            "id" :"1.1.1",
            "isFolder" : false,
            "name" : "热身导入",
            "content":[
                {"position":{"x":15.,"y":16. },"text":"内容单元 1"},
                {"position":{"x":45.,"y":66. },"text":"内容单元 2"},
                {"position":{"x":64.,"y":16. },"text":"内容单元 3"},
                {"position":{"x":15.,"y":16. },"text":"内容单元 4"}
                ]
        },{
        "id" :"1.1.2",
        "isFolder" : false,
        "name" : "内容介绍",
        "content":[
                {"position":{"x":15.,"y":16. },"text":"内容单元 5"},
                {"position":{"x":45.,"y":66. },"text":"内容单元 3"},
                {"position":{"x":64.,"y":16. },"text":"内容单元 1"},
                {"position":{"x":15.,"y":16. },"text":"内容单元 5"}
                ]
```

```
        }]
    },{
    "id" : "1.2",
    "isFolder" : true,
    "name" : "探究恐龙灭绝",
    "content":"",
    "child":[{
        "id" :"1.1.1" ,
        "isFolder" : false,
        "name" : "体验形成",
        "content":[
                    {"position":{"x":15.,"y":16. },"text":"内容单元 3"}
                    ]
        }]
    }]
    }
}
```

(2) 学习地图的开发与实现

A. 学习地图的开发和运行环境

学习地图工具打包后是一款 Chrome 扩展程序。因此,该工具的运行环境非常简单,只要 PC 上面安装有 Chrome 扩展程序,就能够运行学习地图工具。该工具既然是一款基于 Web 开发的程序,就免不了讨论各浏览器(如 IE、Chrome、Firefox 等)下面的兼容性。Chrome 扩展程序的开发模式有效地规避了各种浏览器的差异性,因为最后的程序只要求在 Chrome 浏览器上面正常运行。同时,Chrome 对 HTML5 以及 CSS3 支持性都比较好,这也是选择 Chrome 扩展程序开发模式的一个因素。打包 Chrome 扩展程序十分简单,将 manifest. json 配置文件和程序代码包放到一个文件夹下即可。一个简单的 manifest. json 配置文件如下:

```
{"name": "eTextBooks Editor",
    "description": "HTML5 based interactive textbook",
    "version": "0.1.0",
    "manifest":1,
    "icons": { "128": "icon.png","16": "icon.png" },
    "app": {
        "launch": {
        "local_path": "index.html",
        "container": "tab"
        }
    },
    "homepage_url" : "http://ismartbooks.org/",
    "update_url" : "https://ismartbooks.org/update.xml",
    "offline_enabled":true
}
```

本研究的开发环境非常简单，因为没有涉及数据库操作，所以简单的文字编辑软件就能满足开发需要。考虑到工程文件比较多，代码量比较大，作者选择了 Sublime Text 作为代码编写软件。Sublime 小巧且速度非常快，跨平台支持 Win/Mac/Linux，支持各种流行编程语言的语法高亮、代码补全等。作者还在 Sublime 集成了某些插件，如代码检测插件 DetectSyntax、自动提示插件 Sublime CodeIntel 等，将 Sublime 打造成开发的 IDE，加快了开发速度。

B. 学习地图的总体技术架构

本工具的开发工作完全是由 javascript、HTML5、CSS 等前端技术来实现，前端技术在交互设计和视觉设计等方面具有无可比拟的优势。但是，一涉及复杂的逻辑编程，前端往往有时候力不从心。学习地图工具是一个轻量级的应用，逻辑不算复杂，但也不是简简单单的交互表现。开发之前需要做好整体的架构设计，抽象出各个功能模块，这样才能保证程序的简洁性、易读性和良好的扩展性。

在架构方面,本开发采用了 Backbone + Requires 框架。Backbone 能够把原本无逻辑的 javascript 代码进行组织,并且提供数据和逻辑相互分离的方法,减少代码开发过程中的数据和逻辑混乱。Backbone 把数据当作 Models,把集合当作 Collections,把表现视图当作 Views。当界面上的操作引起 model 中属性的变化时,model 会触发 change 的事件;那些用来显示 model 状态的 views 会接收到 model 触发 change 的消息,进而发出对应的响应,并且重新渲染新的数据到界面。RequireJS 是 JavaScript 模块载入框架,可以将具有某些功能的 javascript 代码封装成一个模块,并根据需要进行相互调用、配合。下面将详细介绍学习地图工具的开发框架:

(a) 表现层:用 html 和 css 进行呈现,另外还有一些图标、图片等。表现层基本没有逻辑结构,它们的物理存储结构如下:

图 4 - 21　表现层物理文件结构

(b) 功能模块配置:在开发之前,将每个模块的依赖关系、路径、导出名称等配置好。该配置信息在 main. js 文件中完成,整个程序的加载会按照配置信息进行。以下示例是从配置文件抽出来的主要部分,shim 确定模块之间的依赖关系,path 确定模块的文件路径,packages 指定模块包的目录结构,require. config()为配置信息方法,shim、path 等信息作为该方法的参数。代码如下:

```
shim = {
    'backbone': {
        deps: ['underscore', 'jquery'],
        exports: 'Backbone'
    },
```

```
    'jszip': {
        exports: 'JSZip'
    }
};
paths = {
    'backbone': './lib/backbone',
    'jszip': './lib/jszip'
};
packages = ['plugin/ide.core', 'plugin/ide.export', 'plugin/ide.import', 'plugin/ide.storage'];
require.config({
    baseUrl: '/editor',
    shim: shim,
    paths: paths,
    packages: packages
});
```

（c）程序开发过程中用到的开源框架统一放到 lib 文件夹下，主要包括以下模块（见表 4 - 12）：

表 4 - 12　程序用到的开源框架

名称	描　述
Backbone	将程序数据和逻辑相互分离
Handlebar	一个 javascript 模板引擎，backbone 依赖它
Requirejs	模块化程序代码，并规定模块加载顺序
Filer	简化 Filesystem API 操作
Jquery	简单、灵活、跨平台的 javascript 框架
Jszip	基于 javascript 语言的 zip 打包框架
jsTree	基于 javascript 语言的，实现树形结构图各种操作

（d）逻辑功能模块：抽象出来的功能利用 requirejs 封装成一个模块，以下示例是一个最简单的模块封装，define 是模块定义方法，参数包括依赖模块（array 对象）、该模块要实现的具体功能（在第二个参数 function 里面编辑），最后返回一个该模块对象。代码如下：

```
define(['plugin/ide.core', './view'], function(IDE, AttributeView) {
    var observer;
    observer = IDE.observer;
    return AttributeView;
});
```

本程序的功能逻辑模块在 plugin 文件夹下面，主要包括以下模块（见表 4 - 13）：

表 4 - 13　主要功能模块

名称	描　述
Attribute	实现内容单元的属性编辑
Component	实现内容单元的渲染、事件绑定等
Import	导入学习地图文件
Export	导出学习地图文件
Outline	编辑学习活动序列
Editarea	编辑活动页面
Storage	实现学习地图相关数据在 filesystem 中存储

（e）学习地图文件：该工具导出的是一个 zip 包，里面包含了必须的文件，如记录活动序列信息和内容单元信息的 flow.json、活动序列的预览图等。

学习地图工具总体的开发框架，如下图所示：

165

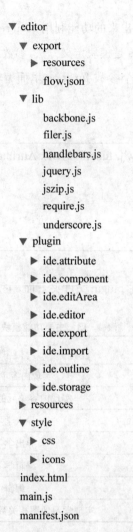

▼ editor
  ▼ export
    ▶ resources
    flow.json
  ▼ lib
    backbone.js
    filer.js
    handlebars.js
    jquery.js
    jszip.js
    require.js
    underscore.js
  ▼ plugin
    ▶ ide.attribute
    ▶ ide.component
    ▶ ide.editArea
    ▶ ide.editor
    ▶ ide.export
    ▶ ide.import
    ▶ ide.outline
    ▶ ide.storage
  ▶ resources
  ▼ style
    ▶ css
    ▶ icons
  index.html
  main.js
  manifest.json

图 4 - 22 学习地图工具总体框架

C. 存储模块的实现

该模块为 ide. storage，依赖 filer 模块，负责将程序中用到的数据文件写入到 filesystem 中。filesystem 是计算机的一块特殊的内存空间，该区域对用户透明，用户看不到该区域，但是可以通过 URL 访问该区域文件，例如 filesystem 根目录下面有张图片——image. png，那么输入 filesystem：chrome-extension：//cgoiajbigpkaacgcffmpc-
bmhcffdmimf/persistent/image. png 可以访问到该文件。存储模块提供 onSuccess、
onError 回调事件，作为操作成功或者失败的处理方法；提供创建目录方法（storage.
mkdir），用于在 filesystem 中创建目录；提供清除目录方法（storage. clearRoot），递归删
除某个目录；提供文件的读操作（storage. read），读取 filesystem 某个文件；提供文件的
写操作（storage. write），将某个文件写入 filesystem 中。由于篇幅有限，以下示例将截
取存储模块关键代码：

```
define(['plugin/ide.core', 'filer', 'coffee-script'], function(IDE, Filer, CoffeeScript) {
    onSuccess = function(fs) {
        console.log(storage);
        return console.log(fs);
    };
    onError = function(err) {
        return console.log(err);
    };
    storage.mkdir = function(file, callback) {
        return storage.filer.mkdir(folders.join('/'), false, callback, onError);
    };
    storage.clearRoot = function(cb) {
        return storage.filer.ls('/', function(fileList) {
        var length, success;
        length = fileList.length;
        success = function() {
            length--;
            if (length === 0) {
                observer.trigger(Events.Change);
                return cb && cb();
            }
```

```
        };
        return fileList.forEach(function(item) {
            return storage.filer.rm(item.fullPath, success);
        });
    });
    };
    storage.write = function(fileName, file, opt_callback) {
        var autoCompile, cb;
        return storage.filer.write(fileName, {
            data: file,
            type: file.type
        }, cb);
    };
    storage.read = function(callback, path) {
        return storage.filer.open(path, function(file) {
            var reader;
            reader = new FileReader();
            reader.onload = function(e) {
                return callback && callback(e);
            };
            return reader.readAsText(file);
        });
    };
    return storage;
});
```

D. 导入模块的实现

该模块主要包括 ide. import 和 ide. dashboard，实现的功能是将具体的某一个学习地图文件导入到 filesystem 内存当中。import 模块有一个主要事件响应函数，即

onImport。当教师点击导入确定按钮后，触发 onImport 事件，该事件中调用 storage 模块的 import 方法。在 import 方法之前，系统还会利用 checkConfig 方法检测要导入的文件是否符合条件。dashboard 模块依赖 import 模块，负责渲染、刷新导入文件的界面。selectFile 方法在教师点击导入按钮后，弹出资源管理器窗口，允许教师选择要导入的文件；addToList 方法负责将页面重新渲染，将导入后新的学习地图插入到学习地图列表中。下面是截取导入模块关键代码：

（ide. import 模块）

```
define(['backbone', 'jquery', 'plugin/ide.storage', 'plugin/ide.core'], function
(Backbone, $, Storage, IDE) {
    return view = Backbone.View.extend({
        onImport: function(e) {
            var isBook;
            isBook = this.checkConfig(e.target.files);
            if (isBook) {
                Storage["import"](e.target.files);
                return;
            }
        },
        checkConfig: function(files) {
            _.toArray(files).some(function(item) {
                if ('config.json' === item.name) {
                    _this.config = item.webkitRelativePath;
                }
            });
        return isBook;
        }
    });
});
```

（ide. dashboard 模块）

```
define(['backbone', 'plugin/ide.core', 'plugin/ide.import'], function(Backbone, ide,
importView) {
    config = {
        events: {
            'click .addnew': 'selectFile'},
        selectFile: function() {
            this.$add.find('input').trigger('click');},
        addToList: function(book) {
            var $img;
            $img = $('<img/>').attr("src", book.img);

    this.$el.find('.process-cover').removeClass("process-cover").addClass("book-cover").
prepend($img);
            this.$el.find('.process').find('.book-title').html(book.name);}
    };
    return Backbone.View.extend(config);
});
```

以下是导入模块实现界面：

图 4‑23　导入模块实现界面

E. 活动节点编辑模块的实现

该模块为 outline 功能模块,依赖 storage 模块和 jsTree 模块,从 filesystem 读取并写入 flow. json 文件,jsTree 渲染树状节点流程并提供对节点的添加、删除等操作。该模块包括的主要方法是对节点的编辑操作方法,包括 renderTree 方法、add 方法、rename 方法、move 方法、remove 方法、select 方法、saveChange 方法、createOutline 方法、removeOutline 方法等。下面是截取代码片段及实现界面:

```
define(['backbone', 'plugin/ide.core', 'plugin/ide.storage', 'jquery.tree'], function(Backbone,
IDE, Storage, jsTree) {
    return Backbone.View.extend({
        initialize: function() {
        },
        events: {
            'click .btn-add-outline': 'showCreateForm'},
        renderTree: function(name) { },
        add: function(e, data) { },
        rename: function(e, data) { },
        move: function(e, data) { },
        remove: function(e, data) { },
        select: function(e, data) { },
        saveChange: function() {return Storage.write('/book/flow/flow.json',
JSON.stringify(flows), cb);},
        createOuline: function(data) {
            return console.log('when creating outline, ', IDE.config.get('flows')); },
        removeOutline: function() {
            return this.saveChange(); }
    });
});
```

图 4-24 活动节点编辑模块实现界面

F. 活动节点页面编辑模块的实现

该模块为 editArea 模块，完成页面中间页面内容部分的渲染及给内容单元添加拖动行为。该模块主要实现了几个鼠标拖动事件，如 onDragOver 鼠标划过、onDrop 鼠标拖动、onDragLeave 鼠标拖拽离开、onMouseUp 鼠标左键松开等事件。鼠标按下左键，拖动过程中，onDrop 事件可以记录鼠标的位置（横坐标：offsetX，纵坐标：offsetY），根据拖动的鼠标位置重新定位内容单元在页面的位置，同时将内容单元变化了的信息，如位置，保存到 filesystem 的 flow. json 文件中。该模块的截取代码和界面表现如下所示：

```
define(['plugin/ide.component', 'backbone'], function(Component, Backbone) {
    return Backbone.View.extend({
        onMouseUp: function(e) {},
        onDragOver: function(e) {},
        onDragLeave: function(e) {},
        onDrop: function(e) {},
        onMouseMove: function(e) {},
        initialize: function() {},
        render: function() {}
    });
});
```

图 4‑25　活动节点页面编辑模块界面

G. 内容单元编辑模块的实现

该模块为 component、factory、attribute 模块。component 模块负责渲染每一个内容单元并为内容单元添加删除、可拖动等操作；factory 模块负责渲染电子课本所有的内容单元，在内容单元库中渲染，给老师提供教学设计的资源；attribute 模块负责简单修改内容单元的属性，如文字、图片、视频等。component 代码示例中，render 方法渲染每一个内容单元；factory 模块中 createComponent 方法创建内容单元库；attribute 模块借助 component 模块的 set() 方法给内容单元属性重新赋值，component 模块监测到 model 属性变化，重新渲染一次页面，实现内容单元的编辑。内容单元编辑模块的代码片段和实现界面如下：

（Component 模块）

```
define(['backbone', 'jquery', 'handlebars'], function(Backbone, $, Handlebars) {
  return Backbone.View.extend({
    render: function() {
      var doRender, key, resourceRoot, value, _data, _ref,
        _this = this;
      if (!this.template) {return this;}
      resourceRoot = "filesystem:" + window.location.origin + "/persistent"
+ IDE.config.data.root + "/resources/";
      _data = {};
      return this;
    }
  });
});
```

（Factory 模块）

```
define(['plugin/ide.core', 'handlebars'], function(IDE, Handlebars) {
  return {
    createComponent: function(type, cfg) {
      for (key in _ref) {
        value = _ref[key];
        model.set(key, value);
      }
      view = new Cp.View({
        model: model
      });
    init: function() {}
  };};;});
```

（Attribute 模块）

```
define(['plugin/ide.component',    'backbone',    'handlebars'],    function(Component,
Backbone, Handlebars) {
    var observer;
    observer = IDE.observer;
    return Backbone.View.extend({
        initialize: function() { model.set(data); },
        render: function() {
            return this;
        }
    });
});
```

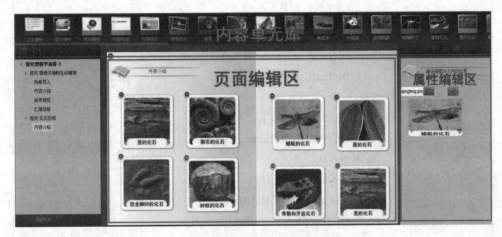

图 4-26　内容单元编辑模块界面

H. 导出模块的实现

该模块为 export 模块,实现从 filesystem 中导出学习地图文件的功能。导出的学习地图文件为一个 zip 压缩文件,该功能依赖 jszip 模块。该模块的主要方法为 writeZip,通过调用 jszip 模块的 writeZip 方法完成学习地图相关文件的压缩打包。以下为导出模块代码片段:

```
define(['plugin/ide.core', 'jszip'], function(IDE, JSZip) {
    return Backbone.View.extend({
        initialize: function() {
            fileList = {};
            fileListCount = 0;
            fileList['config.json'] = '';
            fileList['data/units.json'] = '';
            fileListCount += 2;
            if (_this.controls) {
                fileList['controls/controls.json'] = '';
                fileListCount += 1;
                _ref = _this.controls;
                for (key in _ref) {
                    value = _ref[key];
                    fileList["controls/" + key + "/component.js"] = '';
                    fileListCount += 1;
                }}
            writeZip = function(files) {
                var fileContent, fileName, written;
                written = 0;
                for (fileName in files) {
                    fileContent = files[fileName];
                    zip.file(fileName, fileContent);}
                return location.href = 'data:application/zip;base64,' + zip.generate();
            });
            return false;
        },
    });
});
```

(3) 基于电子课本的学习地图案例

以牛津版小学自然二年级第二学期课本"灭绝濒危的野生动植物"为例,其纸质课本以图片内容为主、文字介绍为辅,主题是从多方面认识恐龙并对恐龙的灭绝展开讨论。纸质教材的内容结构如图4-27所示。

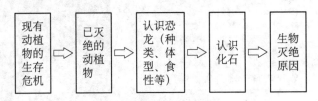

图4-27 纸质课本内容序列

课本的"预设"特性在"灭绝濒危的野生动植物"教学单元中体现为两个方面:一个方面是教学的主题内容标准化编排、预设确定;另外一个方面体现为教学模式和教学内容确定以后,是由课本的编写者预设推荐的。如果利用电子课本所提供的"学习地图机制"根据教学的实际情况对预设课本进行二次设计,则可以形成定制的电子课本,即由预设的内容资源和预设的教学活动模板相结合,根据教学的实际情况,在标准化编制课本内容的基础上,补充新的内容资源、确定新的教学环节,定制开发形成活动主线、内容支持的电子课本。例如针对该章内容中"生物灭绝的原因"一节的教学内容,适合采用探究式教学模式,故以"讨论恐龙灭绝的原因"为例,教师通过选用探究学习模板,定制了如下教学环节:

热身导入:教师首先以问题"恐龙为什么会灭绝"导入,以问题呈现的形式给学生做情境引入。同时,配合播放恐龙灭绝的动画、电影片段等,为学习营造氛围,让学生能够快速进入情境。

内容介绍:以轴图示的方式呈现几种恐龙灭绝假说,在屏幕上将几种假说全部列出,便于学习的过程中进行假说的对比和选择。当需要对假说进行细致了解时,点击介绍界面,情境性语音和文字介绍,配合支持该假说的视觉画面,力求以感性的视听媒体表现形式,为学习恐龙灭绝假说提供支架,如图4-28所示。

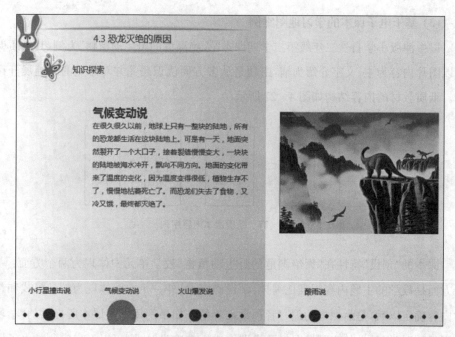

图 4 - 28　恐龙灭绝假说图

合作探究：赞成同一个假说的学生被分在了一个小组内，结合提供的学习资源，合作讨论支持该假说的证据。教师在看到每个小组的成员名单后，通过教师端对分组的学生进行调整配置实现干预调控的功能。电子课本为学生提供了丰富的外部资源作为讨论的支撑资料，如图 4 - 29 所示，充分体现了电子课本预设和定制相结合的特性。

汇报总结：学生在讨论时参考老师给出的思维支架，并使用"录音机"等嵌套工具，以音频、文字或者视频等多种形式形成总结报告。电子课本中预置有报告模板供学生填写电子报告。

效果评测：组内形成统一观点后通过录音提交报告，整个过程中教师对班级语音通信情况进行干预监控。同时，教师端可以收集提交数据信息，评测学习效果。

按照以上思路，通过编辑工具中如图 4 - 30 所示的模板，将学习内容对象导入到探究模板中，可以快速生成"讨论恐龙灭绝的原因"的学习地图，以探究活动为主线的

图 4-29　参考资料图

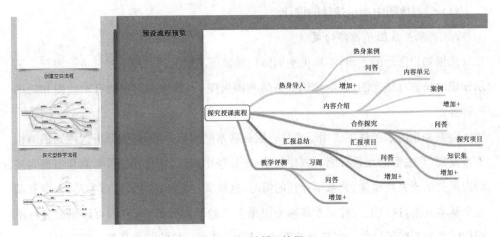

图 4-30　编辑环境图

电子课本如图 4-31 所示。相比之预设课本内容,定制课本在标准化编制的基础上,结合教学的实际情况,形成了以活动为主线、内容为支持的个性化电子课本。

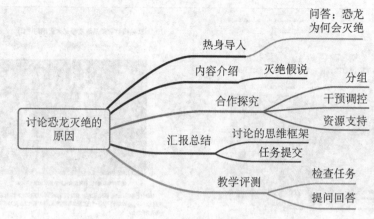

图 4 - 31 "讨论恐龙灭绝的原因"的学习地图

4.3.4 学习地图中图示控件的设计与实现

(1) 学习地图中图示控件的设计

A. 因果关系图示控件的类型

依据知识图示的逻辑,不同类型的知识需要用不同形式的图示控件进行表征。表示知识对象的有概念图、表示知识关系的有因果图、表示动态知识的有轴线图和时序图等等。

因果关系图示控件主要用于表征有因果联系的知识对象,仔细分析这一知识结构不难发现,其主要的元素有因、果、相关性;在一些比较复杂的情况下,可能会出现间接的因果关系或关系模糊、关系不存在的情况,这样又加上子因/果、模糊关系、否定关系三个基本元素,这以上六种元素被称为因果关系的基本元件,由它们可以组成各种不同的因果关系图示控件。在控件开发的过程中,基本元件的开发是第一层开发。

在完成因果关系图示控件的基础上,为了让使用者体验更佳,需要将一些常用的基本元件组合形式做成一套组合在一起的元件集,这样就可以叫做控件了。常见的因果关系图示控件有单因果直接控件、单因果间接控件、多因果直接控件、多因果间接控件等。上述控件的开发需要在第一层基本元件的开发基础上完成,因此叫做第二层开发。

B. 因果关系图示控件的外观

图示控件的外观设计严格按照知识图示概述中的图示规则进行。因、果、子因/果是知识对象,用矩形表示,它们之间的关系则由箭头表示。在关系的图示部分,笔者列举了因果关系的图示方式:一个表示因的矩形,一个表示果的矩形,中间是由因指向果的箭头(实线表示存在关系、虚线表示可能存在关系、带斜线表示不存在关系),表示先有因再有果。为了更清晰地表示因、果,笔者在因、果的矩形框旁加上表示因果的标签,这样使得因果关系更加一目了然。在表示相关性的箭头上,笔者还加上了 R(关联)值,可以在某些特殊情况下定量反映因、果间的关联程度。设计效果见表 4－14。

表 4－14　基本元件设计

元件名称	设计图	元件名称	设计图
因	**因**□	果	□**果**
子因/果	**子因/果**	相关性	R= □ ──→ ▲
模糊关系	------------→	否定关系	──/──→

图示控件的默认颜色为蓝色(♯0057a6),此颜色显色清晰且易于搭配。初始化时大小约为 200×60,字体为宋体。

基本元件设计完成后就需要进行控件的设计。因果关系有直接与间接之分,有单因果与多因果之分,但无论如何都需满足由因指向果的图示化规则。本研究挑选了一些常用的图示控件列举,详见下图:

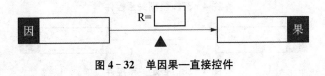

图 4－32　单因果—直接控件

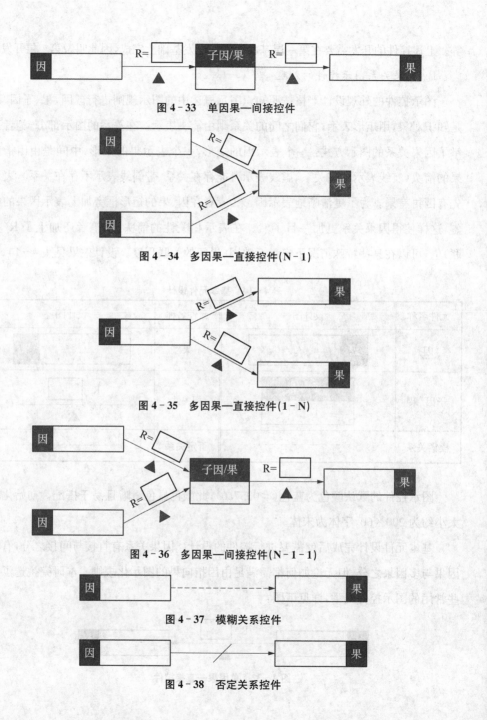

图 4 - 33　单因果—间接控件

图 4 - 34　多因果—直接控件(N - 1)

图 4 - 35　多因果—直接控件(1 - N)

图 4 - 36　多因果—间接控件(N - 1 - 1)

图 4 - 37　模糊关系控件

图 4 - 38　否定关系控件

C. 因果关系图示控件的功能操作

因果关系图示控件的主要作用是可以将一些存在因果关系的知识点用图示化的方式表征出来,使学习者更加直观、清晰地认识知识间的关系。除了所有控件共有的功能(改变大小、旋转),笔者将阐述六大基本元件的功能与操作,由它们组成的控件继承的各元件的功能,这里就不赘述了。

➢ 因、果、子因/果

这三个基本元素都代表知识对象。在编辑时,他们的空白部分可以编辑填入需要表征的知识对象,文本内容的颜色、排列方式均可以修改;在使用课本时,控件的功能根据不同情景有所变化:若该控件只用于呈现教师编辑确定的某一知识,则控件为锁定,学生不得编辑空白部分的文字;若该控件要满足交互需求,例如解答思考题、测试时,文字内容为可编辑状态。上述的编辑方式通过开发元件属性接口到电子课本编辑器里实现,具体实现代码会在第五章里详细讲解,用户界面如图 4-39 所示:

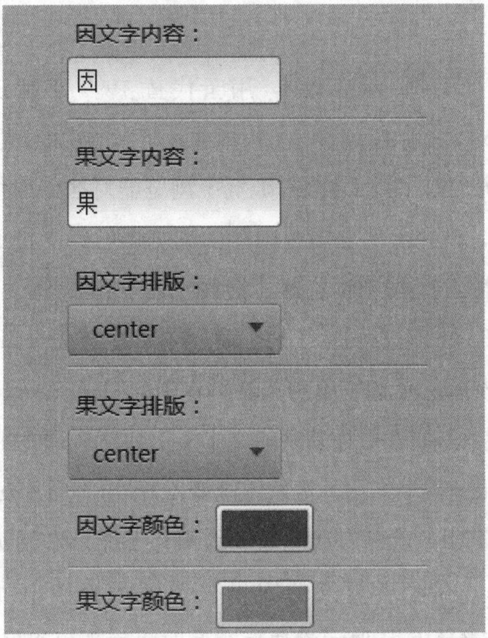

图 4-39 控件属性

> 相关性、模糊关系、否定关系

这三个元件表示知识的因果联系，它们都可以在 Widget Properties 中改变箭头的颜色。比较复杂的是相关性的箭头，该箭头交互性很强，学生拖动箭头下方的小三角形，箭头的粗细随着 R 的数值改变。小三角越往右移，R 值越大，箭头越粗，因果间的联系越紧密，R 取值范围 0~1，如图 4-40 所示。R 的值同样可以在 Widget Properties 中进行编辑。

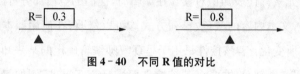

图 4-40　不同 R 值的对比

（2）学习地图中图示控件的开发与实现

A. 图示控件的技术选型

> HTML5

HTML5 是一种 HTML 标准版本，用于代替 1999 年制定的 XHTML1.0 和 HTML4.01，HTML5 较之前的 HTML4 版本加入了新的功能，尤其在数据存储、网页绘图、音视频播放等方面有了巨大改进，降低了浏览器对插件的依赖和对资源的占有率（刘华星 等,2011）。现在大部分国内国外的浏览器已经支持 HTML 技术，包括谷歌浏览器、火狐浏览器、IE9、搜狗浏览器、QQ 浏览器等。

笔者选择 HTML5 技术进行控件开发，原因有二。首先，HTML 的〈canvas〉标签可以实现画布功能，该标记元素使用浏览器脚本语言（JavaScript）进行 2D 图形绘制，可以完成矢量图、栅格图，或者更加复杂的文本文字和动画，这些图形将被直接渲染在浏览器上，而不用在服务器端先用其他软件画好图片，再将图片发送到浏览器，利用第三方插件来显示。HTML5 的画布功能极大地简化了图形和网页中其他元素的交互过程（邢晓鹏,2011）。在笔者开发的因果关系图示控件中，所有的箭头均使用〈canvas〉标签绘制，在箭头与其他元素通信交互时也表现出很好的互动效果。其次，由于控件同页面显示的固定大小图形不同，它需要能根据用户操作调整大小，HTML5 能在 CSS3 的配合下很好地实现框架的自适应大小改变。

HTML5 使用举例：

```
<canvas class="canvas1"></canvas>      //定义一个 canvas 画布
```

> CSS3

CSS 即层叠样式表的英文首字母缩写（Cascading Style Sheet）。在网页制作时，使用 CSS 层叠样式表技术与 HTML 标准结合，可以有效地对页面的布局、颜色、字体、演示、排版等进行批量化的统一修改设定。CSS3 是 CSS 技术的升级，最大的不同是朝着模块化发展，这些模块包括有列表模块、盒子模型、语言模块、超链接方式、文字特效、背景和边框等。这些模块化的改进使 CSS1、CSS2 庞大复杂的规范变得更加清晰易用。例如矩形可以通过 border-radius 属性设置圆角，文字特效新增了 font-effect 属性，超链接通过 text-underline-style 属性可以设置为波浪、虚线等。图示控件中常常涉及图形元素的外观设计和排版，笔者充分采用了 CSS3 的功能定义控件的大小、位置、颜色、背景，最后呈现出视觉效果良好的图示控件。

CSS3 使用举例：

```
data-control=['causality4'] label{      //给所有 label 加上 css
    font-weight: bold;                  //定义字体为粗体
    text-align: center;                 //定义文字排版方式为居中
    border: 2px solid #385D8A;          //定义 label 边框为 2 个像素、直线、颜色#385D8A
    background-color: #4F81BD;          //定义背景颜色为#4F81BD
    z-index: 1;                         //定义 label 的层叠顺序
}
```

> jQuery

jQuery 是一个轻量级的 JavaScript 库，它兼容 CSS3 和各种浏览器。JavaScript 是一种描述语言，可以被嵌入 HTML 文件中，通过 JavaScript 可以在不采用任何网络传输数

185

据的情况下对页面使用者的操作做出反应。它不用将资料传给服务器，而是在客户端被应用程序直接处理。例如点击一个按钮，下滑弹出显示信息，或鼠标悬停在导航栏弹出下拉列表。使用 JavaScript 可以让用户操作体验更快、更流畅、更丰富。图示控件的交互性是必须要充分体现的特性，在实现交互的过程中最好的方式就是采用 JavaScript。

jQuery 是使用非常普遍的 JavaScript 库，能够使用户 HTML 页面中 JavaScript 分离出去，从而优化编码界面。利用 jQuery 可以调用简单的语句实现较复杂的效果，可以减轻编写 JavaScript 程序的负担，笔者进行控件开发时大量使用了 jQuery 库。

jQuery 使用举例：

```
if ("center" == this.model.get("causetextalign")) {        //设置"因"控件的文字排版方式
    this.textarea_c.css("text-align","center");
}
if ("left" == this.model.get("causetextalign")) {
    this.textarea_c.css("text-align","left");
}
else if ("right" == this.model.get("causetextalign")) {
    this.textarea_c.css("text-align","right")
}
this.textarea_c.html(this.model.get("causestr"));        //设置"因"控件文字内容
this.textarea_c.css("color",this.model.get("causetextcolor")); //设置"因"控件文字颜色
```

➤ Backbone.js

backbone 的英文意思是勇气、脊骨，但是在程序里面，尤其是在 backbone 后面加上后缀 .js 之后，它就变成了一个框架，一个 JavaScript 库。整体上来说，Backbone.js 是一个 Web 端 Backbone.js 的 MVC 重量级框架，但它压缩后仅 5.3 K。它能像写 Java 代码一样定义类、类的属性以及方法，同时能够把原本无逻辑的 JavaScript 进行组织，并将数据和逻辑相互分离，这样减轻了开发过程中的逻辑和数据混乱。Backbone.js 规定将数据当作 Models，通过 Models 可以创建数据、验证数据、销毁或者保存数据到服务器上。当页面上的操作引起 Model 中属性的变化时，Change 事件被

触发，Views 会接收到触发信息进而产生响应，重新渲染新的数据到界面。这样的框架使得解决交互的问题更简单，所以笔者在开发中引入了 Backbone.js。

Backbone.js 使用举例：

```
var CauseModel = Base.Model.extend ({              //新建一个 model
    defaults: {                                    //定义 model 的数据
    fullPath: "",
    str: "因",
        textalign:"center",
        textcolor:"#000000"
    }
});
```

以上四种技术为图示控件的最终实现发挥了重要作用，各标准、框架相互配合支持，才能完成最后的开发，图 4-41 所示是各技术的图标。

图 4-41　使用技术的图标

B. 开发工具与运行环境

● 开发工具 Sublime Text3

笔者使用的代码编辑工具为 Sublime Text3，该编辑工具小巧、绿色且速度很快，能够跨平台支持 Win/Mac/Limux 系统，支持 32bit 与 64bit。Sublime Text3 能支持的语言包括 C、C++、HTML、JAVA、JavaScript、PHP、SQL、XML，等等，能提供语法高亮、行号显示、代码折叠、自定义方案、函数自动补全等功能，是一款使用体验极佳的代码编辑工具。

笔者使用过 Dreamweaver、Visual Studio 编辑工具，Sublime Text3 的比较优势还是较为明显的。它不仅可以打开一个文件，还可以打开一个文件夹，如图 4‑42 中左侧的文件夹目录，这对编辑文件结构复杂的程序的开发者来说提供了很大的便利；其右上角显示有当前呈现页面所处整篇代码的位置，这也为查找修改提供了方便；同时，不同的颜色用以将不同的码文如函数名、变量名、逻辑判断符等区分开来，编辑时更加一目了然。

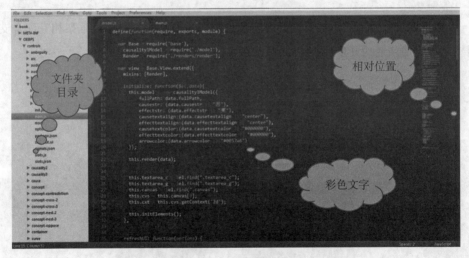

图 4‑42　Sublime Text3 界面

• 运行环境——电子课本编辑器、电子课本阅读器

之前笔者曾多次谈到电子书包、电子课本等词汇，读者对它们的概念应该有所了解，但对它们具体是怎样使用运行的可能还不甚清楚，下面笔者简单介绍电子课本创建的环境——电子课本编辑器、电子课本使用的环境——电子课本阅读器。

➤ 电子课本编辑器

电子课本编辑器是电子课本的"生产车间",教师、学生通过编辑器中图示控件的有机组合和属性编辑,可以生成一本个性化的电子课本。在编辑时,以页为单位,由页构成章节,由章节最后构成课本。编辑器目前是一个.exe格式的可执行应用程序,可以在 PC 机上使用,同其他应用程序一样,鼠标双击应用图标就可以执行了。编辑器的界面如图 4–43 所示。

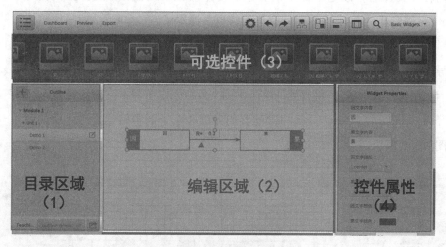

图 4–43　电子课本编辑器界面

进入编辑器后,首先创建新的课本,如上图中的 Model 1,接着在目录区域(1)创建小节和页面;然后选中某一需要编辑的页面,编辑区域(2)中会出现如图所示的网格画布,此时在可选控件(3)中选中需要的控件,按住鼠标不放将其拖动到编辑区域,就形成了初始化的图示控件;初始状态的控件肯定不能满足使用者应用在某一知识点的需要,这时选中该控件,编辑器右侧的控件属性(4)里就会呈现该控件可编辑的属性,使用者更改其属性即可,属性更改后编辑区域的控件图也会实时更新。

在编辑器的最上方有 Dashboard、Preview、Export,分别可以回到首页、预览、导

189

出电子课本。电子课本导出后就可以在电子课本阅读器中使用了。右上角的一些图标可调整编辑环境的一些个性化设置，此处就不详细讲解了。

> 电子课本阅读器

创建好的电子课本可以放入电子课本阅读器中使用。电子课本阅读器是基于Google Chrome 内核进行开发实现的，目前仅在 Chrome 浏览器下取得较好的使用体验。目前，电子课本阅读器还不是一个应用程序，没有图标，其本质是一个 Web 应用，使用者可以看到转载电子课本的目录。使用时仅需通过 IIS 配置上网的端口，在Chrome 浏览器中输入 URL 就可以运行该电子课本了。

电子课本导出后为.etb 格式，该格式为电子课本编辑器识别的电子书格式，在课本导入导出时都为.etb。但在将电子课本放入电子课本阅读器时，需将格式改为.zip，然后利用解压软件解压，将得到的电子书的文件放入电子课本阅读器的 book 目录下，路径为：reader/src/test/book。IIS 配置的方法和电子课本阅读器的界面如图 4 - 44和图 4 - 45 所示。

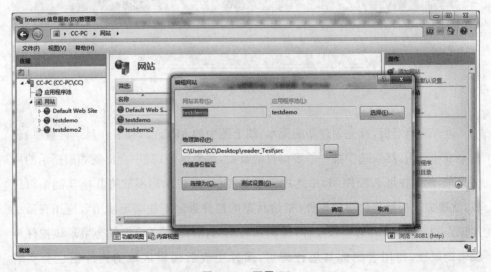

图 4 - 44　配置 IIS

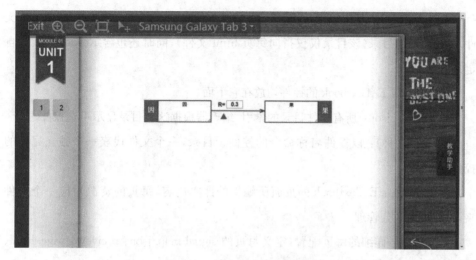

图 4‑45　电子课本阅读器界面

C. 图示控件的结构

在开发之前,首先要做的事是熟悉电子课本与控件的文件结构,了解核心文件的功能作用。

➤ 电子课本结构

E-Textbook 文件结构大体是基于 Epub 的基础结构扩展来的。E-Textbook 的第一层结构就为 Epub 的结构层:

• META-INF/container. xml 是用来指向书本的描述文件 OEBPS/content. opf。

• mimetype 用来描述包的 mimetype。

• OEBPS 最核心的部分,用于放置书本的内容资源,也是开发者开发控件需要放置的内容。

E-Textbook 的第二层就是 OEBPS 下的内容,如图 4‑46 所示:

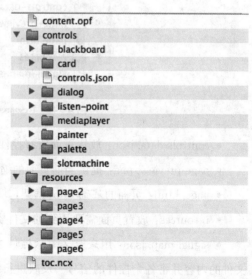

图 4‑46　OEBPS 的文件结构

- content. opf：其中包含 E-Textbook 的基本信息、所有文档索引（包含 toc. ncx 文件）以及简单的目录（该目录仅仅指向每页 html 文件），同时还包含 Reader 的某些自定义信息。

- controls：E-Textbook 的控件均放在它下面。

- controls. json：所有控件目录的索引，编辑器根据这个目录显示可选控件。

- 〈控件名称〉：以控件名称命令的控件子目录，一个文件代表一个独立完整的控件。

- resources：E-Textbook 的页面所编辑的课本内容，每页的资源对应一个文件夹，进行页面区分管理。

- toc. ncx：详细的每页配置，定义每页的 signal-map. json、preivew、page. html、controls-data. json 的文件位置。

E-Textbook 的第三层是 resources 下的每个页面 HTML 文件和控件所需用到的内容资源，如图 4-47 所示：

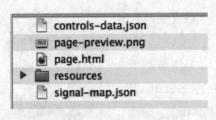

图 4-47　Resources 的文件结构

- controls-data. json：放置页面所有控件实例化时所需要的数据。

- page-preview. png：提供当前页面的缩略图。

- page. html：页面的基础 html 框架，其中定义了控件的 ID、大小及其位置。

- resources：放置页面需要用到的文件资源，如：images、css、video。

- signal-map. json：用来定义图示控件之间的 signal-slot 的关联，Reader 获取该文件的内容并将各个控件的信号—反映进行绑定。

> ➤ 控件结构

上文曾提到电子课本的第二层中有 controls 文件夹，所有开发的控件都存放在该文件夹里，以控件名称命名，控件文件夹的结构如图 4 - 48 所示，以控件 ambiguity（模糊关系）为例：

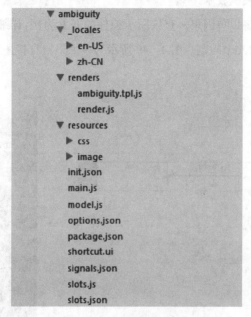

图 4 - 48　图示控件的结构

- _locales：文件包含该控件的中英文说明。

- renders/ambiguity. tpl. js：ambiguity 控件的 HTML 代码文件，定义控件包含的各元素。

- resources/css：控制控件样式的 css 文件

- init. json：定义控件初始化大小。

- main. js：主文件，描述图示控件的主要功能。

- model. js：定义 backbone. js 框架中的数据 model。

- options.json：其中定义控件扩展属性的名称、类型、初始化，该扩展属性可以在编辑器右侧呈现。

- package.json：控件的详细信息描述。

- 【可选】shortcut.ui、signals.json、slots.js、slots.json：定义控件之间的通讯。

D. 图示控件的关键技术

在这部分，笔者将以单因果—直接图示控件的开发为例，详细介绍在进行图示控件开发时所要考虑的几个问题。图 4‑49 所示为单因果—直接图示控件的效果图，名称为 causality3。

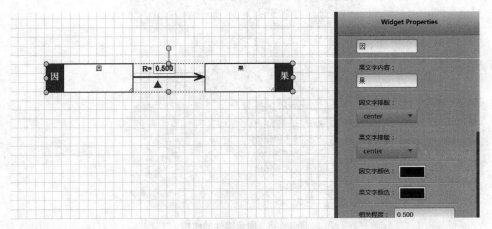

图 4‑49　单因果—直接图示控件的效果图

> 图示控件的内容结构

电子课本控件在电子课本编辑器中是独立模块化的 module（返回值类型为 function）。内容结构对于一个控件来说是一个独立的方法模块（.tpl.js 文件），通过主文件（main.js）中的 render 方法模块加载 render.js 文件，该文件可以加载控件的内容结构，从而在电子课本编辑器中显示外观。图示控件内容结构的代码写在 causality3.tpl.js 文件中，代码如下：

```
define(function(requre, exports, module){return function causality3_tpl(it) {
    var out='<div class="container">
    <div class="cause">                                       //"因"元件
        <label align="center" class="label_c">因</label>
        <textarea class="textarea_c"></textarea>
    </div>
    <div class="canvasdiv">                                   //关系箭头
        <canvas class="canvas"></canvas>
        <div class="div_rule">R=</div><input type="text" class="input_rule"/>
        </div>
        <div class="effect">                                  //"果"元件
            <textarea class="textarea_g"></textarea>
            <label align="center" class="label_g">果</label>
        </div>
    </div>';
    return out;
};
});
```

上面展示的代码主要为 HTML 语言,第一排的 define 即定义了一个独立模块化的 module;out 变量存储 HTML 框架,该框架主要为"因"、关系箭头、"果"三个 div。有了 HTML 框架,控件就有了自己外观上的大致布局。

➤ **图示控件的样式表现**

内容结构中仅定义了 HTML,不能满足图示控件个性化外观的要求,这时就需要 css 对控件的外观做详细的设定,css 文件存放在 resources/css/causality3. css 层叠样式表中,同样通过主文件中的 render 模块调用。代码如下(仅"因"元件的 css):

```
[data-control='causality3'] .container{        //最外层 div
    width: 100%;                                //定义宽
    height: 100%;                               //定义高
```

```
        font-family:arial;              //定义文字字体
        font-size: 12px;                //定义文字大小
}
[data-control=' causality3'] label{     //所有<label>标签
        color: #ffffff;                 //定义文字颜色
        font-size: 20px;                //定义文字大小
        font-weight: bold;              //定义文字为粗体
        text-align: center;             //定义文字排版为居中
        line-height: 280%;              //行距为280%：以百分比实现自适应大小
        width: 20%;                     //定义宽
        height: 100%;                   //定义高
        border: 0px solid #385D8A;      //边框为0像素，直线，颜色#385D8A
        background-color: #4F81BD;      //背景颜色
        z-index: 1;                     //定义层叠顺序
}
[data-control=' causality3'] textarea{//所有<textarea>标签
        width: 80%;                     //定义宽
        height: 100%;                   //定义高
        border: 2px solid #385D8A;      //边框为2像素，直线，颜色#385D8A
        z-index: 2;                     //定义层叠顺序
}
[data-control=' causality3'] .textarea_c{    //类为textarea_c
        position: absolute;             //定义位置
        left: 20%;
        top:0px;
}
[data-control=' causality3'] .label_c{       //类为label_c
        position: absolute;             //定义位置
        left: 0px;
        top: 0px;
}
```

上述代码中笔者想重点提到的是对元素大小与位置的定义。所有的大小、位置都没有以具体像素（如20px）的形式表示，而是采用了百分

图 4 - 50 "因"元件的自适应大小

比，这样就可以实现控件的自适应大小，如图 4 - 50 所示。随着移动终端设备的日益普及，各大网站不仅要能在 PC 机上浏览，还要能适应各终端上不同屏幕大小，这是现在很流行的做法。

➢ **图示控件的数据结构**

控件的数据结构同样作为控件的一个方法模块，主要功能是保存控件使用过程中需要用到的相关数据以及数据结构，此处就使用了 backbone. js 框架，该段代码在model. js 文件中。此 model 同样需要在主文件 main 中调用，配合其他逻辑代码实现控件的主要交互功能，具体代码如下：

```
define(function(require, exports, module) {
    var Base = require('base');
    var causality3Model = Base.Model.extend ({        //定义一个新的 model
        defaults: {                                    //定义这个 model 有哪些数据
            fullPath: "",
            causestr: "因",
            effectstr: "果",
            causetextalign:"center",
            effecttextalign:"center",
            causetextcolor:"#000000",
            effecttextcolor:"#000000",
            relation:"0.500"
        }
    });
    return causality3Model;                            //返回一个 model
});
```

➢ 图示控件的行为交互

main. js 文件是电子课本图示控件的主入口文件,控件的所有逻辑行为交互的代码都在这里实现,当然,描述控件内容结构的. tpl. js 文件和描述控件样式的. css 文件会在 main. js 中通过 render 被加载进来,提供样式和内容结构基础。这部分代码较多,笔者不能将其所有进行列举说明,这里只列举部分代码阐述,下面的代码为 main. js 文件的基本框架:

```
define(function(require, exports, module) {
    var Base = require('base'),
    causality3Model = require('./model'),    //加载 model
    Render = require('./renders/render');    //加载 render,从而加载了内容结构与样式
    var view = Base.View.extend({
        mixins: [Render],                    //将 Render模块加载到view中，作为一个
方法模块
        initialize: function($el,data){      //控件初始化
            /*此处代码省略*/},
        event:{ /*此处代码省略*/},            //给元素添加事件
        refreshUI: function(options) {       //当扩展属性发生改变时，调用此方法，获
取改变的值
            /*此处代码省略*/
            this.initElements();
        },
        initElements: function () {          //将改变的值应用到控件的内容结构或样式上
            /*此处代码省略*/},
        /*此处代码省略*/
    });
    return view;
});
```

“关系”的箭头是由 canvas 画布和 JavaScript 语言配合完成的,下面展示箭头绘制的部分代码:

```
U?cxt.save();                        //保存当前画布
    cxt.strokeStyle = "#0057a6";      //定义路径的颜色
    cxt.fillStyle = cxt.strokeStyle;
    if(lineWidth<1){
        lineWidth = 1;}
    cxt.lineWidth = lineWidth / 2;    //定义路径的宽度
    cxt.lineJoin="round";             //定义线条类型
    cxt.beginPath();                  //开始一条新的路径
    cxt.translate(0,0);               //定义画布的偏移位置
    cxt.moveTo(lx,ly);                //定义路径的起始点
    cxt.lineTo(cx,cy);                //定义路径走过的下一个点
    cxt.stroke();                     //画路径结束
```

笔者认为另一个技术重点是对图示控件的属性开放接口,使得操作者可以通过调整编辑器中的扩展属性选项从而编辑控件的外观、内容。要实现这一技术,需要另一个文件 options. json 定义编辑器中扩展属性的名称、类型等,配合主文件中的 refreshUI、initElements 函数进行,下面展示部分 options. json 文件中控制"因"元素文字排列的代码:

```
{
    "name": "causetextalign",                              //定义名称 id
    "displayName": "__MSG_causetextalign.displayName__",   //定义描述的文字
    "description": "__MSG_causetextalign.description__",
    "type": "string",                                      //定义类型为 string
    "options": [{                                          //定义选项值
        "text": "__MSG_causetextalign.param1.text__",
        "value": "center"},
    {"text": "__MSG_causetextalign.param2.text__",
        "value": "left"},
    {"text": "__MSG_causetextalign.param3.text__",
        "value": "right"}],
    "default": "center"                                    //定义初始化的选项
}
```

其在编辑器中的效果如图4-51所示：

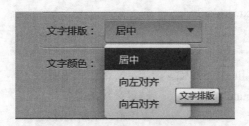

图4-51　文字排版效果图

E. 控件与应用实例展示

笔者开发的图示控件主要为因果关系图示控件，包含六个基本元件以及四个组合，见图4-52，首先笔者将展示因果关系图示控件在编辑器或阅读器中的效果图。

图4-52　可选控件区域的图标

图4-53所示为六个基本元件，分别为"因""果""子因/果""关系""否定关系"和"模糊关系"。"因""果""子因/果"的填充文字、颜色、排版、大小可以更改，"关系"可以拖动小三角改变关系程度，"否定关系""模糊关系"可以改变大小、颜色。

图4-54所示为由上面六大基本元件组合而成的因果关系图示控件，目的是将常用的控件组合出来，避免组装的麻烦。从上到下分别是"因—模糊关系—果""因—否定关系—果""因—关系—果"和"因—子因果—果"。

上面都只是控件的展示，为了更好地说明因果关系图示控件的应用效果，笔者使用上述控件，简单制作了数学、语文、生物和地理科目中某一知识点的电子课本页面，以此作为控件的应用实例。

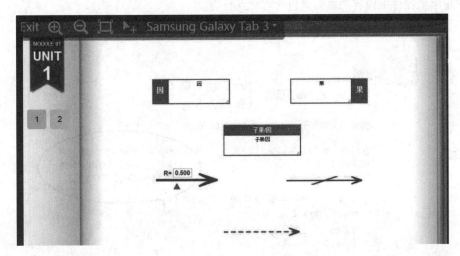

图 4‑53　六个基本元件

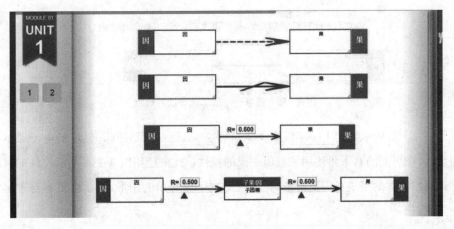

图 4‑54　四个控件

图 4‑55 所示为初中二年级解二元一次方程组的电子课本页面设计,在页面下方用到了"因""关系""果"元件。此处因果控件用来回答提出的问题"4)",在使用的过程中,可以由教师事先填好答案供学生阅读;也可先留白,让学生思考讨论后自行填写。

201

这里因果控件中内容的填写就包含有交互行为。

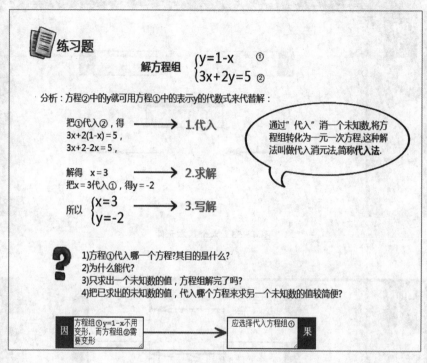

图 4 - 55　数学——解二元一次方程组

图 4 - 56 所示为初中一年级语文学科课文"从百草园到三味书屋"的电子课本页面设计,在页面的右下角使用了三因一果的控件。此处使用因果关系图示控件的目的是让问题答案的呈现条理更清晰,化大段的文字为简单的图形,使学生更容易理解掌握知识点。

图 4 - 57 所示为高中生物学科"生物遗传"一章——"血型的遗传"这一小节的电子课本页面设计,此处用到了一因多果图示控件,还有带有相关系数 R 值的"关系"元件。这些因果关系控件的组合使用演算了一道生物遗传题,R 值代表了由因到果的概率,很好地反映了不同基因组的母体、父体在产生配子时的不同情况。

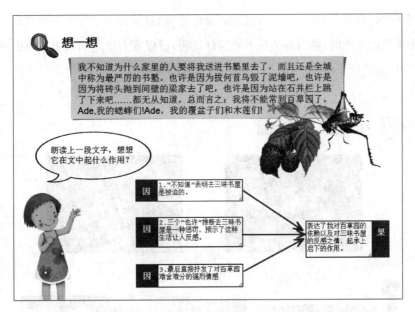

图4-56　语文——从百草园到三味书屋

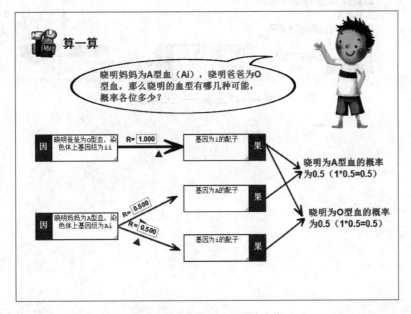

图4-57　生物——血型的遗传

  图 4 - 58 所示为小学地理学科讲解"火山爆发"章节的电子课本页面设计。在讲解火山爆发的原因时,单因果关系不能很好说明,所以在右下角的因果关系图示控件组合里,笔者使用了两个"子因/果"控件,以呈现间接的关系。

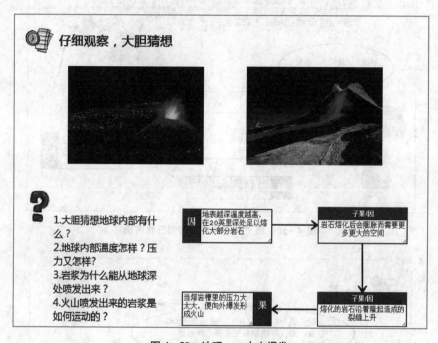

图 4 - 58　地理——火山爆发

第五章

知识建模的语义图示工具开发

本章介绍语义图示工具的技术实现。通过解析现有语义图示工具的功能，归纳出两个最主要功能——语义建模与图示反馈。通过阐述语义图示工具的开发原则，提出语义图示工具应该具有的首要原则：可访问性和学习目的可达性。随后，分析语义图示工具开发框架，并通过一个多层结构图，说明语义图示工具技术实现的抽象和分割，以及开发语义图示工具所依赖的关键技术。最后，将以两个实际开发案例阐述语义图示工具的开发过程和实现结果。

5.1 语义图示工具的功能分析

5.1.1 功能多样的语义图示工具

以下工具可用以从不同角度阐释语义图示的功能，包括能够表现语义层级结构模式的 WordNet、实现语义推荐并与专家模型比对的 CmapTools，以及实现数据化模拟的 Insight Maker 等。

（1）语义关系分析：WordNet

语义关系的构建是设计语义图示系统最关键、最基础的部分。现有的工具中，WordNet 的类似功能能够很好阐释这一点。WordNet 是由普林斯顿大学的心理词汇学家和语言学家于 1985 年开始承担开发的一个基于心理语言学理论的在线词典参照系统。系统中的名词、动词、副词和形容词聚类为代表某一基本词汇概念的同义词集合，并在这些同义词集合之间建立起各种语义关系（Miller 等，1990）。

传统字典通常根据词形，标准的按字母顺序对词汇排序，而 WordNet 试图根据词义而不是词形来组织词汇信息，更像是作为人的智能结构一部分的"内在词典"（姚天顺 等，2001），那么能够表达词汇概念的性质和组织方式就显得十分重要。在词汇语言学中采用词汇矩阵的概念来表示词汇的组织方式，将词按照"词形"和"词义"加以映射，"词形"特指词语或主题词，"词义"表示词形所代表的词汇概念（Miller 等，2007）。

表5-1说明了词汇矩阵的概念，假定列代表词形，行代表词义。如果同一表中，列中有多个表项，则该词形为多义词；行中有多个表项，则对应的词形是同义，相应的词为同义词。

表5-1 词汇矩阵

词义	词 形				
	F1	F2	F3	……	Fn
M1	E1,1	E1,2			
M2		E2,2			
M3			E3,3		
……				……	
Mm					Em,n

注：F1，F2为同义词，F2是一词多义。

词形与词义之间的映射是多种多样的，有些词形有多个不同的词义，有些词义可以用几种不同的词形来表达。WordNet中表示词与词之间的关系众多，下面以同义关系、反义关系、上下位关系、整体部分关系为例进行介绍。

A. 同义关系

判断词之间关系的能力是在词汇矩阵中表达词义的先决条件，其中同义关系是WordNet中最重要的关系。将同义关系与上下文相关联，如果两种表达方式在语言文本中相互替代又不改变其真值，则这两种表达就是同义的（Miller 等，1990）。

B. 反义关系

反义关系并不是一种简单的对称关系，有些词概念上相对，却不能称为反义词。反义词是一种词形间的词汇关系，而不是词义间的语义关系，区分词形之间的语义关系和词义之间的语义关系十分必要。

C. 上下位关系

上下位关系是对词义之间语义关系的描述，又称为从属/上属关系、子集/超集关系或ISA关系。通常情况下，下位词继承上位词的一般化概念的所有属性，并且至少增加一种属性,以区别于上位词以及上位词的其他下位词。同时,上下位关系具有不对称的关系,通常情况下,一个词只有唯一的上属关系,产生一种层次语义结构(Miller等,1990)。对于名词来说,最终的根节点都是实体(WordNet,2015)。

D. 整体部分关系

整体部分关系指某一个词集是整体,而另一个词集在含义上是该词集的部分,"部分"可以进行继承。

(2) 可视化知识推荐:CmapTools

语义图示系统试图实现的语义推荐功能,能够通过 CmapTools 予以阐释。CmapTools 是人机识别研究院 IHMC(the Institute of Human & Machine Cognition)开发的软件,用户可以利用它创建、导航、共享和分析评价以概念图形式表示的知识模型(Canas 等,2004)。学习者可以通过 CmapTools 整合网络资源、课堂资源、实验资源

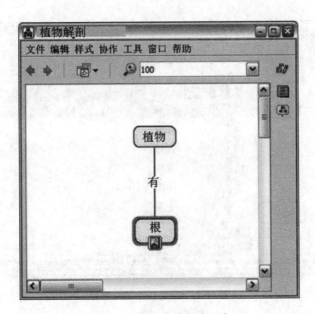

图 5-1　CmapTools 要素组成

以及领域知识,进行课程安排,记录相关阅读,整理数据,支持小组协作,整理画图、照片、视频,进行多学科整合,用于演讲、研究和课前、课后评价等活动,同时 CmapTools 为学习者提供脚手架支持,带来一种新的教育模式(Novak 等,2004)。

CmapTools 包含"节点""连线"和"连接词"。节点代表某一命题或知识领域的关键知识概念,节点间的连线表示概念间的逻辑关系,连线上的连接词表示概念间通过何种方式进行连接。

CmapTools 包含一个重要的功能,即学习者以"专家骨骼"为基础,通过对"专家骨骼"修改或者重构,来帮助构建自己的知识体系。CmapTools 中包括近 300 种概念图合集,涵盖 1—12 年级,6—18 岁的科学领域,很多科学家专注于某一领域,并且不断改进概念图已达到更好的效果(Novak 等,2004)。CampTools 可以进行语义结构比对,以及根据节点的语义关系及相关节点进行推荐,但是这种推荐并不是机器学习的结果,而是之前人为的已经做好的一个稳定的语义结构。

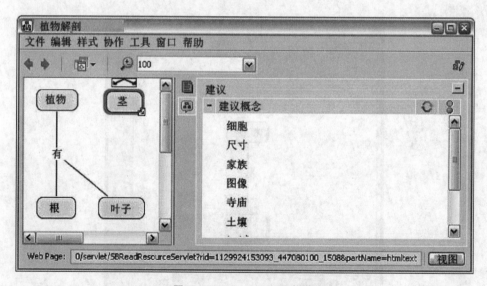

图 5 - 2　CmapTools 语义推荐

这种"概念图式"的知识建模过程,可以帮助学习者理清思路,梳理概念间相互关系;语义自动推荐功能为学习者提供脚手架,引导并支持学习者进行下一步学习;语义比对功能,与专家结构的对照能够快速发现自主学习中的不足并及时加以矫正。

(3) 可视化认知方式：思维地图(Thinking Maps)

从心理学的角度来看,要使学习者能够很好地进行学习,他们需要具备一定的认知模式和思维模式。运用这些模式,学习者可以对不同问题进行有序的思考,帮助学习者有效地抓住关键问题并进行解决。从这一角度来看,支持学习者学习认知模式培养的学习工具是"思维地图"工具。

思维地图是由大卫·海尔博士开发创建的,主要用于支持学生思维学习和训练的图示化学习语言(Thinking Maps, 2011)。其设计的出发点是希望与木匠使用的一套工具类似,学生可以借助多个图示来建构知识,从而帮助学习者培养基本的阅读、写作、数学素养和问题解决等能力。因此,海尔博士以基本的认知技巧(例如比较、对比、排序、归类和因果推理等)为基础,设计出了包含与人们基本思维过程相符合的 8 种基本的图形组织器(Graphic Organizers),如右图所示。其中,圆圈图可以用来进行头脑风暴,呈现一个与主题相关的先前知识;起泡图可以用来对某一主题的思路进行扩散,产生联想;双起泡图可以用来组织对比和比较活动;树形图可以用来组织活动;括弧图可以用来呈现知识之间的结构和层级关系;流程图可以用来对事物的进程进行抽象和预设;复流程图可用于显示和分析因果关系;桥接图可进行过程模拟。因此,运用这 8 种基本的图形组织器,可以用来表征定义、描述特征、排列、分类、对比、类比、分析

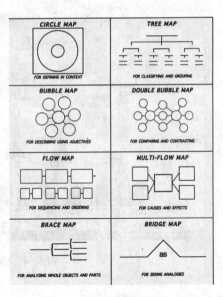

图 5-3　思维导图中的八种元素

因果关系、表征整体与局部关系等学习活动（Hyerle，1996）。有研究表明，在中小学课堂教学中，思维地图与具体的教学目标相结合，可以成为有效支持教学实践和提高学生思维能力的工具。从教师角度来看，它可以作为促进学生进行终身学习的可视化教学工具；从学生角度来看，它可以作为促使学生具备成为"成功的思考者、问题解决者以及决策者"基本技能的学习工具。

目前，基于海尔博士提出的思维地图理念，已开发出了 Thinking Maps 软件，其工具的界面如下图所示。在构建图示的同时，使用者可以在选择对应的思维地图图示的基础上，根据具体的学习或使用情景，完成对一定知识和问题的理解、建构和重组等。因此，运用这一软件设计的模板，可以帮助学生在根据学习情境自主创建相应认知模式的同时，学会运用认知模式分析和思考问题。

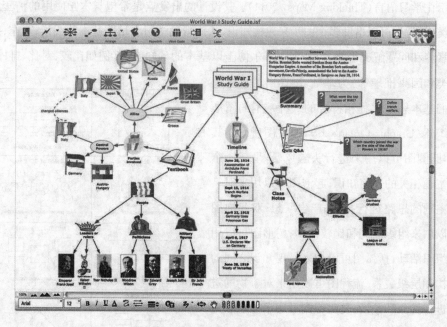

图 5 - 4 **Thinking Maps 软件界面**

（4）可视化建模与模拟：Insight Maker

语义图示作为超越碎片化的最重要功能，是实现基于语义的知识判断，而现有的工具中，Insight Maker 所具有的知识表征模拟过程能够对此予以示例。Insight Maker 是一个基于 Web 的可视化建模和模拟工具，包含两种通用的建模方法，分别为系统动力的建模和基于代理的建模，具有同样的建模要素和规则（Fortmann-Roe，2014）。Insight Maker 的模拟功能将知识间的关系和变化进行动态展示，超越了停留在静态理解层面上的认知，有助于深度学习的发生。

Insight Maker 的应用详情，见第二章。

（5）可视化问题解决过程：Metafora 平台

在日常生活和工作中接触到的世界通常是以问题的形式呈现，而不是以内容列表的形式（乔纳森，2008）呈现。因此，学会问题解决的一般性规则以及在问题解决的过程中形成学习能力成为了又一重要的学习目标。目前有代表性的、能体现对学习者问题解决学习过程进行支持的技术工具是 Metafora 平台。

Metafora 是一个可视化学习平台，它利用带有特定含义的图标和规则表征协作学习过程，为其提供支持。Matafore 主要包括"计划工具（Planning Tool）"和 LASAD 工具（Dragon 等，2013）。

其中，LASAD 工具是一个可视化的、基于网络的协作共享学习空间。学习者在运用时可以选择"结构化"语义动态地呈现结构化的观点，从而促进小组更好地协作讨论。运用 LASAD 工具可以促进问题解决过程中传达和讨论想法、分享和组织观点、有序地解决讨论中存在的分歧等，从而推进小组讨论的进程，促进小组成员达成共同认识或问题解决方案。除了支持组内的讨论之外，LASAD 工具还允许小组与小组之间的成员在同一界面上进行实时的协作讨论。运用这一工具，教师可以了解小组讨论的内容，从而了解小组间的协作学习和探究情况。

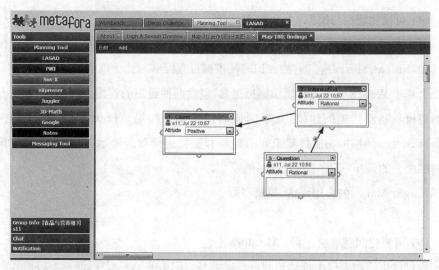

图 5 - 5　LASAD 工具界面

(6) 交互式模拟仿真：PhET 系列

PhET(Physics Education Technology)交互式模拟器计划由美国科罗拉多大学发起,该计划的主旨是认为交互式模拟器的教学效率依赖于模拟器的设计质量以及对于学习者的实施质量(Plass 等,2012)。自 2002 年以来,PhET 计划已经开发了 131 款针对物理、化学、数学学科的交互式模拟器(interactive simulations),这种模拟器可以理解为是一种高质量的交互式课件(Moore 等, 2014)。目前,这些模拟器都部署在 PhET 的官方网站上,供学习者免费使用。PhET 项目是由斯坦福大学物理系以及教育学院研究生院教授、2001 年诺贝尔物理学奖获得者卡尔·E·维曼(Carl E. Wieman)博士发起,温迪·亚当(Wendy K. Adams)博士、凯瑟琳·K·珀金斯(Katherine K. Perkins)博士等多位科学教育研究者参与其中。PhET 的仿真案例可以激发学习者专注、主动的学习态度,人机的高度互动让学习者感觉像是在玩游戏一样,可以充分调动学习者的学习兴趣,引导学习者不断进行探索,促使学习者积极主动地培养像专家一样解决问题的能力和对科学的理解能力。

图 5-6 所示是物理学科中"力的平衡"知识内容。开始模拟之前,学习者可以移动方框中蓝色和红色的人偶,将他们放置在小车两侧,人偶的大小与产生力的大小正相关。人偶放置好之后,学习者可以很直观地在小车上方看到作用力的大小与方向。点击"开始"按钮,小车将遵照牛顿第一、第二定律开始运动。在模拟过程中,学习者可以随时改变小车两端人偶的数量和大小,从而改变小车所受到的力,小车的运动效果也会做出相应的改变。此过程将力学的抽象知识生动形象地表现出来,有助于学习者理解和探究物理公式与物理现象之间的深层联系。

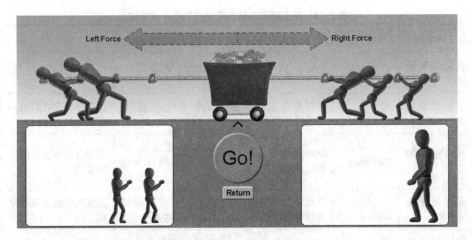

图 5-6　PhET 仿真模拟——力的平衡

PhET 仿真模拟软件凭借其诸多优势特点,诸如内容紧密联系实际、微观现象可视化、强调简化事实以促进理解、概念表征方式多样化、可控制调节多个变量、图表揭示变量间定量关系、内置多种定量测量工具,深受全球诸多教育工作者的喜爱和推崇。PhET 具有的科学学科实验仿真功能可以将抽象的自然规律形象直观地呈现出来,帮助学习者在理解的基础上记忆自然规律法则,有效避免了死记硬背导致的浅层次学习。

5.1.2　语义图示工具的建模与表征方式

通过分析有代表性的语义图示工具，可以看到语义图示工具可以从不同的视角展现特别的功能。如语义关系分析、可视化知识推荐、可视化认知模式、可视化建模与模拟、可视化问题解决过程、交互式模拟仿真等。基于前述分析，这里从语义建模方式、语义表征方式、关注点，对这些工具进行比较分析。

表 5－2　语义图示工具的建模与表征方式比较

工具类别	工具案例	语义建模方式	语义表征方式	关注点
语义关系分析	WordNet	词汇库输入	词义关系反馈	语义关系解释
可视化知识推荐	CmapTools	通过概念化的节点与连线进行建模	节点、连线、连接词；语义推荐	概念与概念之间的关系和知识的组织
可视化认知模式	思维地图	基本的认知模式的概念化	圆圈图、起泡图、流程图等 8 种认知图示	学习过程中涉及的认知模式
可视化建模与模拟	Insight Maker	系统动力学建模；带有属性的设置等	图表的形式的模拟仿真函数关系	系统问题的建模和模拟
可视化问题解决过程	Metafora 平台	活动步骤建模；活动阶段建模；	带有文字和图片表征的图示	问题解决过程中涉及的方法和规则
交互式模拟仿真等特点	PhET 系列	对交互实体进行操作；变量设置	基于动画的模拟仿真	对复杂知识点的高质量的模拟仿真

在语义建模方面，语义图示工具大多以拖动、绘制图形元素的方式进行交互。其中，思维地图关注学习过程中涉及的认知模式，主要是预先给学习者提供固定的认知模式的模板，学习者在建模环境中可以根据实际情况个性化建构认知模式，形成对学习任务的理解和认识；以 Metafora 平台为代表的可视化问题解决过程中学习技术关注问题解决学习过程中涉及的方法和规则，其为学习者预先提供问题解决过程中会涉

及的活动步骤、活动阶段、角色、态度等图标,学习者在具体问题解决过程中,可以通过对这些图标的组合、排列等建构问题的解决计划,促进小组讨论交流以及反思;以Insight Maker 为代表的可视化建模与模拟技术关注对复杂系统问题的建模和模拟,主要通过图形的组合对系统问题进行建模,建立不同图标之间的函数关系实现对复杂系统问题的建模。此外,PhET 通过对交互实体的操作以及变量的设置实现信息的输入,Insight Maker 也会通过对相应变量元件的属性设置以实现变量的赋值,其他工具也可以对图形元素颜色、内部字体进行编辑。语义关系分析工具 WordNet 较为特殊,通过类似数据表输入的方式进行词汇库的输入。

在语义表征方面,除了语义关系分析工具从词义关系层面进行信息反馈,可视化知识推荐工具、可视化认知模式、可视化问题解决过程等工具,都会或多或少关注概念与概念之间的关系和知识的组织,大部分语义图示工具都会通过图形表征不同的概念,以形成"知识图示";这些工具通常都会运用不同颜色、不同粗细、带文字或箭头的不同线条表示知识之间的关系。此外,CmapTools 还会根据输入的模型进行语义模型推荐;以 Insight Maker 为代表的可视化建模工具输入系统动力学模型信息后,通过图表形式模拟复杂问题的函数关系。同样,PhET 与 Insight Maker 类似,也是以模拟仿真的形式进行图示表征,不同于 Insight Maker 的图表形式,它是以直观的动画形式进行表征。

5.1.3 语义图示工具功能的归纳

根据上述案例的分析,可以将语义图示工具的功能分为两个维度:语义建模与图示反馈。语义建模维度可以用"本体建模"与"系统动力学建模"作为定位标识的端点,图示反馈维度则可以用"知识图示"和"模拟仿真"作为定位标识的端点。据此可以画出二维直角坐标系,将语义图示案例的分析结果在坐标系上进行定位。定位结果如下图所示。

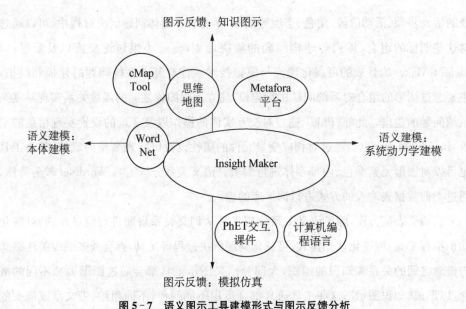

图 5-7　语义图示工具建模形式与图示反馈分析

(1) 语义建模：本体建模与系统动力学建模

所谓语义建模指的是学习者通过构建能够用来进行知识的可视化表征或建立知识模型的语义关系图，来实现其信息输入计算机，这是语义图示工具模型的最基本组成部分。由于学习者的深度学习的实质表现是知识建模，而语义关系图的主要功能正是提供学习者进行知识梳理，建立知识对象和属性、知识关系及过程的知识模型。语义图示的这一功能提供了迈向深度学习的第一步。学习者可以对这些可视化元素进行添加、删除、编辑等操作，通过拖放它们的位置改变它们的属性，最后形成一个组图，来表征某一知识及其关系，形成自己的知识体系。为了方便学习者的操作，这些可视化元素还可以提炼为语义图示控件、语义图示模板，使学生能够快捷搭建自己想要的模型。

"本体"这个概念起源于人工智能领域，它被用来表达知识，也被定义为"概念模型的显式表示"，某个领域的本体是该领域的一个公共的概念集，其中的概念含有该领域公认的语义,并通过概念之间的各种关系来体现(Gruber,1993)。而本体建模指的是每个个体可以基于一定的规则与算法,改变其属性或状态,并且在表征复杂系统或系统级别的行为时,可以改变与其他个体之间的关系状态(Bonabeau,2002)。本体模型在于知识表达,往往需要囊括一个领域中所有的知识,强调知识的完备性。由于知识总在发展变化,因此本体建模是个不断完善的过程,这要求本体的开发工具能支持本体的持续更新和相互引用(陈凯 等,2005)。上述的语义图示工具中,几乎都实现了本体建模功能。

系统动力学建模产生于20世纪50年代的工业系统研究。系统动力学是一门基于系统论,吸取反馈理论与信息论等内容,并借助计算机模拟技术的交叉学科。系统动力学能定性与定量地分析研究系统,从系统的微观结构入手建模,构造系统的基本结构,进而模拟与分析系统的动态行为。这种建模技术在城市系统开发、未来趋势预测(Forrester,1970)方面都有着广泛的运用。系统动力学建模经常会最终执行非线性的微分方程,因此,这种建模方式往往需要图形化的工具来反馈建模的结果。上述语义图示工具中,最具代表性的系统动力学建模工具就是 Insight Maker 工具,PhET 虽然不具备开放性的建模途径,但其内部已包含一定的函数关系,针对具体模拟对象的操作相当于是针对系统变量的改变,因此也属于系统动力学建模的范畴。

表5-3　语义建模中建模工具的比较(Fortmann-Roe,2014)

	基本原则	优点	缺点	工具案例
本体建模	基于模型个体本身具有自身的属性以及个体间的关系	高度关系化的结果,非常有利于沟通,可以将模型描述得非常详细	速度可能较慢,由于高随机性导致结果较难于解释	cMap、知识地图
系统动力学建模	基于利用模型变化速度与状态变量的高集成化的模型系统	结果通常易于解释,模型能够迅速模拟	不适用于异质化建模	Insight Maker
命令式编程	基于标准化的编程思想开发程序逻辑	高度灵活,模型执行速度理论上非常快	对事物只能进行有限的抽象,需要付出极高的开发成本	计算机语言 C、C++、Java 等

本体建模与系统动力学建模有比较大的差别，这种差别如上表所示。本体建模更加颗粒化，专注于表述个体本身以及个体之间的关系，非常适合作为人与人之间的沟通介质；而系统动力学建模专注于解决复杂问题本身，利用函数对问题进行高度的抽象、集成化，易于用数据结果解释复杂的系统问题。同时，两者也有各自的缺陷，本体建模极高的随机性使建模结果往往只能作为图示的最终结果，而系统动力学建模很难对不能纳入系统中的异质化个体进行描述。

(2) 图示反馈：知识图示与模拟仿真

图示反馈是计算机对用户输入的语义对象的图形化反馈。所谓"反馈"就是信息的传输与回授。顾名思义，反馈的重点应在于"回授"（武翀宇，2010）。文中不同类型的语义图示工具虽然有不同的侧重点，但是他们均可以对输入的语义模型进行一定的反馈，这种反馈主要包含知识图示、模拟仿真两类。

语义图示强调将抽象的知识进行可视化表征，在可视化界面，学习者看到的不是大段文字，而是携带语义的图形、图像。当图形、图像携带语义，相比较传统的读图，学习者可以更容易地把握知识的逻辑关系，建立碎片化信息间的联系。语义图示对信息的可视化加工，大大增加了阅读的效率，适应当代人的生活节奏与阅读取向。对于教师而言，首先，针对学习工具复杂多样、为教师教学带来过多负担的问题，从技术角度，可以试图吸取各类知识可视化工具的共同之处，并保留各个工具的特色之处，构建新的图示功能，将其整合到语义图示工具中，支持不同类型的语义建模过程的图示反馈。其次，根据知识图示方法表现出来的适用于不同学习情境的特点，需要将技术工具有效整合到学习过程中进行多维度的思考以及实证研究。

当学习者在面对一些现实问题无法亲自经历和实践时，或者希望通过已知条件和现有数据分析及预测趋势时，将学习场景"情境化"是很好的解决方案。在一些科学学科的知识点学习中，学习者经常会接触到一些涉及极大或极小物体的知识，如天体运动、电荷在电场中的运动、化学反应中分子的变化等，这些科学场景都是难以直接观察的。在学习过程中，往往需要学习者通过想象来理解这些科学变化规律。语义图示工具的交互式仿真为学习者直接观察在日常生活中难以看到的科学情景提供了可能,并且允许学习者与此类情景进行交互。交互式仿真模拟模块为学习者预留了部分用户接口,学习者可以通过这些用户接口修改模拟场景的参数,从而观察到不一样的模拟结果。

5.1.4 面向知识建模的语义图示工具功能框架

语义建模和图示反馈是语义图示工具的核心功能。学习不仅仅是传递和获得概念,学习者参与到类似学科专家研究的日常活动中有利于深度学习的发生(Sawyer, 2006)。语义图示工具为学习者提供一个交互式的、解决复杂问题的环境,超越单一的知识记忆。在这里,学习者可以像学科专家一样建模、分析,将学习过程中的思维可视化,将学习者的内在认知过程外化,帮助知识建构和思路整理。同时,工具对真实存在的对象关系进行描述,建构相似的、有意义的、可被操作的场景。在建模的基础上,语义图示工具实现过程的动态知识的可视化或者模拟仿真:(1)针对微观型知识。关注细颗粒度知识个体本身以及个体间的关系。(2)针对群体型知识。群体型的动态模拟建立在数量的变化上,透过变化曲线可以分析数据的变化和走向。学习者通过建模以及直观可视化的情境模拟,参与到学习场景中,在反复不断对系统进行建构和修改的过程中,锻炼学习者思维和逻辑能力。同时,工具的可视化结果为学习者提供反馈,形成一个学习闭环,更好地帮助学习者完成自主学习过程和对复杂问题的求解。见图5-8。

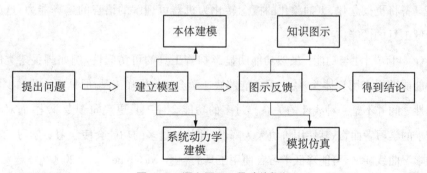

图5-8 语义图示工具功能框架

5.2 语义图示工具开发的原则与框架

5.2.1 语义图示工具的开发原则

用于语义建模和图示反馈的语义图示工具，需要具备三个基本原则：性能、功能和可访问性（Fortmann-Roe，2014）。高性能的环境能够快速地实现模拟仿真功能；功能性体现在建模工具与模拟仿真工具所提供的实现相应过程的功能；可访问性是指相关操作环境，体现建模工具的易用性。

从软件开发的角度看，这三者是所有软件工具的基本开发原则。但要注意的是，这三者之间在一定程度上又相互制约。在设计此类工具时，往往需要在三者间作出一定的权衡，并根据需求决策工具设计倾向（Fortmann-Roe，2014）。

（a）性能与功能：当对工具增加较多的功能时，某些功能会占用一定的计算资源，往往会导致性能的下降。

（b）性能与可访问性：为了能让学习者基于已有的计算机知识，利用工具实现建模、模拟仿真的目的，需要使软件工具具备高度抽象自计算机底层运作的操作体验，这种抽象是学习者易于理解，并能方便地操作工具。工具开发的关键在于如何将高度抽象化、概念化的概念转化为机器语言供计算机识别，当工具需要较高的访问性时，它就需要具备将更概念化、更抽象化的概念转化为机器可理解的语言的运算能力，这必然会降低工具的性能。

（c）可访问性与功能：虽然功能明显影响着工具的可访问性，例如脚手架类的辅助功能能够提高用户体验，使学习者能够快速学会如何操作工具，但是功能的多少与可访问性之间并不是一种线性的关系。过多的功能会使工具更趋向于专业化，而对于普通需求的学习者而言，其使用价值大为降低。同时，过多的功能会使学习者学习工具操作的学习曲线陡增，可能降低学习者使用工具的意愿（McGrenere 等，2000）。

这三者之间的权衡与倾向是定位整个建模与模拟仿真环境的关键。极端的案例，如一些计算机语言,从一定意义上来说它们也属于此类工具,因为作为一种人类与计算机之间相桥接的工具,计算机语言允许开发者在用户端用人类能够理解的语言进行建模,并在计算机端"翻译"为机器语言在计算机中运行,实现对输入模型的模拟仿真。计算机语言出于本身的需求,其性能极高,但由于用户仅能够利用输入遵循相应语法的代码的方式进行交互,其功能性与可访问性则非常低。因此,此类建模和模拟仿真工具往往出现在专业领域,而难以在学习情境中运用。

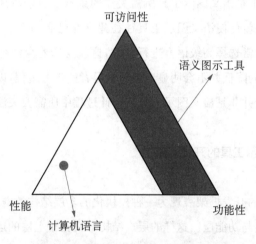

图 5-9 语义图示开发原则间的关系

(1) 可访问性原则

语义图示工具作为一种学习工具,首先需要具有较高的可访问性。作为辅助工具,语义图示工具在学习过程中并不是学习主体。因此,语义图示的设计需要使学习者对语义图示工具操作的学习成本降到最低。

(2) 目的可达原则

在功能性方面,与专业类工具不同,语义图示工具在学习目的的实现与开发成本之间的权衡中往往需要侧重于学习目的的实现。专业工具根据特殊的领域需求,将重复出现的需求集成为一个功能,从而降低开发成本并能培养用户的操作习惯。而在教育领域中,各学科背景不同、各知识点类型繁多,为了实现学习目的,知识表征方式往往需要契合学习需求,建模式的学习形式也并非适用于每一个学习情境。作为一种有着明确学习目的的辅助工具,语义图示功能性设计方面需要以实现学习目的为第一目标。

(3) 高性能原则

工具的性能并不是语义图示工具所需关注的重点。由于较高的可访问性侧重学习层面的功能性,这就促使语义图示工具往往建立在已有的系统框架上,并出于节省开发成本的考虑,通常选择高级语言进行开发,这就意味着会消耗较多的计算机资源成本。但由于性能的降低并不会明显地阻碍学习者的学习过程,以及当前计算机的性能越来越卓越,性能并非是语义图示工具在设计过程中所需要关注的重点。

5.2.2　语义图示工具的开发框架

语义图示工具的开发框架表现为一种模块化的多层结构的框架图,自下而上主要分为环境层、服务层与功能层。这样的层次结构意义在于上层的运作依赖于下层提供的支持,环境层为服务层提供基本的程序运行环境,服务层以类库、数据库的形式存在,供顶层的功能层调用函数或者访问数据,而功能层直接向用户提供用户界面,实现

图 5 - 10　语义图示工具开发框架

上述语义图示工具的基本功能：基于本体的语义建模、基于系统动力学的语义建模、模拟仿真、知识图谱。

（1）开发环境层

本项目的语义图示工具完全基于标准化的 Web 技术环境进行开发，这主要是考虑到作为一种学习辅助工具，语义图示工具应该具有较高的可访问性。针对多样的知识建模或知识表征需求应兼具较强的功能适应性，并且开发的成本应该比较低，而 Web 技术的成本低、开发周期短、更新易、跨平台性能好等特点正与此需求相契合。

现代终端设备尤其是移动终端设备，通常内置了功能强大的浏览器，这些浏览器对 Web 技术的支持非常良好，包括很多新兴的 Web 技术，如 HTML5、CSS3 和高级 JavaScript 等。Web 技术最突出的优势之一是支持多平台，大多数浏览器开发商利用了同一种渲染引擎：Webkit 引擎。这是一款由谷歌和苹果领导的开源项目，它提供了一种当前最全面的 Web 技术实现机制。由于应用程序的代码由 Webkit 引擎相兼容的标准 Web 语言编写而成，所以一个应用程序在诸多不同的设备和操作系统上提供了统一的体验。对于学习者而言，获取网络浏览器十分方便，且通常都能够对其进行熟练操作，Web 技术可以提高学习者对语义图示工具的可访问性。

多平台的优势不仅提高了可访问性，也降低了开发成本。与此同时，也正是由于近年来 Web 技术的快速发展，HTML5 等逐渐从一种"页面定义语言"转变成一种"开发标准"，用于开发丰富的、基于浏览器的应用程序。例如 Web 开发者可以非常方便地获取到高级用户界面组件、通过 HTML5 技术实现 Web 绘图技术、访问丰富的多媒体类型、离线存储功能等等。开发者仅仅使用 Web 技术，就可以开发出高级应用，这大大降低了语义图示的开发成本。由于不同的学科、知识点对语义图示的功能需求各异，Web 技术低廉的开发成本也实现了为各个知识点"量身定制"语义图示工具。

（2）系统服务层

服务层整个开发框架的核心部分是基于底层的环境层所提供的基础技术环境支

持，为上一层功能层提供相对集成的技术引擎和数据服务。在本项目所开发的语义图示工具中，基于底层的环境层的技术选型，服务层将完全基于 Web 技术选取相应的开发引擎以及数据库技术。

Web 技术领域中蕴含着大量的第三方技术可供使用，这为开发引擎的技术选型提供了极大的便利。在本项目的工具开发中，针对开发需求选取了 mxGraph 类库、HTML5 中的 Canvas 绘图技术、HighCharts 类库，分别作为建模环境引擎、图示绘制引擎、图表绘制引擎的支持技术。数据服务方面使用开源的 PHP 技术与 MySQL 关系数据库作为工具数据库的支持技术。

A. 建模环境引擎

建模环境引擎所使用的 mxGraph 类库，是一套基于 Web 前端的绘图组件类库，适用于开发需要在网页中设计或编辑流程图、图表、网络图和普通图形的 Web 应用程序，如图 5-11 所示。mxGraph 类库是一款商用付费的技术，非商业化的前提下允许免费使用。mxGraph 类库可以在 HTML 页面中方便地绘制节点、连线（见"mxGraph 代码示例"）以及风格样式的修改，该类库同时还集成了与多种后端程序的数据访问接口，从而为建模环境提供模型绘制、布局、交互、数据访问等功能。

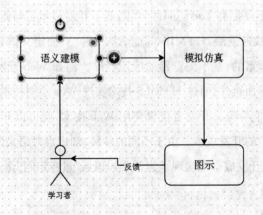

图 5-11　利用 mxGraph 类库实现建模的案例图

mxGraph 代码示例：

```
var parent = graph.getDefaultParent();      //获取根节点
model.beginUpdate();                        //在根节点上添加两个节点，并在两个
节点间添加连线
try
{
  var v1 = graph.insertVertex(parent, null, 'Hello,', 20, 20, 80, 30);
  var v2 = graph.insertVertex(parent, null, 'World!', 200, 150, 80, 30);
  var e1 = graph.insertEdge(parent, null, '', v1, v2);
}
finally
{
  model.endUpdate();                        //更新显示
}
```

B. 图示绘制引擎

图示绘制引擎使用了 HTML5 的 Canvas API 技术，Canvas 是一个在 HTML5 中新添加的标签，用于在网页中实时生成图像。Canvas 对象表示 HTML5 中的画布元素，它不具有自己的行为，但是定义了 API 以支持校本化客户端的绘图操作，包括高度、宽度，语义图示开发者可用相应的绘图命令来展现模拟仿真的结果。如图 5－12 所示，编写 JavaScript 语言便可以在 Canvas 元素上进行绘画。

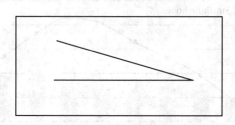

图 5－12　利用 mxGraph 类库实现建模的案例图

227

利用 Canvas API 技术绘图代码示例：

```
<script type="text/javascript">
    var c=document.getElementById("myCanvas");
    var cxt=c.getContext("2d");
    cxt.moveTo(10,10);
    cxt.lineTo(150,50);
    cxt.lineTo(10,50);
    cxt.stroke();
</script>
```

C. 图表绘制引擎

图表绘制引擎使用的 Highcharts 类库是一款用纯 Web 技术实现的图表库，它能够简单便捷地在 Web 网页或者 Web 应用程序中添加具备交互性的图表，所支持的图表类型包括：曲线图、区域图、柱状图、饼状图、散点状图和综合图表等。同样作为一款商用付费的 Web 技术，它可以免费提供给个人学习、个人网站和非商业用途使用。Highcharts 类库不仅具备丰富的图标类型，还提供大量的图表样式风格，同时还具备较为简明的操作语法，易于在开发工具中利用，并具有良好的数据加载功能。这为利用语义图示工具在模拟仿真阶段中实现数据呈现提供了技术支撑。利用 jQuery 语法可以非常简便地调用 Highcharts 类库，实现图表功能。

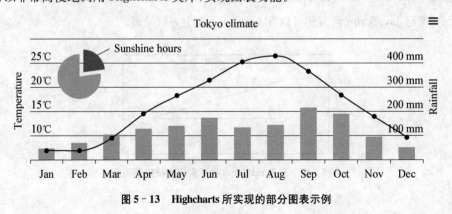

图 5-13　Highcharts 所实现的部分图表示例

利用 jQuery 调用 Hightcharts 代码示例：

```
$('#container').highcharts({
    title: {
        text: 'Monthly Average Temperature',
        x: -20 //center
    },
    subtitle: {
        text: 'Source: WorldClimate.com',
        x: -20
    },
    xAxis: {
        categories: ['Jan', 'Feb', 'Mar', 'Apr', 'May', 'Jun', 'Jul', 'Aug', 'Sep', 'Oct', 'Nov', 'Dec']
    },
    yAxis: {
        title: {
            text: 'Temperature (°C)'
        },
        plotLines: [{
            value: 0,
            width: 1,
            color: '#808080'
        }]
    },
    tooltip: {
        valueSuffix: '°C'
    },
    legend: {
        layout: 'vertical',
        align: 'right',
        verticalAlign: 'middle',
```

```
        borderWidth: 0
    },
    series: [{
        name: 'Tokyo',
        data: [7.0, 6.9, 9.5, 14.5, 18.2, 21.5, 25.2, 26.5, 23.3, 18.3, 13.9, 9.6]
    },
    //其他数据省略
});
```

D. 语义关系运算服务与知识数据库服务

尽管 Web 技术在表现力方面已经非常出色，但其较弱的状态存储能力以及较低的运算速度，会制约语义图示工具的数据存储性能及运算性能，从而导致可访问性的下降。例如在对学习者的模型进行模拟仿真时，可能需要进行一系列的积分运算，如果将这种较复杂的运算置于客户端的浏览器中，会导致浏览器端负载过重，等待反馈的时间大大增加，从而严重影响学习者的学习体验。但如果置于运算效率高的服务器端，可以充分发挥服务器的特点，从而大幅度提高效率。因此，在语义图示工具中，涉及数据及运算的模块，都以后台服务的形式存在，如图 5–14 所示。在本项目的工具中，选取了开源服务端脚本语言 PHP 以及关系数据库 MySQL 作为搭建后端服务的技术。关于两者的技术部分的阐述，此处不再赘述。

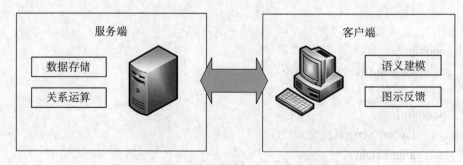

图 5–14　语义图示工具服务端—客户端关系示意图

(3) 功能应用层

功能层是语义图示工具的用户接口(User Interface),它以 Web 应用的形式存在,通过调用服务层的函数、服务来实现相应的功能。功能层包含四个功能模块:基于本体的语义建模模块、基于系统动力学的语义建模模块、模拟仿真模块与知识图谱模块,这四个模块的划分是基于前文对语义图示工具功能的分析。

值得注意的是,与其他两层不同,此开发框架中的功能层的各模块是可选的,也就是说,语义图示工具并非必须实现所有的四个功能模块,根据需求实现了其中一个或多个模块,都可以作为语义图示工具。这是由于语义图示工具的首要目标是作为学习工具辅助学习者实现学习目的,对于各不相同的学习目的,必然具有不同的开发需求。因此,需要语义图示工具开发者遴选相契合的功能模块,并且能够将知识点与功能模块相结合,可对部分功能进行一定的变更,以适应不同的学习需求。

5.3 知识建模语义图示工具开发案例

下面将以两个语义图示工具开发案例来说明语义图示工具的实际形态。这两个案例各选取工具设计中不同类型的功能，包括生物的"食物链"语义图示工具，作为系统建模模块与数据仪表盘模块的典型开发案例；物理的"洛伦兹力"语义图示工具，作为语义建模模块与模拟放大模块的典型开发案例。在这部分中，上述两个开发工具将分别从语义定义到图示反馈两个层面进行介绍。

5.3.1 "生态系统"图示化学习工具开发

(1) 图示工具的开发背景

中学七年级生物课程"生态系统"这一章的内容，包含生态系统的组成、食物链和食物网、生态系统平衡等知识点。通过这一章的学习，可以让学生对生物和环境有更进一步的理解和认识。此工具可以让学生了解生物间普遍存在着摄食与被食的关系，学习生物的分类（生产者、初级消费者、次级消费者、最高级消费者）；通过画食物链、找食物链、认识食物网反映群落和生态系统中动植物间复杂的食物能量交换关系；通过动态模拟帮助学生理解一类生物数量变化对整个生态系统的影响，培养学生热爱和保护野生动物的思想感情。

(2) 图示工具的系统模型算法

一种生物在生态系统中数量的变化主要受生物初始值、出生率、死亡影响因数（包括自然死亡和被捕食两种情况）三者的影响。只要知道了某生物这三个变量的值，就可以使用计算机模拟画出生物数量随着时间变化的曲线。具体的数量计算方法如下：

捕食关系中的两个种群：

设：甲种群为兔子 $x(t)$，乙种群为狼 $y(t)$。

$$\frac{\mathrm{d}x}{\mathrm{d}t} = x(a_1 - b_1 x + c_1 y);$$

$$\frac{\mathrm{d}y}{\mathrm{d}t} = y(a_2 - b_2 y + c_2 x)。$$

$a_1 = 1$，$a_2 = -0.5$，$c_1 = -0.1$，$c_2 = 0.017$，$b_1 = 0.03$，$b_2 = 0.02$。

模型的推广：

三个种群间相互作用规律的研究：以植物、草食动物、肉食动物为例。设植物、草食动物、肉食动物的数量分别为 $x(1)$、$x(2)$、$x(3)$。不考虑自然资源对植物的限制，得三种群数量变化率的微分方程为：

$$\frac{\mathrm{d}x(1)}{\mathrm{d}t} = x(1) \times (a_1 + b_1 x(1) + c_1 x(2))$$

$$\frac{\mathrm{d}x(2)}{\mathrm{d}t} = x(2) \times (a_2 + b_2 x(1) + c_2 x(2) + d_2 x(3))$$

$$\frac{\mathrm{d}x(3)}{\mathrm{d}t} = x(3) \times (a_3 + c_3 x(2) + d_3 x(3))$$

其中各系数为：

$$a_1 = 1, \ a_2 = -0.3, \ a_3 = -0.4;$$
$$b_1 = -0.03, \ b_2 = 0.05, \ b_3 = 0;$$
$$c_1 = -0.1, \ c_2 = -0.02, \ c_3 = 0.06;$$
$$d_1 = 0, \ d_2 = -0.02, \ d_3 = -0.01。$$

由此，可以推出 N 种群的具体模型如下：

$$\frac{\mathrm{d}x_1}{\mathrm{d}t} = x_1(a_1 + b_1 x_1 + c_1 x_2 + d_1 x_3 + \cdots + n_1 x_n)$$

$$\frac{\mathrm{d}x_2}{\mathrm{d}t} = x_2(a_2 + b_2 x_2 + c_2 x_1 + d_2 x_3 + \cdots + n_2 x_n)$$

$$\frac{\mathrm{d}x_3}{\mathrm{d}t} = x_3(a_3 + b_3 x_3 + c_3 x_1 + d_3 x_2 + \cdots + n_3 x_n)$$

……

……

$$\frac{\mathrm{d}x_n}{\mathrm{d}t}=x_n(a_n+b_nx_n+c_nx_1+d_nx_2+\cdots+n_nx_{n-1})$$

(3) 图示工具的操作过程

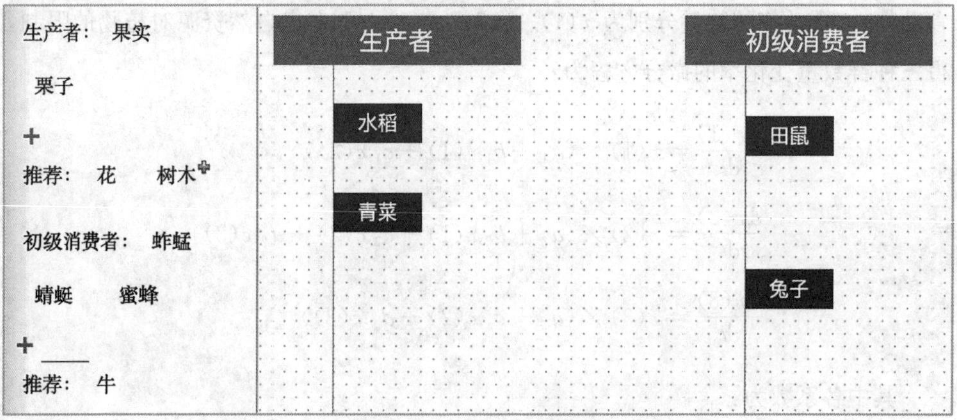

图 5 - 15　图示工具的操作(一)

在工具界面的左侧,呈现了生态系统的四种组成类别:生产者、初级消费者、次级消费者、高级消费者。每一类都给出了一些对应生物的例子,如生产者包含果实、栗子,初级消费者包含蚱蜢、蜻蜓。每一个生物类别都有系统推荐的生物,如生产者推荐了花、树木,初级消费者推荐了蜜蜂和牛。所有的推荐生物都可以通过点击鼠标悬浮后产生的图标添加到对应类别中。点击左侧图标用户还可以手动添加别的生物。

工具的中间界面是生态系统不同类别生物的可视化展现。用户可以选择左边的生物,用鼠标按住不放,拖动到页面中间相应的生物类别竖轴上。这里一定要注意类别必须准确,否则该操作将不会成功。

接下来,就可以通过箭头画出食物链了。将鼠标悬浮于生物矩形框上时,会出现

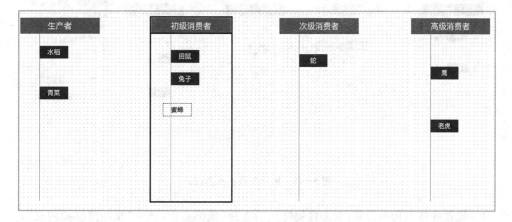

图 5‑16　图示工具的操作(二)

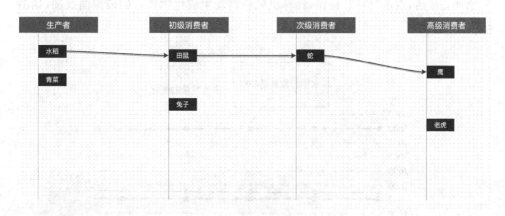

图 5‑17　图示工具的操作(三)

箭头图标,拖动箭头到另一生物矩形框上,即可形成食物链的箭头。注意食物链的箭头方向是由被捕食者指向捕食者,上图的食物链是水稻→田鼠→蛇→鹰。

当食物链搭建好之后,就可以进入动态模拟阶段,观察各个生物数量随着时间的变化情况。在动态模拟之前,需要事先设定各生物的参数值,如图右上角,设置了田鼠初始值为 500,出生率影响因数 0.00004,死亡率影响因数 0.002。

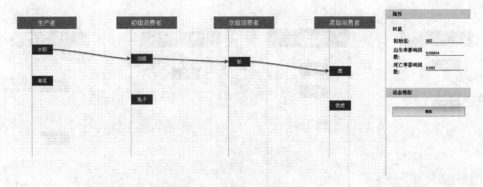

图 5 - 18　图示工具的操作（四）

设置好各生物参数后，点击食物链里的生物，鼠标右击，选中"添加到模拟列表"，右下角动态模拟的区域就会显示当前已经添加到动态模拟列表中的生物。当所有生物添加完成后，点击"模拟"按钮，计算机就会自动生成生物数量的模拟曲线图，如图5 - 19所示：

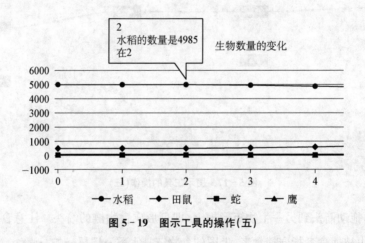

图 5 - 19　图示工具的操作（五）

曲线图可以直观反映生物数量随时间的变化趋势，每个节点生物数量可以通过鼠标悬停查看。

柱状图可以清晰反映在不同时间不同生物的数量对比关系，由图可以看到水稻作

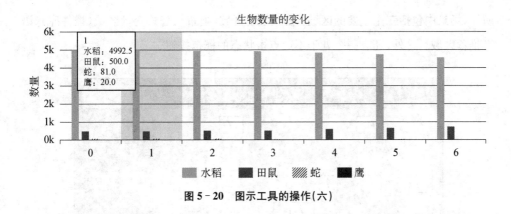

图 5-20　图示工具的操作(六)

为生产者数量始终是最多的,这也是生态系统平衡的基本要求。每个节点各生物数量可以通过鼠标悬停查看。

5.3.2　"磁场中带电粒子的运动"图示化学习工具开发

(1) 图示工具的开发背景

"带点粒子在磁场中的运动"主要涉及三个知识点:

1. 磁场对运动电荷有力的作用 $F_{洛} = qvB$,方向:左手定则(伸开左手,大拇指与其余四指垂直,且处于同一平面内,将手放入磁场中,让磁感线垂直穿入掌心,四指指向正电荷运动方向,则拇指所指方向即为正电荷所受洛伦兹力方向)。

2. 垂直射入匀强磁场的带电粒子受到一个大小不变、方向总与粒子运动方向垂直的力(即洛伦兹力),因此带点粒子做匀速圆周运动,向心力由洛伦兹力提供。

3. 圆周运动半径 $r = mv/qB$,周期 $T = 2\pi m/qB$。

(2) 图示工具的建模设计

物理语义图示工具包括两个场景。场景一将使用语义关系图的形式表现知识点所涉及的三个公式。学习者通过拖拉公式中的变量对象完成公式的建构。如图 5-21

237

所示，场景中包括三个主要的区域：公式图解区域（画布）、公式变量区域（控件库）、语义推荐区域。另外，还有一个处于不可点击状态的模拟按钮。

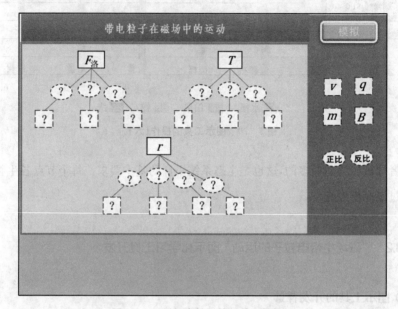

图 5‑21　磁场中粒子的运动之场景一

画布中存放了三个公式的语义结构图，并将因变量 $F_洛$、T、r 显示在公式中，剩下的自变量用虚线方框代替，自变量和因变量之间的比例关系用虚线椭圆代替。控件库中存放的是公式的因变量和自变量之间的语义关系。场景中的最下方是语义推荐的区域，显示的是经过专家系统推荐的学习材料。在使用过程中，学习者可以从控件库中选择变量对象和语义关系，并将其拖动至画布中的虚线框区域。拖放过程中，控件库中的每个变量对象只能在单个公式中出现一次，若重复拖动则会弹出错误提示框。如图 5‑22 所示，学习者将画布中空缺的变量对象填充完整之后，若公式完全正确，则模拟按钮自动切换为可点击状态，点击模拟按钮即可进入场景二仿真模拟带电粒子在磁场中的运动；若公式匹配错误，则会提示修改信息。

语义推荐区域的功能在于当学习者的鼠标滑动经过某个变量对象时，该区域即会

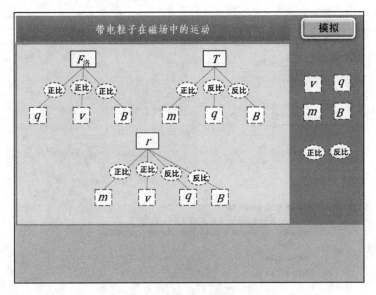

图 5 - 22　所有公式正确匹配

显示相应的解释和专家系统推荐的相关知识。在学习者匹配公式的过程中,选择公式的顺序、选择自变量对象的顺序、完成公式匹配的时间、公式匹配错误等信息都会被专家系统的用户接口所记录,通过推理机对这些信息的计算和处理,可以分析得出学习者对这些公式和知识的熟悉程度以及存在的不足。针对学习者出现的问题,建议学习者加强学习相应的知识内容。

(3) 图示工具的模拟仿真设计

在场景二中,学习者可以使用模拟功能直观地看到带电粒子在磁场中的运动情况,并且可以通过修改带电粒子和磁场的属性,观察带电粒子运动状态的改变。场景二中包含两种模拟类型:单电荷模拟和多电荷模拟。图 5 - 23 所示是磁场中带电粒子的运动的第二个场景,即单电荷模拟的用户界面。

用户界面主要分为五个区域。最上方放置四个按钮,依次点击按钮,学习者可以切换单电荷模拟和多电荷模拟、重置所有变量参数、开始模拟。左中部分为模拟带电

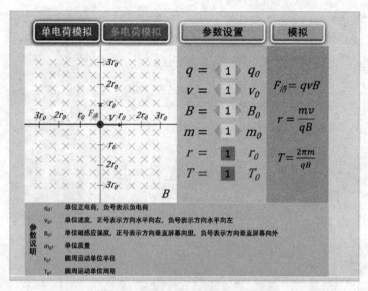

图 5‑23　磁场中粒子的运动之场景二

粒子运动的区域,该区域由直角坐标系、电荷和磁场构成,直角坐标轴上以带电粒子做圆周运动的单位半径为单位刻度,电荷的初始位置位于直角坐标系的原点处,电荷中心的"＋"和"－"分别代表正电荷和负电荷,深灰色箭头表示电荷初始速度的方向,浅灰色箭头表示电荷所受洛伦兹力的方向;磁场分布由密集的"×"和"·"表示,"×"表示磁场的方向为垂直于页面向里,"·"表示磁场的方向为垂直于页面向外。中中部分为所有变量参数设置和显示的区域,学习者可以对 q（电荷）、m（质量）、v（速度）、B（磁感应强度）进行设置,并且通过右中部分所标注的计算公式,自动得出并显示 r（半径）、T（周期）的值。q、m、v、B、r、T 的释义,如表 5‑4 所示。

表 5‑4　"磁场中带电粒子的运动"中的变量释义

变量	释义	取值范围	特殊释义
q	电荷所带电量大小	全体实数	"正"表示电荷带正电 "负"表示电荷带负电

续表

变量	释义	取值范围	特殊释义
m	电荷的质量	非负实数	无
v	电荷的速度	全体实数	"正"表示初始时电荷速度方向水平向右 "负"表示初始时电荷速度方向水平向左
B	磁感应强度	全体实数	"正"表示磁场方向垂直于屏幕向里 "负"表示磁场方向垂直于屏幕向外
r	圆周运动半径	非负实数	无
T	圆周运动周期	非负实数	无

最下方为语义推荐的显示区域,用于显示专家系统为学习者推荐的与学习者操作对应的知识解释和相关的学习内容,当鼠标滑经某个变量或公式时,该区域就会对该变量或公式进行解释,根据学习者的学习状况推荐合适的学习内容,如图 5 - 24 所示。初始状态下,语义推荐区域显示的是对页面中变量的解释。

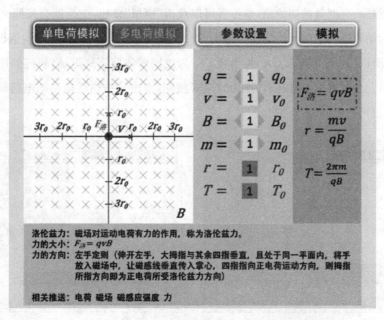

图 5 - 24 "磁场中带电粒子的运动"中的语义推荐

在微观世界中,电荷的电量、质量、速度等真实值的表示太过繁琐,不利于学习者发现数字与变量之间的变化规律。因此,在此工具中所有的变量值都是通过一个"单位值"进行表示,页面新加载时,所有变量都是一倍单位值。有关单位值的释义如表5-5所示。

表5-5 《磁场中带电粒子的运动》中的"单位值"释义

变 量	释 义
q_0	单位正电荷,负号表示负电荷
v_0	单位速度,正号表示方向水平向右,负号表示方向水平向左
B_0	单位磁感应强度,正号表示方向垂直屏幕向里,负号表示方向垂直屏幕向外
m_0	单位质量
r_0	圆周运动单位半径
T_0	圆周运动单位周期

设置好所有变量的初始值,学习者可以点击"模拟"按钮,电荷就会按照 r 和 T 所规定的运动轨迹和速度开始运动。如图5-25、图5-26所示,在所有单位值设置的情况下,电荷以 $(0, r_0)$ 为圆心,r_0 为半径,T_0 为周期做匀速圆周运动,轨迹如图中虚线圆圈所示。此时,"模拟"按钮切换为"停止"按钮,点击该按钮后运动的电荷就会停止运动,按钮再次切换为"模拟"。

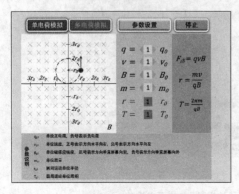

图5-25 物理仿真工具模拟粒子运动1

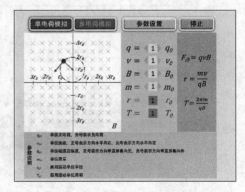

图5-26 物理仿真工具模拟粒子运动2

除了单个电荷的运动模拟,学习者还可以使用语义图示物理交互仿真模拟工具对多个电荷同时进行模拟,以观察不同的参数设置对带电粒子在磁场中的运动情况产生的影响。点击用户界面中的"多电荷模拟",即可从"单电荷模拟"界面切换至"多电荷模拟"界面。如图 5‑27 所示,"多电荷模拟"界面与"单电荷模拟"界面的主要区别在于模拟区域和参数设置区域。

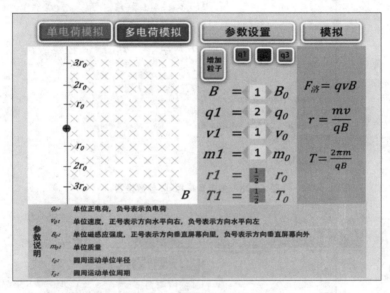

图 5‑27　多电荷模拟用户界面

模拟区域由整个画幅变成了半个画幅,电荷只需要从起点开始运动半个周期就停止运动,由此可以清楚地比较不同的参数设置对电荷运动半径和运动周期的影响,帮助学习者理解右侧公式的深层含义。参数设置区域多了几个电荷的切换按钮,学习者可以点击"增加粒子"新增一个粒子。对不同粒子设置参数时,只需要点击右侧的 $q1$、$q2$ 等电荷按钮即可切换,如图 5‑28 所示。

除了这两处区别,多电荷模拟的使用方法和单电荷模拟的使用方法一样。全部电荷的参数设置好之后,点击模拟按钮后各个粒子即按照各自的半径和周期进行运动。电荷运动半个周期之后,全部停在磁场的左边界处,如图 5‑29 所示,是不同粒子的运动情况对比。

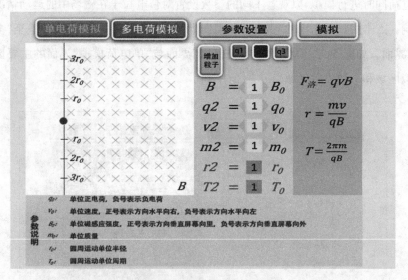

图 5‒28　多电荷模拟 q2 参数设置

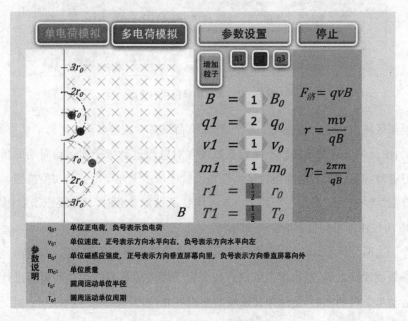

图 5‒29　多电荷运动情况对比

　　以上内容即为语义图示工具依托物理学科的原型设计，该工具的场景一通过语义图的形式来将"带电粒子在磁场中的运动"一节中涉及的三个公式进行图示呈现，利用正比、反比的语义关系描述各个变量之间的联系，有效避免了对公式的死记硬背所带来的不理解、易遗忘的弊端。交互式的控件拖拉练习增加了学习的趣味性，通过动手、动脑共同实现公式的记忆。场景二中的仿真模拟功能为学习者提供了观察电荷运动的方法。在记忆公式的基础上，通过对物理情景的仿真模拟，帮助学习者理解物理公式所代表的深层含义。与模拟场景的交互能够促使学习者主动地去探究和归纳知识的规律，培养学习者对知识的思考、总结和创新能力，实现深层次学习。

　　物理工具开发主要基于 HTML5，图形的绘制和移动则借助于 Canvas 标签和 mxGraph 的 js 库。Canvas 标签是 HTML5 在老版本的基础上新增加的一个标签元素，与其相应的 Canvas API 编程接口可以满足开发者在网页上的任何作图需求，开发者只需要使用 JavaScript 脚本在网页上绘图即可，不需要借助于其他的第三方插件，因此，Canvas 标签具有非常好的跨平台性。mxGraph 是一个 JS 绘图组件，适用于需要在网页中设计/编辑 Workflow/BPM 流程图、图表、网络图和普通图形的 Web 应用程序。借助 mxGraph 的 js 库可以非常便捷地实现物理工具控件的制作和拖拉功能。比如在模拟电荷运动时，绘制电荷的运动路径可以调用 mxGraph 的 Util. js 库。

　　利用 Canvas 技术绘制电荷运动路径代码：

```
function drawPath(radius, svgId){
  if(!document.getElementById(svgId)) {
   gearCircleElement=document.createElementNS("http://www.w3.org/2000/svg",
"circle");   //创建一个圆形对象
   gearCircleElement.id = svgId;   //设置图形的 id
   gearCircleElement.cx.baseVal.value = 400;   //设置默认圆心横坐标
   gearCircleElement.cy.baseVal.value = 200;   //设置默认圆心纵坐标
   gearCircleElement.r.baseVal.value = 12;   //设置默认半径
   gearCircleElement.style.fill = 'none';   //设置无填充
   gearCircleElement.style.stroke="#666666";   //设置圆边框颜色
   gearCircleElement.style.strokeWidth = 1;   //设置圆边框宽度
```

```
    gearCircleElement.style.strokeDasharray="5, 8";  //设置圆边框为虚线，且虚线
长度为 5，间隙为 8
    $('svg').append(gearCircleElement);   //将圆形对象附加至选定元素的结尾
  }
  document.getElementById(svgId).setAttribute('r', radius);   //设置圆形半径
}
```

　　开发工具时，只需要在 HTML 文档中设置运动轨迹的半径值，就可以通过该函数预留的 API 修改画布中的圆形轨迹大小。

（4）图示工具的实现结果

表 5-6　"磁场中带电粒子的运动"图示化学习工具的实现结果

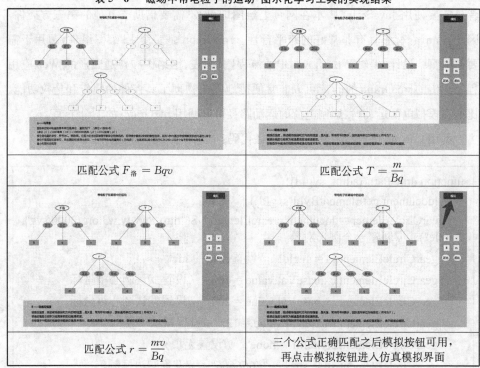

匹配公式 $F_洛 = Bqv$	匹配公式 $T = \dfrac{m}{Bq}$
匹配公式 $r = \dfrac{mv}{Bq}$	三个公式正确匹配之后模拟按钮可用，再点击模拟按钮进入仿真模拟界面

续表

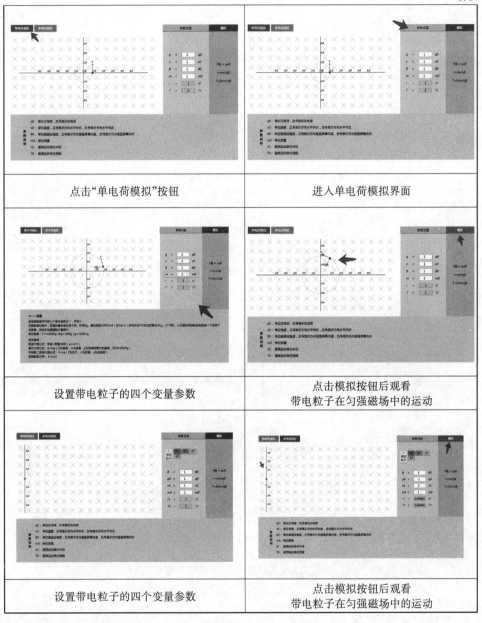

点击"单电荷模拟"按钮	进入单电荷模拟界面
设置带电粒子的四个变量参数	点击模拟按钮后观看 带电粒子在匀强磁场中的运动
设置带电粒子的四个变量参数	点击模拟按钮后观看 带电粒子在匀强磁场中的运动

语义图示工具的知识建模应用

6.1 语义图示与知识建模

6.1.1 知识建模的本质

知识建模,在不同的研究领域受到了同样的关注,但研究的视角和理解不同。维基百科中指出:知识建模是创建计算机可识别的关于知识的模型或有关设备和产品的标准规格的过程;通过知识建模得到的知识模型以某种语言或数据结构来呈现(Wiki,2015)。在知识管理领域,知识建模主要是对知识载体、知识内容信息和知识情境的建模,分别表达了知识的外在形式、内容概要和内在特性,即表达了知识的主要特性(潘旭伟 等,2003)。也有学者指出,知识建模是一种用以获取知识并建立关于知识模型的跨学科方法,其目的是实现知识的存储、改进、共享、更迭、整合以及运用(Makhfi,2009)。而在教育教学领域,这里更倾向于将知识看作是建模的对象,也是实际应用的对象。就知识本身而言,其建模主要有两方面的内容:一是对其语义的表征和对其产生与应用过程的建模,目标是知识及对知识关系的认知理解;二是对知识的关系与应用的建模,目标是知识的利用与生产(顾小清 等,2014)。因此,知识表征可以定义为:将知识及其结构予以呈现的手段,强调将知识结构中的知识对象及其属性、关系加以表达。知识建模则是基于知识表征的过程,强调为知识的思维结构建立模型,以元素、关系、操作及规则所构成的模型帮助学生超越思维局限,将新知识吸收到已有知识结构中。

知识建模的一般过程是先抽取知识的概念模型,再依据建模需求进行分析设计,并取得知识建模结果或是解决问题的方案(顾小清 等,2014)。基本包括以下几方面的内容:(1)对各种来源的知识进行识别。主要指多源知识的可靠性、知识载体类型,以及知识库中对应知识关系的判别,以实现知识的分类保存;(2)知识结构化。通过基于本体的知识建模实现设计知识的结构化建模,保留不同类型设计知识之间的相关性;(3)定义领域本体。产生的设计本体库,本体实现术语"标准化"、领域知识的规范化,是有效地共享和重用知识的基础;(4)设计知识库。为规范标准、程序、失败案例、外购件、仿真试验用户反馈、功能技术原理解决方案、软件工具使用等各种类型的知识设计库,是建立在设计本体库基础上的知识结构化。设计库提供了知识的特征管理,同时适应知识载体类型的多样性要求;(5)建立知识处理引擎。根据用户要求从各种类型的知识库中搜索处理需要的知识条目。

6.1.2 语义图示应用的理论依据

语义图示是承载知识/信息的新一代图示媒介,指将抽象的知识/信息(如概念、原理、关系等)通过带有语义规则的图形、图像、动画等可视化元素予以表征。语义图示能够将承载知识的信息进行基于规则的结构化组织和可视化表征,便于人们对知识形成整体而又形象的认识和理解,因而有利于促进知识的获取、内化、转化、交流、应用、传播和创新。

(1) 语义图示应用的认知心理学基础

与可视化和语义图示密切相关的概念是图式。心理学认为,人的知识是以图式形式储存于记忆中的,很多图式连接在一起构成巨大的、网络化的、立体的图式框架。图式作为皮亚杰认知发展理论中的核心概念,是指"动作的结构或组织,这些动作在同样的动作或环境中由于重复而引起的迁移或概括",之后被记录为"个体对世界知觉、理解的方式""主体的行为模式和认知结构"。德国心理学家康德认为,图式是连接概念和感知对象的纽带。人工智能学家巴特利特(Bartlett)把图式定义为人们过去的经历在大脑中的动态组织,并将其应用到记忆和知识结构的研究中。安德森(Anderson)等人则把其作为认知心理学的组成部分进行了更为深入的研究,认为图式是信息在长时记忆中的储存方式之一,是围绕一个主题所组成的大型信息结构。简而言之,多学科领域对图式的理解倾向是:图式是一种认知或知识结构,是人脑中记忆的信息、知识、经验等的结构与组织(网络)。

在可视化研究领域中,图示是指利用可视化技术对信息、知识进行可视化的表征。安德森认为,"图示是对信息进行图片化和具体的表征";劳(Lowe)将图示定义为"对所表征的事物进行具体的图形化展示";豪尔(Hall)认为,"图示在某种程度上就是简单的图像、漫画,用来传达重要的意义,这些简单的图像往往是基于一套规则形成的"。在认知活动中,图示方式是更容易调动人类视觉潜能和脑功能的信息呈现方式。

图式与图示分别涉及内部表征和外部表征两个方面,两者分别反映、外显了人的心智图式。可以这样理解:图式更多的是一种内部认知状态,而图示则是一种外在表征行为或结果。在实际应用中,两者可以是一种"映射"关系。另外,这里虽然把"语义图示"作为一个整体使用,但语义与图示之间的关系直接影响到可视化的思路与做法。

图示作为认知过程或结果的外部表征属于外在之形,语义图示则是用带有含义的形式进行图式表达。比如,同样的认知或知识意义,可以用图示、数学、语言(如汉语、英语)等符号形式表达。本研究的概念界定中,"带有语义规则"意味着建立、使用一套类似于数学、有明确解释规范的语言形式规则,以表达更多更广的含义;语义图示将作为一种工具在认知、学习等领域中使用。因此,如何建立以及建立怎样的语义图示规则或"图示语言"成为重要问题。

(2) 语义图示应用的学与教理论基础

从教与学的角度来看,语义图示以线条、颜色及形式动态地呈现和表征知识或观点,能揭示出事件的目标、模型和线性表征无法表达的相互关系(邱婷,2006)。因此,语义图示工具可以在协作学习的过程中充当知识整合工具、元认知工具、沟通协作工具、学习评价工具和思维可视化工具(厉毅,2009)。

从个体学习发展的角度来看,语义图示工具可以帮助学习者了解并控制任务的认知过程。具体表现为,可以使学习者思考概念之间的相互关系;可以通过修正和回顾概念之间的逻辑关系来评价概念之间的连接以及计划如何有效地组织概念等(乔纳森,2008)。

从协作学习过程的角度来看,语义图示工具可以为团体共同学习和解决问题提供外部的学习空间,不仅可以使团体学习者协作进行知识、概念和观点的可视化(Hron 等,2003);还可以促进学习者在合作学习过程中进行高强度的对话。学习者借助语义图示工具,可以围绕一定问题情景展开学习活动,显性化个人和团体的观点及知识结构,还可以将其作为意义协商、知识建构的中介,使团体知识在可视化的过程中得以联结和聚合(鲍贤清 等,2005)。因此,运用语义图示工具,教师可以把握学生思维发展的脉络,学生能形成对知识结构的全面把握和深刻理解,实现深度学习(鲍贤清 等,2005)。

6.2　问题解决中的语义图示

在教学过程中,问题解决学习是基于建构主义哲学理论而被大家所熟知的学习方式。在建构主义哲学思想下,知识是学习者通过与外界互动而完成的意义建构过程。学习者的学习包括"同化"和"顺应"两个重要方面。前者是认知结构数量的扩充(图示扩充);后者是认知结构性质的改变(图示改变)。因此,学习的质量是学习者建构意义能力的函数,而不是学习者重现教师思维过程能力的函数(田景,2005)。要对学习者的问题解决学习过程给予技术支持,可以选择可视化技术,设计并实现一个整合性的工具,即语义图示工具。

可视化技术指的是运用计算机图形学和图像处理技术,将数据和信息转换为人们可以直观、形象理解的图形或图像,在屏幕上显示出来,并可以进行交互处理的理论、方法和技术。它可给数据以形象,给信息以智能,从而为计算机用户提供更为快捷、有效的服务(田景,2005)。在教学和学习中,通过可视化技术能够更清晰、系统地表征知识关系,通过可视化建模(模拟)的方式可以鼓励学生参与协作探究。所以可以将语义图示工具整合到问题解决的过程中,帮助学习者顺利完成意义建构的过程。

在《技术支持的思维建模:用于概念转变的思维工具》一书中,乔纳森从"为领域知识建模、通过建立认知模拟为思维建模、为问题建模、为系统建模和为经验建模"这几个方面对如何帮助学生进行有效的思考进行了相应的阐释(乔纳森,2008)。本部分将借鉴这一分类,从"可视化知识、可视化认知模式、可视化问题过程和可视化系统建模"这四个方面阐释问题解决过程中语义图示工具的特点、实现手段等,便于对问题解决中的语义图示有详细的认识和理解。

6.2.1　可视化知识的语义图示

可视化知识的语义图示,其目的是表征学习者对某一知识理解的认知状态。在学习过程中,需要关注获取知识的学习过程。因为它是促使学生进行语言交流、形成认知结构以及培养学习能力的基础。从学习结果来看,学习者应该习得的固定知识具有既定的认知逻辑、关系和规则等。但是对于需要进行意义建构的学习者而言,这些固定的知识还是未被完全理解的知识。因此,可以运用语义图示的方式,一方面再现学习者当前的认知状态,另一方面作为一种反映学习者认知状态的学习制品,帮助学习者进行后续的学习。而概念图(希建华 等,2006)就是一款能够用以可视化知识的语义图示工具。

概念图研究与应用的代表性专家是诺瓦克教授。目前,最能够代表诺瓦克对运用概念图进行有意义学习的工具是 Cmaptool。这一工具的核心元素与诺瓦克提出的概念图中的四个核心要素一一对应,其界面及其创建的样例如图 6-1 所示。

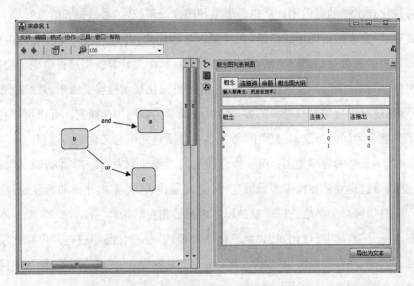

图 6-1　概念图工具 CmapTool 的界面

与诺瓦克教授通过围绕"概念"表征这一手段外显学生的认知结构以支持学习过程的理念相似,还有其他类似的表征"知识或者想法"的学习工具,其中包括思维导图(Mind mapping)。思维导图是由托尼·巴赞提出的一种知识可视化的方法,主要用于表达发散性思维。

6.2.2　可视化认知模式的语义图示

可视化认知模式的语义图示，其目的是表征学习者对某一复杂知识之间思维逻辑的理解状态。在意义建构的过程中，学习者除了习得既定的知识之外，还应该习得一定的认知模式和思维模式。这些模式不仅可以体现学习者对习得知识之间逻辑关系的理解，还可以帮助学习者对不同问题进行有序的思考，并能有效地抓住关键问题进行解决。通过调查，发现思维地图是一款能够体现可视化认知模式的语义图示工具（可参见第二章"8 种思维工具"）。

6.2.3　可视化问题解决过程的语义图示

可视化问题解决过程的语义图示，其目的是表征问题解决过程的支架，帮助问题解决过程的有效进行。Metafore 就是可视化辅助问题解决的典型工具。在其 LASAD 功能支持下，可以构建可视化的协作学习空间。例如：如果学习者在学习过程中遇到困难，可以运用 LASAD 工具创建一个图标，选择预先定义好的"帮助请求"，并在对应的图标文本框中填写具体遇到的问题。这样其他小组成员可实时看到图标内容，然后选择诸如"评论"和"提议"等预先定义好的语义，创建图标对其进行回应。而且还可以将不同图标之间的关系用箭头进行连接，表征其不同的关系。运用 LASAD 工具进行讨论交流的样例如图 6 - 2 所示。

6.2.4　可视化复杂系统的语义图示

可视化复杂系统的语义图示，其目的是表征学习者对复杂问题进行系统理解的过

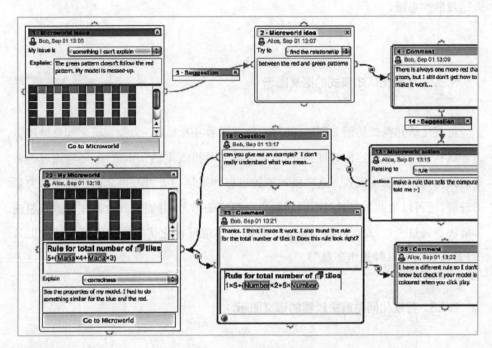

图 6 - 2　LASAD 工具界面

程。在学习过程中，会遇到复杂的和劣构性的问题，即系统动力学关注的一类研究对
象——动态系统中各要素之间相互影响的问题。由于系统中各要素与其他要素的改
变相关联，当某一要素影响其他要素的同时，其他要素也会影响初始或另外的要素
（Sturmberg 等，2013）。所以，仅仅运用单一而线性的思维方式无法很好地解决这类
问题。这时，就需要运用系统的观点，即运用一定的方法和技术手段——建模，实现对
这类问题的理解和解决。运用建模工具，可以辅助解决系统问题，而且在具体操作和
运用这类工具进行建模时，可以更好地理解如何对问题进行建模、如何通过建模理解
问题的内在发展机制以及如何进行系统化思考等问题。通过调查，发现 Insight Maker
是一款能够体现可视化复杂系统的语义图示工具。Insight Maker 是一个动态的可视
化建模和模拟工具，主要运用四类基本要素：集合/原料、流程、变量和连接，其图标示
例和功能等介绍，见第二章。

　　由以上介绍可以看到,语义图示工具是一款具有可视化特点的学习工具,可以帮助学习者习得知识,促进学习者协作反思。从支架学习者学习过程的角度来看,上述内容主要是通过对目前已有的四种典型的可视化工具的特点进行了详细解释,表明了在学习过程中可视化学习技术可以具体体现在可视化知识架构、可视化认知模式、可视化问题解决过程和可视化复杂系统这四个方面。在后续的应用研究中,可根据学科内容,有针对性地设计学习项目,探讨语义图示工具在教与学过程中的效用。

6.3 面向问题解决的语义图示应用

从理论的角度来看，语义图示可以在学习者学习知识、形成认知结构和培养能力等方面提供技术性的支架和桥梁。但是在具体的学习过程中，如何整合语义图示使其在学生的学习活动中发挥作用，是语义图示在教学实践应用层面需要考虑的问题。然而，从应用层面来看，语义图示是作为一种干预出现在教学和学习过程中的。因此，要使语义图示能够无缝地并且有效地整合（orchestrate）到教学过程中，需要对语义图示的应用情景进行系统性的学习设计。

依据教学设计研究中的"过程—产品模型"（Brophy 等，1986），基于语义图示工具的协作问题解决学习设计可以根据"输入（input）—过程（process）—输出（output）"流程分为：基于语义图示对学习内容的设计、基于语义图示对教学活动的设计和基于语义图示对学习过程的评估。本小节主要运用基于设计的研究方法，在中小学的科学课堂中整合语义图示工具，从教学角度和学习角度探究面向问题解决的语义图示的应用情况。

6.3.1 面向问题解决的语义图示学习应用

协作问题解决学习是指学习者以协作的方式，在问题解决过程中建构知识并发展能力的学习过程（Programme for International Student Assessment，2015）。从理论角度来看，协作问题解决学习能践行建构主义、社会建构主义以及情境主义等理论对学习的解读，变革传统知识传递式的学习方式（Suthers，2005）。从现实角度来看，协作问题解决学习能在学习过程中关注协作能力、问题解决能力等的培养，使学习者能较好地应对日常生活和工作中需要面对的复杂性问题（Rychen，2009）。

然而，协作问题解决学习与生俱来的复杂性，必然需要从认知过程、学习支持等方面加以考虑，以保证学习的顺利进行。首先，协作问题解决中需要关注认知发展方面的诸多问题,其中之一就是认知负荷。

认知负荷理论主要是基于学习者认知架构,关注复杂认知任务中个体学习情况的理论(Paas 等,2003b),也是指导学习任务选择和设计的教学设计理论之一(Paas 等,2012)。借用认知负荷理论这一研究视角,可以深度研究协作问题解决学习过程(Janssen 等,2010;Kirschner 等,2009a)。虽然认知负荷理论的研究对象是个体学习者,但将协作学习中的团体看成一个信息处理的整体时,认知负荷理论的相关原理仍然适用。例如学习任务会对团体学习者引起内在认知负荷、外在认知负荷和相关认知负荷(Hinsz 等,1997;Kirschner 等,2009a;2009b)。不同的是,在协作学习中,学习者数量的变化会引发学习者之间的互动,这就要求在进行教学设计时需要考虑更多的问题。一方面,在协作中,学习任务涉及的学习信息会分配给团体中不同的学习者。这样,学习任务负载的认知负荷会随之分配给不同的学习者。那么,针对团体中的个体学习者而言,他们自身"多余"出来的工作记忆可以用于处理更多的其余信息,这为促进更加有效的学习带来了新的可能性。另一方面,在协作中,团体之间的交流和协调会消耗认知资源,这样会给学习者带来在个体学习过程中不存在的"交流成本"。因此,与个体学习相比,协作学习的教学效果的高效与否,取决于协作学习中因分配优势而"多余"出来的认知负荷,是否能够弥补因交流成本而消耗的认知负荷。要协调好这两个方面的认知负荷,需要在协作中设计恰当的学习任务,以及有效控制团体之间的交流和协调(Kirschner 等,2009b)。

其次,为了将学习者的认知负荷控制在合理范围内,在协作问题解决学习过程中,需要对学习任务进行精细的设计。通过文献研究,总结得出在设计协作学习任务时需要从任务的复杂性、关联性和任务空间三个方面来考虑(Paas 等,2003a)。

首先,任务的复杂性主要是指在协作问题解决中,学习任务中所包含的要素以及要素之间关系的复杂程度(Sweller 1994;Kirschner 等,2011)。研究发现,以协作的方式完成识记性的简单学习任务,团体中个体的平均表现并没有比个体学习者单独完成的效果更好。而以协作的方式完成非良构性的学习任务时,团体整体表现以及团体中平均个体的表现,均要优于个体学习者单独完成时的学习效果(Kirschner 等,

2011)。所以，在设计协作学习任务时，需要考虑学习任务的复杂性，即关注何种学习任务适合学习者以协作的方式完成。

其次，在设计协作学习任务时，需要降低对完成学习任务而言不必要信息的干扰，确保学习任务之间的关联程度。研究发现，学习任务中的冗余或无关的信息，或空间或时间上分离的学习材料时，会占用学习者一定的工作记忆，这样会引起阻碍有效学习的认知负荷的产生。

最后，在设计协作学习任务时，需要为学习者创建一定的问题讨论和交流的空间。研究表明，在问题空间中，如果学习者能展示与学习任务高度相关的学习材料（Paas 等，1994），或者能表达自己的观点和理解时（Renkl，1997），学习者会取得很好的学习效果（Munneke 等，2007）。

在协作问题解决学习的过程中，为了确保学习任务具备适当的复杂性、关联性以及为学习者创建适宜的协作交流空间，需要对学习任务的设计和学习者的协作交流等施加一定的教学性或技术性的干预。

经文献分析，可知针对协作问题解决学习的教学性支架，主要包括针对协作过程的支架和针对问题解决过程的支架。对于前者，有针对角色扮演、交互、对话等的协作脚本支架设计研究（Wegerif，2006）。对于后者，有基于良构/劣构问题解决的教学设计模式研究（Jonassen，1997），有针对问题解决中认知技能的问题提示分类支架（Ge 等，2003）。

在技术性干预的设计方面，因为使用图示语言实现上述教学性支架的设计理念，所以可视化学习技术的应用是很重要的一部分（Conole，2009）。例如，Group Scribbles 是一个基于"电子化便利贴"的可视化学习平台。运用这一平台，学习者可以在协作中可视化呈现知识，促使小组成员在吸取他人观点的基础上进行思考。该平台可以促进协作学习探究过程，提高全体学生的参与度，改善学生对科学学习的认知与态度（陈文莉 等，2011）。另外，为了促进学习者在知识建构中的协作反思，张（Zhang）等设计了一款基于时间轴的集体知识概念图工具 Idea Thread Mapper（Zhang 等，2014），这一工具能可视化呈现学习者基于网络的协作对话的进展情况。所以，整合了教学性支架理念的可视化学习支架,是支持协作问题解决学习过程的适宜选择。

综上所述,从认知负荷理论的角度对协作学习任务以及协作交流与协调,设计适宜的可视化的学习支架,是促进团体认知中个体认知发展的可行方法。基于此,本研究的主要研究问题是:(1)在协作问题解决中整合可视化的学习支架,对学习者的行为倾向是否产生影响?(2)整合了可视化学习支架的协作学习过程,是否对学习者的认知负荷产生影响? 这些影响是否体现在认知方面?

(1) 语义图示学习应用设计

A. 协作问题解决的可视化干预设计

为了研究上述问题,在科学课程的"食物与营养"这一协作问题解决的学习主题中,设计了可视化学习支架作为技术性干预,为良构性的学习活动和劣构性的学习活动提供支持。

(a) 支持良构性学习活动的可视化支架

第一类可视化支架应用在良构性的学习活动过程中,主要是给予学习者固定的思考框架,让学习者依据支架的"语义"性提示,进行协作讨论,并形成对学习内容的认知。

在"食物与营养"这一学习单元中,整合这一类可视化支架的学习活动,其对应的学习目标是认识食物的分类。技术性干预主要是由 WISE 平台中的画图工具(Drawing tool)实现的。

这一活动的学习流程是:①设计者在画图工具中预先导入 21 种食物的图片,让小组依据先验知识,对这些食物进行初步分类。界面如图 6-8 所示。②基于预设的提示性问题,小组在 WISE 平台上进行交流和讨论,形成对食物分类的新方案。③每个小组进入如图 6-9 所示的画图工具界面,其中导入了六种分类框架。每个小组需要依据讨论交流后的分类方案,选择合适的分类框架,对食物重新分类。④给学习者展示"中国居民平衡膳食宝塔"的学习材料,让学习者协作学习,了解食物分类的正确方法。⑤学习者更正步骤 3 中的食物分类方案。

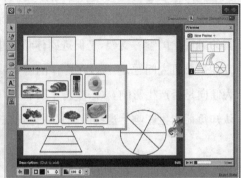

图 6-8　首次预设包括 21 种食物的画图工具界　　　图 6-9　预设了分类框架的画图工具界面

（b）支持劣构性学习活动的可视化支架

第二类可视化支架应用在劣构性的学习活动过程中，主要是给学习者自主可视化团体认知的学习空间，让学习者在增长性的团体认知学习制品中，形成对某一知识的认识。

在"食物与营养"的学习单元中，整合这一类可视化支架的学习活动，其对应的学习目标是理解食物中所包含营养成分的基本知识，包括营养来自哪些食物、营养成分与身体之间的关系等。技术性干预主要是由 Mural.ly 这一工具实现的。Mural.ly 是一款支持共同编辑的实时可视化知识地图工具。学习者运用不同的电脑可以登录到同一 Mural.ly 的操作界面，然后能在界面上共同地添加文本、箭头、图片、图案等对象。学习者除了能在这些"对象"上发表评论之外，还可以借用界面上的对话工具进行交流。

为了给学习者创造交流的空间和机会，在这一学习活动的设计中，将学生分为六组，每一组学生负责一种营养成分的学习。每个小组完成各自的学习任务之后，需要进行班级汇报，让其余小组共同学习这一营养成分的知识。另外，为了帮助学生顺利地建构营养成分的知识地图，在 Mural.ly 界面上，预设了一些可视化教学性支架，促使学生有序地协作建构知识地图。比如在 Mural.ly 界面上，会给予文本性的任务提示;在箭头上配合一定的文本,例如"摄入来源""在人体生长和发育中的作用"等,辅助学习者进行有序的协作思考;还会预设没有文本的箭头,引发学生对阅读材料进行个性化的可视化表征。其中,"水"的 Mural. ly 界面如图 6 - 10 所示。

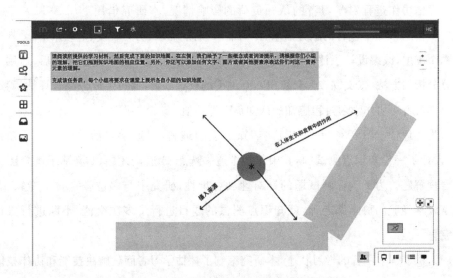

图 6 - 10　以"水"为例的 Mural. ly 初步设计界面

B. 可视化干预下协作问题解决的实施过程

来自江苏省某中学七年级某班的 24 名学生参与了本次试验,其中男生 6 人,女生 18 人。本次试验主要包括三个部分:第一个部分是前测阶段,主要包括与学习主题相关的知识性前测、个体的问题解决技能和协作技能的评估测试;第二个部分是学习项目的实施阶段。在基于 WISE 的学习活动中,2 个学生登陆 1 台电脑,24 个学生随机被分为 12 个小组,教学过程持续 1 个小时。在基于 Mural. ly 的学习活动中,2 个学生登陆 1 台电脑,4 个学生为一组,24 个学生被随机分为 6 组,教学过程持续 1 个小时。在每个学习活动结束之后,学生会完成认知负荷的测试;第三个部分是后测阶段,主要包括学习结束后与学习主题相关的测试、个体的问题解决技能和协作技能的评估等。

C. 协作问题解决中的数据观察

本研究主要评估学习者对学习活动的整体认知负荷情况和协作认知负荷情况。

为了评估学习者对学习任务整体认知负荷的感知情况，本研究主要借用包括心理努力和材料难度评价的认知负荷自评量表（Pass，1992），该量表采用七级评分制。最后，量表中题项得分的平均值，将作为学习者对学习任务整体认知负荷的评估值。另外，为了评估协作过程对学习者的认知负荷的影响情况，本研究借用 NASA-TLX 量表（Hart 等，1988）中包含的脑力需求、体力需求、时间需求、努力程度、业绩水平、受挫程度六个维度，改编设计了评估学习者协作认知负荷的七级评分制量表。最后，运用主成分分析的方法（张文霖，2005）算出六个维度的权重系数，通过主成分综合评估函数，得出学习者对协作学习过程感知的认知负荷评估值。

为了评估学习者对"食物与营养"知识点的理解，根据学习活动中对应的知识点，设计了一份知识点测试题，其中包括 1 道多选题、3 道论述题、1 道基于概念图的综合理解题。为了确保测试题的针对性和合理性，研究中与多位教育技术专家、有丰富教学经验的科学课老师，就知识点测试的题目进行了多次交流，不断进行修正和完善。

为了了解学习者的学习状态，本研究编制了评估学习者问题解决技能和协作技能的量表。借用 PISA 项目中对问题解决定义的研究框架（Programme for International Student Assessment，2015），本研究编制了评估学习者问题解决行为表现的 7 点李克特自我评估量表。该量表主要包括"在解决问题时，我会明确问题解决的目标""在解决问题时，我会确定解决问题所需要的信息"等 8 个题项。在数据分析阶段，将以 8 个题项得分的平均值，作为学习者问题解决技能的评估值。另外，依据斯塔尔（Stahl）对团体认知的定义框架（Stahl，2007），以及依据道斯（Dawes）和萨姆斯（Sams）提出的协作行为框架（Dawes 等，2004），本研究编制了评估学习者协作行为表现的 7 点李克特自我评估量表。该量表主要包括"在与同伴学习时，我知道需要解决的问题是什么""在与同伴学习时，我会积极参与讨论""在与同伴学习时，我会认真倾听每个人的观点"等 11 个题项。在数据分析阶段，将以这 11 个题项得分的平均值，作为学习者协作技能的评估值。

(2) 语义图示学习应用分析

A. 协作问题解决中的认知负荷分析

(a) 学习活动中整体认知负荷的分析

为了评估不同学习活动对学习者引起的整体认知负荷是否存在差异,本部分主要对两个学习活动中的整体认知负荷评估值进行了单因素方差分析。由表6-1中方差齐性检验结果知,P=0.764,大于0.05,即认为两个学习任务的整体认知负荷方差相等。由表6-2的方差分析表知,F=0.134,Sig=0.716,大于显著性水平α=0.05。因此,可以判断出学习活动1引起的整体认知负荷(M=4.6429)和学习活动2引起的整体认知负荷(M=4.7619)不存在显著性差异。这说明,从整体的角度来看,这两个学习活动对学习者引起的认知感受,没有显著性的差异。

表6-1 学习活动中整体认知负荷的方差齐性检验

Levene	df1	df2	显著性
0.092	1	40	0.764

表6-2 学习活动中整体认知负荷的 ANOVA

	平方和	df	均方	F	显著性
组间	0.149	1	0.149		
组内	44.381	40	1.110	134	0.716
总数	44.530	41			

(b) 学习活动中协作认知负荷的分析

为了评估不同学习活动中的协作过程对学习者引起的认知负荷是否存在差异,本部分主要对两个学习活动中收集到的协作认知负荷评估值进行了单因素方差分析。由表6-3中方差齐性检验结果知,P=0.903,大于0.05,即可以认为两个学习活动中协作认知负荷方差相等。由表6-4的方差分析表知,F=5.428,Sig=0.025,小于显著性水平α=0.05,则可以判断出,学习活动1引起的协作认知负荷(M=3.6976)和学习活动 2 引起的协作认知负荷（M=4.2467）之间存在显著性差异。由均值可以判断出，学习活动 2 中学习者的协作认知负荷要大于学习活动 1 中学习者的协作认知负荷。

表 6-3　学习活动中协作认知负荷的方差齐性检验

Levene	df1	df2	显著性
0.015	1	40	0.903

表 6-4　学习活动中协作认知负荷的 ANOVA

	平方和	df	均方	F	显著性
组间	3.165	1	3.165	5.428	0.025
组内	23.327	40	0.583		
总数	26.492	41			

（c）学习活动中认知负荷与学习技能的相关性分析

为了了解学习者个体的学习技能与学习过程中引起认知负荷的关系，本部分主要将后测中的学习者的问题解决技能（Problem Solving Skill，简称 PSS）、协作技能（（Collaboration Skill，简称 GS））数据，与不同学习活动的整体认知负荷（Whole Task Cognitive Load，简称 TCL）和协作认知负荷（Collaboration Cognitive Load，简称 CCL）进行相关分析。具体地，两个学习活动中，PSS，GS，TCL，CCL 的相关分析结果如表 6-5 所示。

表 6-5　不同学习活动中认知负荷与个体学习者能力之间的相关性

		PSS	GS	TCL1	CCL1	TCL2	CCL2
PSS	Pearson 相关性	1	0.597**	0.125	−0.026	0.519*	0.192
	显著性（双侧）		0.004	0.589	0.910	0.016	0.404
GS	Pearson 相关性	0.597**	1	0.266	−0.022	0.526*	0.328
	显著性（双侧）	0.004		0.245	0.925	0.014	0.147

		PSS	GS	TCL1	CCL1	TCL2	CCL2
TCL1	Pearson 相关性			1	0.006		
	显著性(双侧)				0.979		
GCL1	Pearson 相关性			0.006	1		
	显著性(双侧)			0.979			
TCL2	Pearson 相关性					1	0.744**
	显著性(双侧)						0.000
GCL2	Pearson 相关性					0.744**	1
	显著性(双侧)					0.000	

从学习活动的认知负荷角度可以发现:①在学习活动 1 中,学习活动的整体认知负荷与协作认知负荷没有显著相关性。②在学习活动 2 中,整体认知负荷与协作认知负荷($P=0.744$, $Sig=0.000$)之间存在显著性相关。另外,整体认知负荷与问题解决技能($P=0.519$, $Sig=0.016$)、与协作技能($P=0.526$, $Sig=0.014$)存在显著相关性。

B. 整合可视化学习支架的协作问题解决学习过程分析

为了探究在协作问题解决中,整合可视化的学习支架对学习者个体认知的影响,以及探究整合了可视化学习支架的协作问题解决中促进个体有效认知发展的因素,研究将从整体认知负荷和协作认知负荷的数据分析角度,对两个学习活动的学习过程进行分析。

(a) 协作问题解决中的整体认知负荷分析

学习活动 1 是学习食物的分类方法;学习活动 2 是学习食物中包含的营养成分、营养成分的来源、营养成分与人体之间的关系等知识。从学习任务中涉及的学习要素以及要素之间的来看,活动 1 对学习者引起的认知负荷,应该小于活动 2 对学习者引起的认知负荷。另外,学习活动 1 是结构化的学习任务,主要是运用 WISE 这一操作简便、导向性强的学习平台作为支架。学习活动 2 是劣构性的学习任务,主要是运用

Mural. ly 这一开放性强的学习工具作为支架。从学习任务的关联性和任务空间的角度来看，学习活动 1 对学习者引起的认知负荷，也应该小于学习活动 2 中对学习者引起的认知负荷。因此，从理论分析的角度来看，对相同样本的学习者，活动 1 对其的认知负荷感知应该小于活动 2 对其的认知负荷感知。但是，在实际的学习中，学习者对活动 1 的整体认知负荷（M= 4.6522）与对活动 2 的整体认知负荷（M= 4.7955）没有显著性差异。这说明，整合了可视化学习支架的协作学习过程会对学习者的认知负荷产生影响。

但是，目前的研究发现，这些影响并没有很好地体现在认知方面。因为，通过对知识点前测数据和后测数据进行配对样本 T 检验，发现学习者的前测成绩（M=110.08）和后测成绩（M=117.67）并没有显著性差异（T=−1.502，P=0.147＞0.05）。

结合学习者在这两个学习活动中对学习任务的整体认知负荷的感知没有差异，以及学习者的前后测成绩无差异，可以推论，学习者有可能是没有很好地投入到这两个学习任务的情境中，对学习任务的负荷感知还是停留在进入学习状态的"外围"。所以才会出现对两个学习任务的感知负荷没有差异，对知识点的理解也没有差异的情况。

这一推论从学习者的可视化学习制品和知识点后测表现中得到验证。在学习活动 1 中，整合了多次可视化学习支架，期望学习者能理解食物的正确分类。虽然通过分析学习者在 WISE 上最后的协作学习制品可以知道，在有分类框架提示的情况下，每个小组都对给定的 21 种食物进行了正确分类，其中某一小组作品示例如图 6 - 11 所示。但是，在后测中，就"简述食物分类的方案，并说明原因"这一测试题而言，参与实验学生的回答不甚理想。这说明通过此次学习，学习者并没有对"食物分类的知识"形成真正的理解，并内化为自己的知识。另外，在学习活动 2 中，通过分析每个小组遗留在 Mural. ly 上的学习制品发现，六个小组完成的情况不甚理想。其中，某一小组作品示例如图 6 - 12 所示。从学习制品中不能解读出小组对某一种营养成分相对应阅读材料的完整性理解。这说明，学习者对阅读材料没有进行很好的内化，也不能顺利地以协作的方式共建知识地图。

油和盐

乳制品、大豆和坚果类

肉类、鱼虾和蛋类

蔬菜水果类

谷类薯类以及杂豆

图 6‐11　WISE 平台上学习者的学习制品

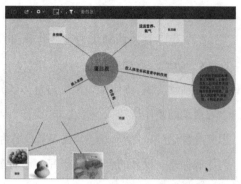

图 6‐12　Mural. ly 上学习者的学习制品

这一研究发现不仅启示，要完善后续的教学设计过程，还要求对整合可视化学习支架的学习活动中学习者的学习过程进行深度的分析。

（b）协作问题解决中的协作认知负荷分析

就协作认知负荷而言，活动 2 中的协作认知负荷（M＝4.4994）与活动 1 中的协作认知负荷（M＝3.7053）存在显著性差异。

在活动 2 中，学习者需要在同一界面上协同绘制对营养成理解的知识概念图。因此，从理论上来看，在这一活动中，协作具有"强迫"性。通过相关性分析，可以发现，在活动 2 中，学习活动的整体认知负荷与协作认知负荷相关，而且与学习者的问题解决技能与协作技能相关。这也说明在活动 2 中，学习者活动的整体认知负荷主要是由"协作"因素引发的。这从实践的角度印证了活动 2 中，基于可视化学习支架而引发的协作"强迫"性的存在。所以，可以推论出，将 Mural. ly 这种支持协同编辑的可视化学习工具整合到学习活动中，能引发学习者协作行为的倾向。

但是，在本轮的课堂教学中也发现，学习者对 Mural. ly 这种新型的学习工具并没有达到有效的接纳。因为在操作 Mural. ly 的过程中，有些同学会向教师反映："为什么我刚刚添加了一句话没有了""为什么我画的图片移动到了另外的位置上"等等。而且，从对小组完成的学习制品分析来看，六个小组没有成功地在 Mural. ly 上绘制出他们对每种营养成分的理解。这说明小组之间的协作学习并不成功。所以，可以推断，在活动2中，学习者对于如何顺利进行协作存在着较大的"认知负荷"。这一推论与"在活动2中，整体认知负荷与协作认知负荷以及协作技能、问题解决技能具有相关性"这一研究发现相呼应。

在活动1中，协作认知负荷与整体认知负荷没有相关性，可以推断出在活动1中，学习活动的整体认知负荷是由非"协作"因素引发的。具体来讲，学习活动1是基于知识整合理论(Linn等，2003)，在WISE平台上选择了适当的可视化学习工具设计而成。为了确保这一设计的合理性，研究中还与多位教育技术专家、有经验的科学课老师进行了沟通。因此，从理论上讲，学习活动1的教学设计是适宜的。所以，引发学习活动1中的主要认知负荷因素，应该来自于学习者与WISE平台进行的学习互动。

在真实的课堂教学中，发现学习者对基于WISE平台以小步骤的方式、支架学习任务方式的适应程度较低。具体表现为：有些小组在完成某一学习步骤时，并没有自主进入下个页面继续学习，而是等着老师的下一步指导或与小伙伴进行与学习无关的交流等。另外，虽然在教学设计时，预先设置了教学性支架，期望以可视化的方式外化学习者的"认知冲突"，以此促使学习者思考和反思。但是，在实际过程中，学习者外化"认知冲突"后，并不能顺利进行后续的自主思考。所以，可以推断出，在学习活动1中，引发整体认知负荷的因素有可能来自学习者的自主学习意识不够。这一推论能与"在活动1中整体认知负荷与问题解决技能以及与协作技能不相关"相互印证。

综上所述，在协作问题解决中，整合可视化的学习支架对学习者的行为倾向有一定的影响。具体而言，对于良构性的学习任务，可视化支架会凸显出"自主性"学习行为的重要性；而在劣构性的学习任务中，可视化支架对学习者的协作学习投入度的要求较高。这些是保证整合可视化学习支架的学习活动能在课堂上顺利进行的前提条件。

从某种程度上讲，这一研究发现也意识到，运用可视化学习支架的方式支持学习者的协作学习，是培养学习者自主学习技能、协作技能的一种恰当的教学手段。

(3) 语义图示学习应用结果

通过这一轮完整的课堂教学的实证设计，借助可视化学习支架，发现了影响协作问题解决学习过程中个体认知发展的因素。

首先，可视化学习支架能够激发学习者协作的行为倾向。但是，要确保可视化学习工具促进学习者的协作交流，还需要考虑其余的因素。一方面，要使学习者明确了解学习要求以及学习任务；另一方面，学习者需要具有一定的自主学习意识，在协作学习中具有较高的投入度（Kirschner 等，2004；Veldhuis-Diermanse，2002）。其次，从理论上看，学习技术具备支持学习的特点和优势，但是，将其整合到学习过程中对学习者提出了"新"的要求。例如学习者需要熟练操作学习工具、需要理解承载在学习技术上的学习要求、需要自我控制学习步调等等（Sweller 等，1994）。最后，教师应该在可视化支架支持的协作问题解决学习中扮演重要角色。这一研究反思与保罗·基尔希纳等（2015）提到的"显性教学"的理念完全吻合。虽然可视化的学习支架能够显示学习者清晰的表面学习的流程，并且展示学习者团体的学习制品。但是，学习者是正在学习的人员，不能自发地解决学习过程中产生的疑问或者认知冲突。这时，需要教师根据学习者的学习表现进行有效的个性化引导。例如让学习者意识到自己认识上的错误，引导学习者深度思考等。总之，学习技术支持协作问题解决学习是一个复杂的教育过程，而且需要以系统的视角去分析和研究。

在后续的教学设计研究中，一方面，将对学习者的行为进行一定的干预，例如对学习者进行一定的技能训练，给学习者熟悉学习工具的时间；另一方面，将与科学课老师进行深度沟通，完善教学设计。在课堂教学中，需要加强与科学课老师的合作，发挥科学课老师教学经验丰富的优势，恰当地对团体学习者进行个性化的教学引导，探究如何运用可视化学习支架降低学习者对学习任务的认知负荷感知以及提升学习者的协作交流意识等。

6.3.2 面向问题解决的语义图示教学应用

在课堂教学中，常用于协作问题解决学习的工具，包括交互白板、概念图工具、学习管理平台等。虽然这些工具可以用于协作问题解决学习的某一环节或者某些认知环节中，发挥技术在信息收集、信息表征、知识组织、知识整合和生成等方面的作用（Iiyoshi 等，2005），但是，教师却无法知晓学生在协作问题解决过程中的学习行为和学习进展，也无法根据学生的学习反思调整自己的教学行为（Dimitriadis，2012）。为了促进学生学习，便于教师组织教学活动，方便研究者促进协作问题解决学习，可以将可视化知识和学习活动的语义图示工具运用于具体的教学活动中，帮助老师和研究者及时、细致地了解学生协作问题解决学习的过程。

国内外研究者围绕"技术整合于协作问题解决学习"这一主题进行了大量的理论和实证研究。有研究结论表明，技术在促进协作知识建构和技能习得等方面具有极大的发展潜力。比如技术能帮助克服一些实践上的困难，如"观点的可视化"；技术会影响个人行为和认知，如"帮助学生养成协同认知责任"（张义兵 等，2012）。

然而，在进行技术支撑的协作问题学习时发现，教师在运用技术如语义图示工具组织教学的过程中会遇到很多困难与挑战。

首先，从教学情境整体来看，教师主导的教学本身就是一个相对固定而又复杂的学习环境。在技术介入后的协作学习中，教学过程就变成了一个更加复杂的"生态系统"（Zhao 等，2003），而这个过程需要支持。协作过程的技术整合，需要教师系统地调整教学过程，这无疑会给教学带来额外的负担。

其次，从教学活动设计来看，研究者提供的去情境化的一般性教学方法和工具，与教师在课堂情境中需要的教学支持之间存在差距；而且，研究者对教学模式、教学案例等宏观教学指导，与教师在特定的教学情境中需要的微观教学支持之间也存在差距（Prieto 等，2011a）。

再次，从教学效果来看，在协作问题解决学习的技术整合活动中，教师除了要关注一般性的教学结果外，还需要运用相应的技术、教学技巧为不同水平的协作学习过程做出相应的教学反馈和评估等（Van Leeuwen 等，2013）。有研究证明，只有从"与个体学习者的学习过程和结果相关"的角度（Salomon 等，1996），而不只是从技术可能性、新颖产品的角度（Ten Brummelhuis 等，2008）看待技术整合于课程时，技术整合于课程的成功率才会得到提高（De Koster 等，2012）。技术整合的过程与结果性要求，为教师在技术性学习环境中组织教学带来了挑战。

最后,从教师的态度来看,教师对技术的教学应用的消极态度和知识缺陷,给技术的教学整合带来阻力。研究表明,当技术的教学应用理念与教师对课程和教学活动的理解存在契合之处时,教师才会在教学实践中运用技术(Niederhauser 等,2001)。

语义图示工具为促进协作问题解决学习及其研究提供有力支撑的同时,也可以作为一种教学干预工具出现在教学活动中,这也给教师组织教学活动提出了新的要求。因此,如何在协作问题解决的教学过程中有效整合语义图示工具,对推进团体协作问题解决的学习支持的研究很有意义。

为了研究课堂教学中的协作问题解决,研究小组在小学科学课中设计并实施了认知干预。此次研究从小组协作技能准备训练(Dawes,2004;Wegerif 等,2010)、问题解决计划(Jonassen,1997)、促进小组讨论的提示性问题(Cho 等,2002;Voss 等,1988)和基于证据的讨论的支持(Ge 等,2003;2004)四个方面进行干预。实证研究表明,在教学方法上干预小组协作问题解决,能促使小组有序对话,并在浅层次上提升学生的协作学习技能;但是,为了提升小组协作能力和有效提高问题解决能力,需要深入研究问题解决的过程,即直接干预、支持小组学习过程。借助学习技术的支架作用,在问题解决中实现干预与支持是重要手段。基于这样的研究干预框架,在上海某小学开展了整合语义图示工具的协作问题解决学习的质性研究。研究旨在从教学设计和教学活动组织的角度,证实语义图示工具整合到协作问题解决学习中所发挥的作用。研究问题有两个:一是在协作问题解决学习中如何整合语义图示工具以支持教学活动;二是在协作问题解决学习中语义图示工具发挥了什么作用。

(1) 语义图示教学应用设计

质性案例研究注重对案例中出现的复杂要素以及要素之间的关系进行最大化的说明(Stake,2005;Prieto 等,2011b)。在本研究中,运用案例研究方法的主要作用在于:第一,理解技术整合到协作问题解决学习过程中真实而又复杂的设计过程和研究情境;第二,从案例研究中探究将技术整合到协作问题解决学习过程中在教学层面引起的效果有哪些。由于对研究案例中参与者的选择、技术的运用、案例中的关键问题和数据收集和分析方法等几个方面进行分析,可以有效地"还原"研究案例,并清晰地理解研究案例中的核心问题(Stake,2010;Prieto 等,2011b)。因此,根据研究中的实际情况,本部分将从上述几个方面对整合语义图示工具的协作问题解决的学习过程进行详细分析和阐释。

A. 研究情境与参与者

此次研究是上一次干预研究的延续,其研究对象是上一轮研究中接受了教学干预的班级。首先,该班级具备基本的 ICT 教学设备,包括教学投影仪、摄像机、每个小组一台笔记本电脑,并能连接互联网等。这一学习环境有利于开展本次的课堂教学研究。其次,该班级的科学课老师具有开放的教学理念和丰富的组织长周期科学课探究教学的经验,并对 ICT 技术应用于课堂具有较好的接受态度。最后,在学生方面,参与此次研究的 21 名四年级学生在协作学习活动中被随机分配到 3—4 人一组的小组进行协作学习。因此,这一研究情境能最小化次要因素在整合技术的教学活动中产生的干扰。

B. 语义图示工具的选择

本次选择的语义图示工具是 Metafora 可视化学习平台,其设计理念是为协作学习场景提供过程性的工具支持,促使学生在科学课或数学课中进行协作探究式的学习。根据此次研究的意图,本轮研究选择了平台中的两个学习工具作为在协作问题解决学习中整合的语义图示工具,即"计划工具"和 LASAD 工具。

"计划工具"用以可视化呈现协作解决问题过程中小组完成某一任务时的每一个步骤或细节。与概念图、思维导图等可视化学习工具不同,在协作学习中,这一工具可以实时地呈现问题解决过程的进展,从而促进小组成员进行共同的认识和反思,实现在协作讨论的过程中解决问题。

利用 LASAD 工具的可视化协作学习空间,成员可以在 LASAD 工具中创建对话框图,传达和讨论想法、分享和组织观点、解决讨论中存在的分歧等,进而形成共同认识或问题解决方案。不同小组成员之间也可以在同一界面中进行实时讨论,而教师则可以了解小组讨论内容,以及小组间的协作学习和探究情况。

在教学设计上,将技术整合到协作问题解决学习的过程中,并不是技术与协作教学活动简单叠加的过程,而是要在考虑整合技术的功能、应用情境和教学设计流程等要素(Prieto 等,2011b)的基础上,围绕"技术如何支持学生和教师的活动,以及这些活动如何与整个课程内容契合"这一问题对整体的教学活动进行综合设计和调整(Baloian 等,2000)。因此,在研究中,本研究团队与参与研究的科学课老师共同讨论,围绕"食物与消化"这一学习内容对整合语义图示工具的协作问题解决学习进行了教学活动设计。其中涉及的设计流程包括:①在熟悉 Metafora 平台功能的基础上,将促进协作问题解决学习的研究设计理念与平台功能进行初步整合,即从技术的角度对 Metafora 平台在协作问题解决学习的过程中能够发挥的功能和作用进行分析;②确定学习主题,并梳理知识点;③融合技术干预设计和学习内容,进行整合语义图示工具的教学活动设计。

(a) 协作问题解决学习的技术干预设计

从技术的角度看,Metafroa 平台中的 LASAD 工具具有引导学生实时表达观点、共享观点的特点。因此,在协作问题解决的学习过程中,可以运用 LASAD 工具从"对话规则"和"表达观点"两个方面体现"小组协作技能的准备训练"这一干预设计。类似地,考虑到运用"计划工具"中包含的"问题解决阶段和过程"要素等可视化图标内容,学生可以对解决问题的流程进行预先规划和设想这一特点,教师可以设计相应的学习活动,运用"计划工具"体现"为问题解决过程做计划、给予促进小组讨论的提示性问题和促进学生进行基于证据的讨论"的干预设计。因此,基于第一轮的研究设计理念,本轮整合了语义图示工具的研究设计如图 6 - 13 所示。

(b) 确定协作问题解决学习的教学主题

与科学课教师沟通之后,最终确定将四年级下学期《科学与技术》(上海科学教育出版社)中"营养与消化"这一章节的内容作为此次协作探究的学习主题。基于该章节内容的教学目标,在分析教材内容的基础上,确定了主要的教学知识点,如图 6 - 14 所示。

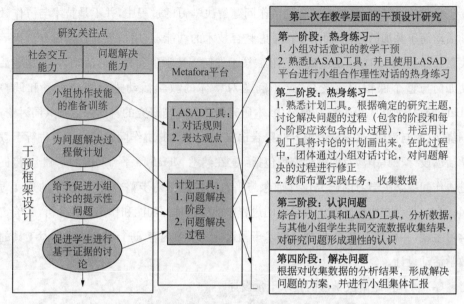

图 6－13　从技术层面考虑技术整合于教学的干预设计

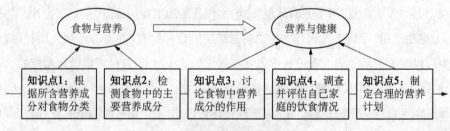

图 6－14　"营养与消化"的教学知识点

（c）整合了技术的协作问题解决学习的课堂活动设计

在一般的教学过程中，教师会采用言传身教的方法传递知识，其中会用到例如实验器材、学习资料、互联网等学习技术来支持和辅助教学。不同于这些只从学习内容角度体现技术在学习中发挥作用的理念，本研究试图通过在对"营养与消化"这一章节的学习活动中整合 Metafora 平台中的"计划工具"和 LASAD 工具，为学生进行协作问题解决的学习过程提供支持，从而使学生在学习知识的同时，达到培养协作问题解决能力的要求。

从教学设计的角度出发,基于技术角度考虑技术整合的研究思路,经过与科学课老师的多次沟通,设计了共计四个课时的"营养与消化"的课堂教学活动。其中,教学设计内容简述如表6-6所示。

表6-6　整合技术的"营养与消化"教学活动的设计

时间	教学活动	对应的学习目标	技术支持
第1节课	运用 LASAD 平台,练习与人合作时的对话规则	阶段一:热身练习一	LASAD
	通过食物营养的数据表,对食物进行分类,让每个学生表达观点	知识点1	
第2节课	介绍 Planning tool 工具	阶段二:热身练习二	计划工具
	结合做实验的教学活动,让学生动手实践 Planning tool 工具	知识点2	
	布置课后作业	知识点4(课外准备)	
第3节课	教师引导学生进行材料阅读,并进行小组讨论,运用 Planning tool 和 LASAD 平台协作解决问题	知识点3 阶段三:认识问题	LASAD 计划工具
第4节课	分析材料和调查数据,讨论制定合理饮食的方案;并运用 Planning tool 和 LASAD 平台协作解决问题	知识点4,知识点5 阶段三:认识问题 阶段四:分析问题	

注:"教学活动"栏的阶段和知识点分别与文中图6-5和图6-6的内容对应。

(2) 语义图示教学应用分析

在教学设计活动完成之后,本研究团队成员实地参与到课堂中,进行了课堂观察和课堂视频录制,并对每个小组的讨论过程进行记录。因此,在后续数据分析阶段,将综合运用质性分析和量化分析的方法,对课堂视频、小组对话录音、小组的学习制品、课程结束之后的问卷和访谈等数据进行分析和研究,试图回答"语义图示工具如何整合到协作问题解决过程中"以及"语义图示工具如何在协作问题解决过程中发挥作用"这两个问题。

A. 教学流程视角整合技术的学习过程

为了回答"在协作问题解决学习的过程中如何整合语义图示工具支持教师的教学活动？"这一问题，需要"还原"真实的课堂教学活动，再现技术在课堂教学环节中出现的情境。因为在教学活动流中，每一个具有特定目的的教学活动可看作区别于其他教学活动的分析单位(Prieto 等,2011b)，所以，本研究以一个完整的、不可再分的教学活动为编码单位，从以教师为主体的活动和以学生为主体的活动这两个角度对课程视频进行质性分析，并根据教学活动的目的对相应的教学片段进行编码，编码示例如表 6-7 所示。

表 6-7　以教学活动为单位进行编码的示例

时间	角色	对话内容	定位	活动含义编码
13:55	师	今天我们要学习的主题是关于食物是营养(在黑板上板书)。请问大家看到这个主题，有什么问题？	教师活动	5. 主题引入
	学生1	食物是指的哪些食物？		
	学生2	食物里有哪些营养？		
	师	嗯。食物里有哪些营养，也就是说不同的食物有不同的营养，是吧。好的。今天我们就来研究这个内容		
15:03	师	接下来老师给每个小组发一张表格。里面有食物和它们的营养成分表。我的要求是：拿到这张表，请你们小组四个人认真读一读这张表格，看看你们能够从中发现些什么？听懂了吗？等会儿要请大家汇报的	教师活动	6. 分发学习材料,布置小组讨论任务
15:10	小组	每个小组开始讨论	学生活动	7. 小组讨论
19:02	小组	每个小组结束讨论		

根据表 6-7 中的编码示例，对课程视频编码出共 35 种活动。之后，以技术出现的时间顺序为主轴，展示了技术在教学活动中的整合应用情况。并围绕这一主轴，将编码好的教师/学生活动以及对应的学习目的进行了图示化处理，最终结果如图 6-15 所示，其中图中标灰的活动框意指在这一活动环节中运用了技术工具。

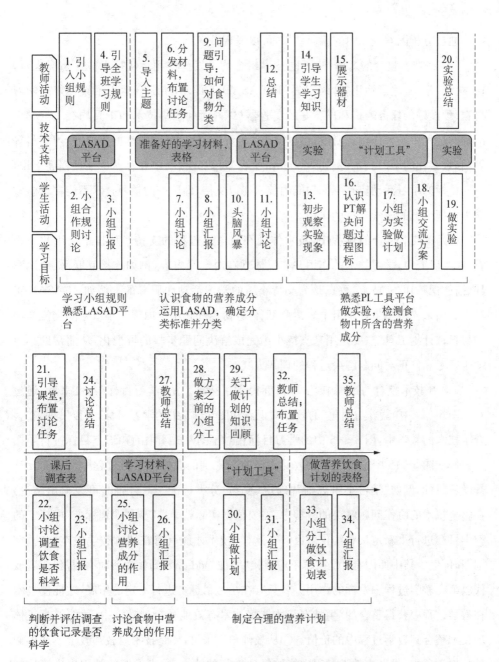

教师活动

1. 引入小组规则
4. 引导全班学习规则
5. 导入主题
6. 分发材料，布置讨论任务
9. 问题引导：如何对食物分类
12. 总结
14. 引导学生学习知识
15. 展示器材
20. 实验总结

技术支持

LASAD平台 | 准备好的学习材料、表格 | LASAD平台 | 实验 | "计划工具" | 实验

学生活动

2. 小组合作规则讨论
3. 小组汇报
7. 小组讨论
8. 小组汇报
10. 头脑风暴
11. 小组讨论
13. 初步观察实验现象
16. 认识PT解决问题过程图标
17. 小组为实验做计划
18. 小组交流方案
19. 做实验

学习目标

学习小组规则
熟悉LASAD平台

认识食物的营养成分
运用LASAD，确定分类标准并分类

熟悉PL工具平台
做实验，检测食物中所含的营养成分

21. 引导课堂，布置讨论任务
24. 讨论总结
27. 教师总结
28. 做方案之前的小组分工
29. 关于做计划的知识回顾
32. 教师总结；布置任务
35. 教师总结

课后调查表 | 学习材料、LASAD平台 | "计划工具" | 做营养饮食计划的表格

22. 小组讨论调查饮食是否科学
23. 小组汇报
25. 小组讨论营养成分的作用
26. 小组汇报
30. 小组做计划
31. 小组汇报
33. 小组分工做饮食计划表
34. 小组汇报

判断并评估调查的饮食记录是否科学

讨论食物中营养成分的作用

制定合理的营养计划

图 6 - 15 以教学活动为单位编码后的课堂实录图

281

通过分析图 6-15 中的编码结果，可以发现：

(a) 在技术整合的过程中，不同技术组合均可发挥作用。从技术应用情况来看，在本次教学中，除了运用"计划工具"和 LASAD 工具外，还综合运用了聚焦好的学习材料、预设好的任务表格和准备好的实验器材等，而且这些技术和工具均在支持学生活动的过程中发挥作用。所以，可以得出：传统学习技术（例如学习表格、学习材料等等）和数字化的学习技术（例如 Metafora 平台）可以在教学中并存。从某种程度上说，不同目标的学习活动应有不同功能的技术得以支持，即单一的学习技术不能在课堂教学中发挥全部的教学支持的作用。

(b) 在技术整合的过程中，技术体现在对学习过程的支持。从技术应用效果来看，在本研究中，学习技术的作用并非仅体现在对学习内容（例如连接互联网、展示图片、播放视频）的支持上，重点是为支持小组的学习活动而服务的。例如：LASAD 工具主要用来支持学生在小组中表达意见、任务协商和在小组内部和小组之间交流学习的材料；"计划工具"主要是用来支持小组完成解决问题步骤的可视化，从而帮助小组学生思考和修正对问题解决过程的理解方式。

(c) 在技术整合的过程中，学习目标得到了拓展。从"学习目标"角度来看，通过对比图 6-14 中"营养与消化"的教学知识点和图 6-15 中的学习目标，可以发现，在整合了技术的教学中，图 6-15 中的学习目标相对于图 6-14 中的知识点目标进行了拓展。例如图 6-15 中出现了纸质教材中没有考虑到的在协作学习过程中所需的元认知学习目标，例如"学习小组规则""确定（食物）分类标准"等。由此，可以得出结论：在整合技术的协作问题解决的教学中，需要依据实际教学情况对"课程标准"中规定的教学目标进行重新定位和细化。也只有这样，技术才能具有在课堂教学中整合的"空间"和价值。其中原因有：①技术不应直接"添加（add-on）"到教学活动中，替代或者取代教师在教学过程中发挥的作用。②只有在学习目标上进行一定的拓展，才能使技术在教学过程中获得整合的"生长点"，才能将技术有效地整合到教学中，才能够真正体现技术整合到教学过程中的价值。③从教师角度来讲，要是技术对教师教学不产生额外的教学负担，或者在教学过程中能够得到教师的认可，技术发挥的效用也应该体现在单凭教师个人力量进行教学无法达到效果的过程中。这也要求在整合了技术的教学活动中,需要对学习目标进行一定的拓展。因此,在"学习目标上进行拓展"是技术整合到教学和学习过程中的必要步骤。

(d) 在技术整合的过程中,教学活动根据学习目的的重新定位和细化得到了相应的调整。从"教师活动和学生活动"的角度分析,要在教学活动中有效地整合技术,除了要有"以学习者为中心"的教学理念外,还应将"向学生教什么知识"的教学设计的取向转变为"学习者如何学习以及怎么支持学习过程发生"这一角度来进行教学设计和教学活动组织。而技术整合到学习过程中的独特作用之一应该是体现和促进这种教学设计方式的转变。为了说明这一结论,下面将以"通过对食物分类,初步了解食物的主要营养成分"这一学习目标为例,对比阐述和分析未整合技术的教学活动组织情况和整合技术的教学活动组织情况。

"教参"作为教师进行课堂教学设计的重要参考资料,在引导教师组织教学活动时具有一定的价值。因此,可以从"四年级下学期《科学与技术》(上海科学教育出版社)的教参"中给予的教学活动指导为准,"还原"教师组织教学活动的一般流程,这可以为分析未整合技术的教学活动的组织情况提供数据分析来源。

图 6-16 所示为教参中针对"通过对食物分类,初步了解食物的主要营养成分"这

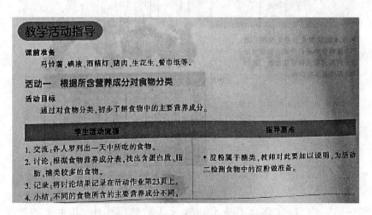

图 6-16　教参中给出的未整合技术的教学活动流程

一目标给予的教学活动指导。依据图中展示的"交流—讨论—记录—小结"这一流程，可以对学生活动进行一一分析。"交流"阶段是教师引导教学，希望学生罗列食物，目的是聚焦本活动的学习内容；在"讨论"阶段，让学生依据营养成分表，根据"蛋白质、脂肪和糖类"这一由教师告知的分类标准对食物进行分类；"记录"阶段则是简单地对讨论结果进行记录；"小结"阶段是根据记录结果，总结分析出"不同食物所含的主要营养成分不同"这一结论。通过分析，可以发现，在没有整合技术的教学中，这一教学活动仍是由教师主导的教学模式，学生的主动学习只是体现在根据老师给予的分类标准对食物进行分类的这一过程中，其学习目的是通过分类行为的强化记住食物分类的标准。因此，这一教学活动仍是以"知识习得"为主要目的的教学活动。

图6-17　本研究中整合了技术的教学活动流程

针对同一学习内容，在整合了技术的教学活动的组织中，其主要的教学流程如图6-17所示。首先，在整合了技术的教学中，重新定位的教学目标是：认识食物的营养成分,运用 LASAD 工具确定分类标准并对食物分类。为了达到这一目标,教师首先通过提问的教学方式导入教学主题(活动 5),然后向学生分发材料(活动 6),让小组学生阅读食物营养成分表,就"从这份食物营养成分表中,你们发现了什么"这一问题让小组讨论并分析学习材料(活动 7),小组讨论完之后在全班进行汇报(活动 8)。这一小组汇报的目的是希望每个小组都能够向全班同学分享小组讨论之后的知识,从而扩展单个小组的讨论结果,达到全班共同学习的目的。基于此,老师顺势提出问题:"如何对这些食物进行分类呢?"引出对食物分类的教学活动(活动 9),这样全班学生就可以在前面汇报活动中形成的"共同认识"的基础上,有针对性地对老师提出的问题进行"头脑风暴"(活动 10),接下来小组根据头脑风暴的结果,在 LASAD 平台上,小组成员各自表达自己对食物进行分类的标准,在此基础上确定各个小组对食物进行分类的标准(活动 11),最后是教师总结整个教学活动(活动 12)。

通过对比整合了技术和未整合技术的教学流程可以发现,本案例中整合了技术的教学是围绕"学习者在学习过程中习得知识和技能"这一主线来组织教学,并利用技术创造"学习讨论空间",让小组在探究的过程中通过协作的方式习得知识并培养与人交流的能力。

B. 教学互动视角整合技术的学习过程

技术在教学中的应用不仅使学习资源发生了变革,而且使学生的学习方式、教师的教学方式和师生互动方式发生了变革,因此,对课堂教学的分析需要反映出教师与技术的互动、学生与技术的互动等(顾小清 等,2004)。为了分析"在协作问题解决学习中语义图示工具的整合发挥了怎么样的作用?"这一问题,在此部分,将从互动的角度对教师、学生和技术在教学活动流程中出现的情况进行二次编码,并进行质性分析。

本文借鉴其他研究者(Prieto 等,2011b)的方法,将教师活动类型归为"解释、支持和评估"三类,并以此为标准对教师活动进行归类处理。根据本案例学生活动的特点,主要从"讨论、汇报和其他"三个层次对学生活动进行归类处理。本案例中教学活动流程的编码规则如表 6-8 所示。

　　为了清晰地展示技术整合于协作问题解决学习的互动（结构）情况，基于费彻尔（Fischer）和迪伦堡（Dillenbourg）提出的"编织隐喻（the metaphor of orchestration）"（Fischer 等，2006），对研究案例中的教师活动和学生活动的类型（如表 6-8 中所示）、不同层次的交互水平（个体水平、小组水平和全班水平）和技术工具应用情况这三个方面进行了系统的考虑。因此，对本案例中教学活动的流程图（如图 6-15 所示）进行二次编码处理后，最终的图示化结果如图 6-18 所示。

表 6-8　教师活动与学生活动归类的编码规则表

	归类要点	要点释义	活动实例	编码图示
教师活动	解释	向学生传授必要的知识，使教学活动或小组任务得以顺利进行；	1. 引入小组合作规则 27. 关于做计划的知识点回顾	○
	支持	对教学活动给予一定的教学铺垫，或对小组顺利完成学习任务给予支持；	6. 分发学习材料，布置讨论任务 13. 展示器材	△
	评估	对学习结果进行评估或总结；	18. 实验总结	⬡
学生活动	讨论	小组对学习任务进行讨论	2. 小组合作规则讨论 8. 头脑风暴	▭
	汇报	小组进行汇报	3. 小组汇报	⬠
	其他	其他学习活动	11. 初步做实验，观察现象	⬓
技术	技术支持	在某一学习环境中出现技术应用的情况	在"2 小组合作规则讨论"这一环节出现了 LASAD 工具	⬆

　　通过分析图 6-18 中的编码结果，可以发现：在协作问题解决学习中语义图示工具的整合促使课堂教学发生的改变有：

　　（a）学生在课堂中的主体角色得到了提升。从课堂活动分析整体图示可以看出，小组讨论的活动数占总体项目活动数的 12/35（34%）；小组与教师交流的活动数占总体项目活动数的 7/35（20%），即可得出学生主导的活动数占总体项目活动数的 19/35（54%）；而教师的教学活动数占总体项目学习活动数的 16/35（46%）。因此，与传统"以教师为主导"的教学模式相比，本研究案例在整合了技术的教学干预下，以学生为

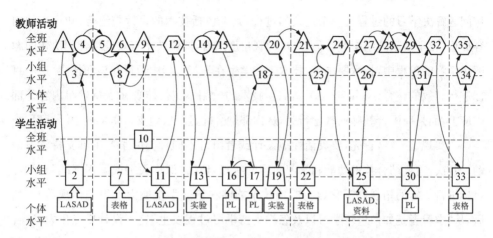

图6-18　协作问题解决学习的教学互动情况编码图

主体的学习活动在整个教学活动中所占的比例有所提高。所以,从某种意义上可以说明,语义图示工具整合到协作问题解决过程中,可以使得学生在课堂教学中的角色发生一定的转变。

（b）教师在课堂中变成了问题解决的推进者。从教师活动来看,教师的支持活动占 7/16（43.75％）；评估活动占 6/16（37.5％）；解释活动占 3/16（18.75％）。这一数据也可以初步反映出：在支持学生协作问题解决的过程中,教师更多的是应该扮演协作问题解决的推进者,而不是课堂教学中知识的传递者和教学活动的主导者。所以,在整合了语义图示工具的协作问题解决学习的教学中,教师的教学角色发生了实质性的改变。

（c）课堂教学模式发生了改变。从学生活动来看,学习活动主要包括两类：一种是小组之间运用学习技术进行交流,另一种是小组就讨论结果进行汇报、交流。因此,可以将本次的课堂教学互动模式归纳为以小组讨论为主、教师给予支持的学习模式。

（3）语义图示教学应用结果

在本研究中,从研究设计、教学设计和教学活动分析等方面全景式地展现了技术整合到协作问题解决学习中的完整案例。从宏观角度来看,可以发现,技术整合到协作问题解决学习的过程是一个复杂的过程,其中包括技术的设计与组合、知识点的内容分析、教学活动的组织等。另外,从微观角度来看,要使技术有效地整合到协作问题解决学习的过程中,技术要围绕"技术支持学生在学习过程中习得知识和技能"这一目标进行有效的整合(orchestrate)。而且,技术的效用不应仅体现在支持学习内容外部供应上,而是应配合教师的教学行为,从内部融合并且积极地支持学生的学习过程。

要实现这一点,首先,要灵活性地设计或者组合不同种类的学习工具支持学习活动。其次,需要结合技术功能和学习内容的特点,依据"课程大纲或课程标准"对学习目标进行一定的拓展和深化(例如,使技术能够在培养学生能力上得到体现等)。然后,从"学习者是如何进行学习以及怎样支持学习过程发生"这一设计要点出发,整合技术与学习内容,进行相应的教学活动设计,而且在这个设计中,教师的角色需要从教学活动的"主导者"向"引导者"转换。最后,依据教学设计,整合技术组织相应的教学活动并进行评估等。因此,从设计角度来看,将技术整合到教学过程中不是技术与传统知识传授式教学活动的简单叠加,而是要在分析技术为教学活动提供独特支持作用的基础上,依据所学知识的要点,与教学活动进行融合。从技术应用的角度来看,要使技术能够有效地整合到学习过程中,为学习过程提供积极的作用,需要在教学目标定位、教学活动设计以及教师在教学活动中的角色等方面做出相应的改动。

本研究只是从教学设计和教师组织教学活动的角度研究了语义图示工具整合于协作问题解决学习这一宏观过程,并没有从支持学生学习过程和学习效果角度对语义图示工具整合于协作问题解决学习过程进行微观性的研究。因此,后续将从学生学习过程和学习效果的角度对该问题加以探索。从整合的过程来看,为了能有效地指导技术整合于学习过程,后续还需要对整合的技术、整合技术的教学设计和整合技术的教学活动等方面作更加深入的研究。另外,从整合的效果来看,对语义图示工具在协作问题解决学习过程中具体发挥的应用效果也是后续研究需要关注的问题。

第七章

语义图示工具支持的模型化教学

基于模型的教学,即以模型为中心的教学,是以人的心智活动假设为基础的。它假设人的心智活动,就是通过表征建立认知对象模型的过程。心智模型的内部表征和外化呈现可能不同,即图式与图示。对同一事物,每个人所建立的心智模型也不尽相同。所以,在众多研究中,基于模型的教学更多地被认为是服务于交互式教学的方式或基础。在这样的教与学的过程中,学习者与教师之间将以动态变化的心智模型为基础开展活动。对于学生而言,这是基于模型的学习;而对于教师而言,这是基于模型的教学。

本章首先梳理基于模型教学的主要理论与方法;然后,介绍基于模型教学的设计策略与干预策略,以及两个设计案例。接着,结合"临床诊断学习"介绍基于模型教学的实证研究。最后总结基于模型的教学中语义图示工具的应用方向。

7.1 基于模型的教学

7.1.1 基于模型教学的缘由

温格在其 1987 年描述的教学模型中,识别了教学过程中被激活的三个要素:教师希望与学习者分享的心智模型、交流心智模型的外部体验和学习者不断演变的心智模型(Gibbons,2008)。吉本斯(Gibbons)认为这三个部分是联系学习与教学的桥梁(Gibbons,2003)。以模型为中心的(基于模型的)教学,是在批判心智模型的基础上进一步提出来的。主要观点是,专家与学习者的心智模型不同;而且,如果把心智模型的形成作为学习的中心,那么学习就成为教师与学习者之间基于心智模型的沟通过程。吉本斯认为,问题在于设计结构(Gibbons,2008),即,如何驾驭(harness)并聚焦于不断改变状态模型的结构性原则。这不仅仅是作用于所学习知识的类型,也包括作用于设计本身的性质与结构。

为了探索如何实现内容动态模型的设计,吉本斯提出了以模型为中心教学的设计理论。它强调通过动态模型进行交互性教学,通过学习者活动中(提供不同的辅导、反馈和其他学习支持服务)增补的模型进行体验性教学。各种以模型为中心教学的创建,要考虑各种变化。在逻辑上,与教学功能一致的教学设计中,存在内在联系的分层体系。此分层体系,决定了学习内容存储的结构形式,以及为学习者提供学习内容的结构形式,包括任务、语义网、规则或其他结构的表达。设计者在内容层的工作,很受其他设计部分的限制,如,做一些必要的相关联的决定,明确静态部分的可能范围。一个可能需要的内容层的工作,就是选择模型结构作为分析的基本单元(Gibbons, 2008)。

这里的模型,是从学习对象,以及学习者与教师对学习对象的心智映射,三个相互作用的方面来理解的。其中比较强调学习对象(内容)的"自然分层架构"。在教学中,注重基于这种内容或对象的内在结构在内容、学习者和教员三者间的融通工作。而在以模型为中心(基于模型)教学的设计中,则要考虑以上一些方面,而且这些方面相互之间是有制约与影响的。

基于模型的教学,涉及反映教学内容(蕴涵模型)的教师心智模型和学生心智模型,还有交流心智模型的外部体验。可以这样认为,这里的模型,是指教学内容的结构,也指学习结果,甚至是指学习过程中的映射心智模型的外部状态。无论教学还是学习,都以模型为立足点,过程依赖模型,结果产出模型。

7.1.2　基于模型教学的主要内容

从理论分析和主题研究来看,基于模型的教学,涉及的主要内容有:思想理念、教学设计、干预措施和技术环境四个方面。思想理念涉及基于模型的认知基础与基本原理,教学设计包括应对基于模型教学的设计方法与策略,干预措施涉及基于模型教学的实施策略,技术环境重在如何在技术上支撑基于模型的教学。

(1) 基于模型教学的理念

基于模型教学的思想理念,其实完全建立在基于模型的学习基础之上。汉克的研究(Hanke，2008)对基于模型的学习有较细致梳理与阐释。基于模型的学习的假设是以心智模型理论为基础的。该理论描述了个体如何能理解并解释那些之前从未体验的信息和现象。这里假定，个体在其可用的知识(先前概念)的帮助下，建构所谓的心智模型，以克服知识的不完整或不系统造成的限制。这些模型，对世界现象的理解有预测和解释能力。

心智模型的生成，是构建使新信息可理解、可引用的知识呈现形式的过程。它们被定义为基于现有知识的人类思想的有目的的建构，尤其是个体不能吸收新信息时。在科学意义上，它可能是错误的，与领域专家的模型不相似；但是，重要的是，个人构建的模型的价值，决定于它的"似乎有理"——如果它能被用于个体来解释现象与信息。心智模型用已有知识整合新信息，构建心智模型是学习新概念的基础，因为在学习一些东西之前，它必须被理解。学习不仅是信息处理，它还需要以未来能被检索的方式存储。因此，心智模型必须与实体和实体在真实世界里的改变相关。学习也未必一定是有目的的活动。当个体面对、处理或记忆与现有知识相冲突的新信息时，学习就无意地发生了。这个过程中，个体构建了解释新信息的心智模型，并扩展或重构他们已有的知识。这个过程的结果就是心智平衡：没有或少有冲突性。

心智模型构建的过程，由不同的子过程组成，包括引起心智不平衡、激活先前知识、进一步搜索信息、整合到心智模型、图式化，以及可能的外显图示。因此，为了促进学习，这些学习的子过程必须得到教授面上的支持。这些支持可来自设计、干预和环境等几个方面。有研究(Blumschein，2008)提到，专家的心智模型被作为优化、改进学习和教学过程的重要依据。

(2) 基于模型教学的设计

基于模型教学的思想理念要在实际中应用，其第一步就是要进行设计，即基于模型教学的教学设计。基于模型教学的教学设计，涉及三个核心问题：学生心智状态的正确评估、特定领域科学概念的探索、心智模型的建构(Gibbons，2008)。对于教学设计者来说，这些心理模型的构建活动，是最重要的反映工具。

从教学系统设计的角度看,以模型为中心的教学涉及多个方面的设计。吉本斯和罗杰斯(Rogers)以独到的子问题分层地分析、审视整个教学设计,认为需要考虑的设计方面包括：策略层面、控制层面、消息层面、呈现层面、媒体逻辑层面和数据管理层面六个层面。吉本斯认为,任何一层对于其他层的决策都是敏感的,并且在一层内做的决策会约束(constrain)其他层的决策。而以模型为中心的问题设计层面,就是内容问题;其中假定,学习者将能观察并与三种动态模型交互：一是因果系统模型,二是影响系统绩效的模型,三是影响因果系统和绩效的环境模型(Gibbons, 2008)。

系统地设计需要从学习和教学的过程进行观察,进而实施设计。腾尼森(Tennyson)于1997年陈述了一个教学设计的系统方法。它也是从过程上提出了动态的教学系统设计的六个组成部分。它动态地涵盖了ADDIE方法中的各部分。这几个部分包括情境评估、过程分析与设计、产品的开评估和分发、维护、实施和理论框架的形成。设计实施中可以凭借这些子过程、环节设计支持方法。

心智模型概念在学习与教学中的深入应用,是要在教学设计中建立模块(building block)。因此,教学设计被理解成构建模型的更高层的过程。可以看到,心智模型的方法可以导致教学设计的新视角,并可以拿来抵制对信息技术的批评。然而,以模型为中心的教学设计,可以帮助设计者从另一个视角审视教学设计产品中的卓越设计,帮助设计者更精确地理解人类学习的秘诀。

(3) 基于模型教学的干预

基于模型教学的干预,是教学系统设计的一部分。将其独立来看有两个理由。一者,它从学习和教学过程的角度看教学,这更切合实际需要;二者,教学对于学习的作用,现在更多被理解为一种干预过程。只有行动干预,才能切实匡扶学习者基于模型的学习过程。

基于模型的教学的干预,是对学习过程采取相应的举措,对学习者的学习路径和学习行为施以适当的影响,使之能对学习的对象或面对的问题顺利地建立心智模型。这个过程中,学习者是在教学干预的辅助下,突破心智屏障,达到新的认知平衡的。有研究将这种干预过程的理论研究，称为基于模型教学的模型（MOMBI）（Gibbons，2008）。其中，在分析学习子过程的基础上尝试了对学习过程的干预设计。MOMBI是对心智模型和基于模型学习方法的理论构想的系统实现。这些教学干预，试图优化学习的子过程。

（4）基于模型教学的环境

基于模型教学的环境，也可以看作设计的一部分。如果完整地从技术支持教学的角度看，环境的设计所涉及的内容，也离不开以系统地眼光考虑。

基于模型教学的环境（Gibbons，2008），是指为促进学生学习中的心智模型构建而搭建的数字技术或智能技术环境。布伦申（Blumschein）在其以模型为中心的教学研究中，区分了三种不同的学习形式。一是通过类比推理自然发生的学习。这发生在自由的学习环境下——几乎不能称其为教学环境。因为它是非正式学习环境下自己主导的学习。此情形下，教学设计仍有些希望，至少信息都是可以被设计和处理的。二是通过观察并发展心智模型进行学习。此情形下，学习环境的设计可以充分利用支架或同伴。

第三种是传统的以教师为中心的教学，其中也有基于心智模型学习的情形。一个典型的例子是奥苏贝尔（Ausubel）的基于认知心理学的有意义言语学习。认知学徒（Cognitive Apprenticeship）也是一个例子。它们都聚焦于专家行为和技能，这被作为学习过程的起始来考虑。其中认知学徒被用于使用媒体的以模型为中心的学习中，这已在教育科学测试中被实现。在这种情形下，学习者的心智模型被不同的评估措施测量和比较；由于利用多媒体环境支持学习，它更多被聚焦于问题解决范围内，其中可以提供给学习者的，就是可以帮助学习者构建推理模型的工具。

认知学徒研究中，也同时引入了"学习同伴"这个角色。学习同伴，充当学习支持者的角色，在学习者学习中的心智模型和解决的问题的概念模型间进行调节。当然，如果是为了支持学习和调节而非只是教授，它也可扮演人类教师的角色。对它的功能有着多样的描述：伙伴、高级伙伴、教师、专家、书籍、专家计算机程序，以及其他有能力安排、解释、评论、支持等能力的发起者（Gibbons，2008）。

7.2 基于模型教学的设计与干预策略

新的学习理解与教学思想，必然要求在教学的设计与实施中有相应的变化。这种变化是确保新思想合理地落实于教学准备与执行过程的保障，也是检测新思想是否对学习与教学起到积极作用的依据。

7.2.1 基于模型教学的设计与干预策略

(1) 基于模型教学的设计策略

可以从系统结构的角度，看待基于模型教学的教学设计。分层次的教学设计，把整个设计问题，用紧密贴合设计情境的子问题进行划分，再分而治之。以设计视角来看，吉本斯和罗杰斯对设计问题的划分，明了可鉴，见表 7-1 所示。作为结构性中心元素的动态模型，即教学内容模型或学习内容模型，其设计将限制以下几方面的设计决策(Gibbons，2008)。

表 7-1 基于模型教学的设计

设计子问题	目的	方法
教学策略的类型与执行	展开学习者与模型的交互体验	描述学习者与教学资源、发生情境、社会关系和参与者角色之间所用到的指导性对话互动模式
控制的类型与行动	提供给学习者以管理模型体验	具体指定交流控制和学生能够交流选择、回应的标识，以及贯穿教学资源的策略性控制的相关标识
消息的类型	传递模型及模型展开过程给学习者	提供个人消息系统的描述，可以是教学资源、教学策略服务和驱动学生选择、表征和建构等方面的信息。消息问题的方案在策略层的抽象和表征层的具象之间架起桥梁
模型的呈现	给学习者的外部呈现	提供通过媒体和教具感知的教学制品的说明
媒体逻辑	执行模型及其展开(augmentationas)	描述由人指定的其他层所有功能的规矩、教学媒体，或是两者的结合
数据的收集与使用	模型体验中生成的数据	描述教学交互中捕捉到的数据元素，记录、存储、分析、汇报并使用它们，以用于以后的教学交互过程

表 7-1 中包括了基于模型教学设计的子问题、设计目的与相应的方法。这些方法可以作为策略为系统的设计提供指导。这样一个系统化的策略模型(这里也可以称其为 Model of model-based instruction，MOMBI)，指导设计者从设计上为学习者的内容学习服务；而这些内容主要涉及三种动态模型交互：一是因果系统模型，二是这些系统绩效的模型，三是影响因果系统和绩效的环境模型。每一层都影响其他层的决策约束，这提醒设计者要更加细心地检查时常注入设计的假设。这样做会导致对设计层面的重新认知。而相对于表面差异，这些设计更多基于潜在结构差异。这样的视角，鼓励以新的洞见思考设计及其创建——把设计的抽象操作原则，作为产生个人设计和整个新设计家族的工具——这些设计会出现许多面貌上的不同，但有共同的起源，相似的基础架构。

以上很明显是从教学系统设计结构层次提供设计指导。作为教学活动，也需要针对过程设计策略。教学系统设计过程中，首先是设计者选择教学系统设计模型，然后第一个情态评估开始。此时，教学系统设计专家加强、修改或拒绝教师所设计的模型。设计模型时需要处理不同子系统：设计者的世界模型、学科概念模型、教学模型、学习者心智模型和教学设计所处理的心理模型。但是，个体的子系统也会受外界因素的影响，教学系统设计处理的提升也不能线性地按 ADDIE 进行。布伦申在分析了腾尼森的过程性设计模型、ADDIE 和教学设计的过程性与复杂性后，认为基于模型教学的设计中，分析阶段是教学系统设计处理的重要部分，并提出了新的模型。新模型涉及不同境脉中学习者、专家知识和教学设计技术的分析。如图 7-1 所示。

在教学设计领域后续的研究与开发中，以模型为中心的教学或学习的建构非常有发展潜力。如图 7-1 所示，以模型为中心的教学，在分析、设计、开发、质量保障等多方面提供了教学设计的新方式。在教育科学领域，以模型为中心的教学很可能预示了范式转换。这不易一眼看出。

但是，为了满足教学设计的需要，这种转换必然影响教育科学的所有部分。应有的假设是：MCI 提供更加适当的解释模式和更有效率和效益的设计规则。当然，这会面临批判者们的指责，因为它有抛弃过去学习与教学研究成果的倾向。

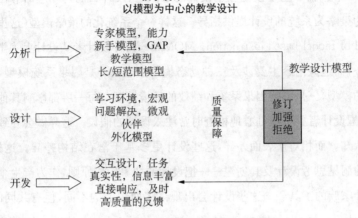

图 7-1　基于模型教学的过程设计模型

(2) 基于模型教学的干预策略

实现基于模型的教学，就是基于模型学习的思想对学习活动进行干预的过程。心智模型是基于模型教学的基础。它假设学习是信息处理的形式。学习由不同的子过程组成；基于模型教学的对模型的5种教学干预可以支持这些子过程。一是教师要问真正的问题，并呈现问题和冲突信息；二是要激活学生先入为主的概念，即直接假设；三是呈现相关信息以让学生能回答或解决问题，或解释冲突；四是让学生外化模型并给他们反馈；五是给他们机会重构他们的模型，以存储并模式化。详见表7-2所示。

表 7-2　学习 MOMBI 教学干预的子过程

	学习子过程	教学干预
子过程 1	激起心智失衡	激起
子过程 2	激活先前知识(概念)	激活
子过程 3	搜索更多信息	呈现
子过程 4	整合到心智模型中	支架
子过程 5	图式化	练习

● 要启动一个学习过程,就需要通过问问题驱动学生,呈现新的、有冲突的信息或问题,或是问学生一个待解决的问题,即"激起"。

● 当心智模型基于已有知识就能解释新信息时,老师进而可以让学生激活他们先前的知识(概念),即"激活"。

● 大多数时候,学生的先前知识,不足以用于构建自己似是而非的、有用的心智模型,或是科学正确的心智模型。因此,教师必须提供更多信息,即"呈现"。

● 之后,教师必须确保他们的学生科学地构建了正确的模型,即"支架"。这包括为学生提供个人化的线索、问问题和回答问题。

● 为了图式化心智模型,学生必须有机会加以练习,即"练习"。

以上环节考虑了对基于模型学习的干预过程,简明清晰。其中也提供了最直接的策略性意见,可以作为干预策略来指导基于模型教学的开展。

7.2.2 设计案例一: 职业生涯规划之工作合同

(1)"职业生涯规划之工作合同"设计情境

(a)学生背景:20名15岁的学生参加了这门课程,他们具有不同的背景:有的是正常毕业,有的是特殊学校毕业的,还有一些还未完成学业。这些学生大多来自移民家庭,还没有熟练掌握德语。

(b)课程背景:这是一门关于职业生涯规划的课,共有十节课,选取其中两节,内容是关于工作合同。

(c)学习目标:让学生能够读懂工作合同的内容,确定合同没有遗漏的信息,以及是否包含了所有的必要信息。

(2)"职业生涯规划之工作合同"应用过程

在工作合同这一讲中,采用基于模型的教学这一教学模式,帮助学习者建构关于工作合同的心智模型,教学过程如图7-2所示:

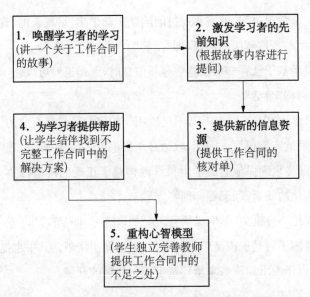

图7-2 基于模型教学"职业生涯规划之工作合同"的流程

A. (provoke)唤醒学习者的学习

教学是从老师朗读的一个小故事开始的。这个故事是关于一个年轻人由于当时没有读懂工作合同而犯了错误被解雇了的故事。通过这个小故事，表明这两节课的重要性，以唤醒学生参与心智模型的构建。例如，能够读懂合同内容、知道工作合同必需元素的重要性。这个教学干预的实施有助于激发学生构建心智模型。

B. (activation)激发学习者的先前知识

在这个故事的帮助下，教师通过提问，激发学生解决问题的"动机"，实现了教学干预。问题如下：这个故事是讲什么的？故事中的年轻人犯了什么错误？签合同的时候需要注意哪些方面？根据同学们的头脑风暴将问题和答案都写在了黑板上，并不予评论。头脑风暴也帮助学生更系统地激发他们先前关于工作合同的已有知识。先前知识对心智模型的构建是很重要的，因为心智模型是基于先前知识的，当新知识与已有经验知识整合时，心智模型就完成了构建。因此，没有先前知识，心智模型的构建是不可能发生的。

C. （presentation)提供新的信息资源

教师把学生必需的信息传递给他们，让他们构建心智模型。在基于模型的教学模型中，教师将工作合同中最重要部分的核对单呈现给学生。学生可以将这些信息整合到已有的认知中，也可以改变原有认知。

D. （scaffolding)为学习者提供帮助

这次教学干预之后，学生应该开始构建关于工作合同的心智模型，但是这时候还未必是完整的心智模型，教师需要继续帮助他们，确保他们构建的心智模型是正确的。一旦心智模型看似是合理的时候，才会停止建构。这就是"支架"教学干预的作用。

为了实现支架，教师拿出两份不完整的工作合同，让学生仔细阅读找出缺失的必要元素。做这个任务的时候，学生可以使用核对单，也可以与同伴讨论。这样，学生就可以不断浏览工作合同中重要的元素，并整合到关于工作合同的心智模型中。在学生补充合同的时候，教师就可以回答学生的问题，确定哪些同学需要帮助并给予帮助。学生完成任务之后，作为支架教学干预的第二步，教师让学生展示他们的解决方案，这就给了教师一个纠正学生错误的心智模型的机会。在学习过程的这一步中，所有的学生都应该完成模型的构建。

E. （practice)重构心智模型

Practice教学干预的目的是帮助学生图式化他们的模型，教师分发给学生错误更隐晦和不完整的工作合同（further incorrect and incomplete)，由于前两个合同是学生结伴完成了（在"支架"教学干预中)，已获得相关经验，现在应该能独立完成这项任务。这意味着他们得到的支持减少了，也没有同伴一块分享自己的想法。

在实践教学干预阶段的第一个合同中，他们还有可能去使用教师之前提供的核对单。但是在第二个合同中，他们就不能使用核对单了，而且，教师也慢慢开始撤去提供的支架。这并不意味着教师不再关注学生的解决方案，而是减少一些暗示，能够让他们自己单独去构建。

在这一阶段，学生至少四次重构他们的模型。可以假设模型就是图式，因为它是重构心智模型的过程。有必要进行不断重复的构建，目的是概括模型，从中抽取细节。

(3) "职业生涯规划之工作合同"学习结果

两节课之后，学生应该能够自行阅读工作合同，判断是否有必要元素的缺失，或者有不正确的内容。因为他们已经成功学会了如何构建工作合同的心智模型，对工作合同有了一个认识。

这两节课表明，如何在学校中实现基于模型教学中的教学干预。这个模型不只适用于学校里的个人课程，还可以应用在高校课程，或者继续教育领域中。

7.2.3　设计案例二：　为技术和应用准备美味的晚餐

以教与学的理论为基础，可以为不同的学科领域设计不同的应用过程和技术环境。这一部分，描述了从理论到实践进行转化的不同视角，以及针对不同的目标受众所采取的具体技术和应用。

迪斯克特拉(Dijsktra)和里姆奎尔(Leemkuil)依据教育的系统方法设计了复杂的基于模型的数字学习环境。在回顾了一般的教学设计模型和 ADDIE 模型后，讨论了在游戏和仿真中，心智模型的特殊性和其作为工具辅助知识建构的角色，还研究了一个用仿真技术支持知识管理领域的案例。这一基于模型学习的案例，其中主要的关注点在于对学习者知识建构过程的支持。

波多尔斯基(Podolskij)提供了一个研究框架，其中用构建技术理论支持设计者设计(construct)合适的应用。框架以阶段组织，聚焦于在心智行为的基础上帮助设计者提取并传递模型。波多尔斯基总结出了一个"三模型(three-model)框架"，展示了从基础研究逐步转向设计和应用的有效路径。

从智能导师系统和简单的适应性学习环境中得到的经验，是形成基于模型学习环境的基础。研究者在现场测试和运行环境中演示了系统的架构，程序代码，以及用户建模能力，也讨论了在学习目标的引导下所设计的计算机程序和技术性支持是否实用可行，以及近年来计算机技术是如何改变基于模型的学习环境需求的。

布伦申对通用教学设计模型的优缺点作了综述，绘制了以模型为中心的从学习到教学设计的一般过程。从问题式学习、抛锚式教学、模型化学习的例子等出发，表达了个人观点，包括技术理论和具体的应用。布伦申建议，在以学习者为中心的教育科学基础上，将范式产品化。这可以确保通过模型为中心的教学设计，准确接触设计过程（Blumschein，2008）。

佩莱格里诺（Pellegrino）和布罗菲（Brophy）扩展了抛锚式教学的原则，将其分为两个子框架，以丰富技术支持的学习环境中教学设计的特定原则。第一个框架是所修订的面向过程的发展周期，提供支持高效学习的测试和标准型工具。第二个框架提供了一个通用查询模型，以及独立应用周期的技术支持工具。这样，教师和学生可以使用相同的技术、相同的方法，组织和安排内容。研究者也进一步概括了这个模型，特别是在 K12、成人教育，以及高等教育的应用中。

约翰逊（Johnson）和黄（Huang）描述了如何运用游戏创建适合于支持以模型为中心的学习的环境。游戏是连接计算机和生动的学习环境之间的桥梁，目的在于增强学生体验。游戏可以在使用心智模型理论以解决复杂技能发展的主要问题中发挥作用。游戏是基于模型的、符合学习目标的设计结果，它完全在设计者的控制之下。研究者讨论了体验式游戏环境支架，以及其中的交互性、复杂性、相关性和现实性——这些都是基于模型学习环境的必要属性。约翰逊和黄提出了，在学习理论、教学系统设计、建模的支持下，游戏本身限制了其具体设计的主要特点并讨论了游戏对学习者的适用性和可行性。

7.3 基于模型教学图示工具应用实证

基于模型教学的干预法，需要系统评估，以知其有效性与学生接受程度。依据基于模型教学的理论设计策略与干预策略，结合图示工具进行系统设计与应用以评估基于模型教学的真正效用是非常必要的。如果基于模型的教学，被证实可以收到好的学习效果，那么符合以模型为中心理论的语义图示工具的教学与学习应用，就值得有更多的设计与推广。

基于模型的教学，重在教学与学习时要聚焦于内容、任务或问题；而模型是学习者与教师对学习或教授的对象的一个活动结果，它或为知识内容的结构，或为任务方案，或为问题解决的最终结果。模型在本质上是认知主体对认知对象的一个模型化认识结果。基于模型教学的活动与过程设计，包括干预与最终评估，是基于模型教学的主要工作。

基于模型教学的"临床诊断图示化学习"研究，以"计算机图示化学习工具应用"为对象，以学习行为模式分析为方法，以学习者的"知识水平的评测"为目的，围绕医学教育中知识技能培训开展。

7.3.1 "临床诊断图示化学习"的情境

研究参与者为上海某医学院五年制临床专业三、四年级的 14 名学生，所有参与者均完成了肾脏病学科的相关理论学习。

课程内容为肾病诊断问题，由于肾病无论是病因还是发病机理都与基础医学及临床多学科交叉广泛，是临床教学的重点和难点，故选择该知识领域展开问题导向的学习，与医学院临床专家紧密合作设计了四个临床病例。

课程学习中，参与者应用在线图示化学习环境培训其临床诊断专业知识技能，学习者在在线图示化学习环境中，完成四个肾病案例的诊断分析。

7.3.2 "临床诊断图示化学习"的设计

问题导向学习,通过领域实际问题,触发学习和问题解决。研究的情境就是培训医学生临床诊断的专业知识技能这个实际生活中的问题。为了帮助学习者外化知识建构和问题解决过程,促进医学生的知识技能发展,研究设计了一种在线图示化学习工具,即在问题导向的学习环境中,将学习者与问题情境的交互活动通过称为"双图"的论证图和概念图工具进行图示化表征,然后将其应用于医学教育的临床诊断知识技能培训,通过分析学习者的在线图示化学习数据,探索典型的图示化学习行为模式,分析特定的图示化学习行为模式对专业知能发展的影响。

"双图"工具支持的问题导向学习过程包括问题探究、信息获取(创建数据节点)、知识回顾与学习(创建概念节点和概念关系)、推理并提出假设(创建假设节点)、论证和解释(创建推理连接)、得出问题结论(更新假设节点)、反思和知识更新(更新概念节点和概念关系)七个循环迭代的学习步骤。然而,学生在图示化学习过程中并不一定按照这七个步骤的顺序按部就班地学习,而是受自身知识技能水平和问题理解能力等的影响,呈现不同的解决问题和建构知识的图示化学习路径。

学生的学习表现,即提出的问题解决方案和已建构的领域知识结构,是经过特定图示化学习路径产生的,即通过分析学习者绘制论证图和概念图(即"双图"学习过程)的学习日志数据,识别学生图示化学习行为模式,从而不仅可以验证"双图"学习的有效性,还可以探究学习表现差异的成因,为进一步提供个性化的学习支架提供诊断依据。

7.3.3 "临床诊断图示化学习"的过程

研究为学习者提供了在线学习系统,并设计了一种图示化的学习工具供学习者使用,培训的材料为医学院临床专家设计的四个临床病例,学习者需要分析诊断这四个案例中存在的问题，并提出相应的解决方案。

根据研究设计，要求学习者使用论证图和概念图来表征他们自己解决问题的行为过程，通过绘制这两个图一步步探索出案例中出现的问题，论证图和概念图的模式如图 7-3 所示。

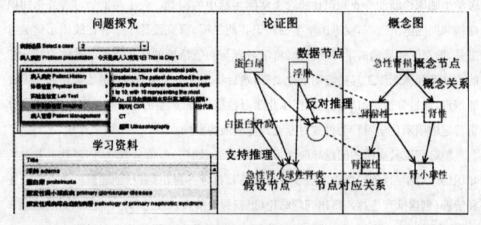

图 7-3 在线图示化学习环境

在线学习系统中，学习者对每个病例的学习时间和学习状态都生成了学习日志被保存下来，由于每个学习者解决问题的方案不同，所产生的学习日志和学习路径也不同，因此从这些具有时间序列的日志数据中能挖掘出具有学习者个性的有意义的学习行为模式。

研究利用序列分析方法对图示化学习过程数据进行分析，探究能促进智能发展的图示化学习行为模式，为了比较不同知识技能水平的学习者在图示化学习行为模式上的差异，对学习者的在线学习进行评分，还邀请两位肾病专家根据图示学习制品评价量规，对 14 名学生的学习制品进行打分，对高分组和低分组的在线学习行为模式做关联分析。通过分析总结，得出学习表现好与表现差的两组学习者的学习行为模式。

7.3.4 "临床诊断图示化学习"的结论

由学习日志数据的分析可知,表现较好的学习者具有"概念建构—假设提出—推理论证"三循环的学习行为模式,说明其在学习过程中能够有意识地进行相关领域知识的自我建构,会从推理论证过程中总结和归纳新知识,并对已有的知识结构进行重构。而表现较差的学习者,不具备该行为模式。故图示化学习,应该注重培养学习者问题解决过程中的知识概括能力,进行有意义的知识建构。

在基于模型的教学过程中,心智模型的构建是很重要的一项目标,采用问题解决的论证推理和知识建构的过程,是构建心智模型的一个重要手段。在本案例中,学习者使用的论证图,反映了学生的问题解决过程,即在探究问题过程中,获取和识别出关键信息来支持或反对提出的问题假设,最终得到结论的分析推理过程;概念图反映了学生的领域知识建构过程,即分析解决问题时联想和运用到的相关领域知识概念和概念之间的关系。当问题解决思路与学习者已有知识产生冲突,将促进学生概念的转变,经过不断的认知冲突和问题解决,学习者的认知才会不断完善。因此,学习者在图示化学习过程中的建模过程,也是其心智模型不断验证、修改和完善的过程。这一特点使客观评价学习者的知识、技能成为可能。

7.4　基于模型的教学中语义图示工具应用方向

　　语义图示工具是以认知为重点，面向知识、学习与教学等不同方面，从语义层面设计、开发的一套图示化应用工具。工具设计的目的是将之与使用者身上占优势地位的视觉知觉能力和其他能力（如语言思维、逻辑思维、形象思维等）充分结合起来，以促进使用者对任务和问题的处理，包括学习的、教学的、生活的任务与问题。

　　基于模型教学是学习者与教员以模型化的思维处理面对的任务与问题，系统地利用知识处理信息，通过构建心智模型形成对任务与问题的解决方案。这个过程中模型是动态变化的，也是因人而异的，且在互动交流的学习体验中形成、变化，最后定型的。通过这个过程，任务或问题得到解决，而参与者的心智也得到完善与发展。

　　在基于模型的教学中应用语义图示工具，就是让教师与学习者，尤其是学习者在学习中借助图示工具所提供的功能辅助于模型化的方式，思考并处理任务与问题。它被期望能使学习者结合视知觉、形象思维和语言思维等优势，从而提高学习绩效。两者的关系，可以粗略地用图7-4表征。

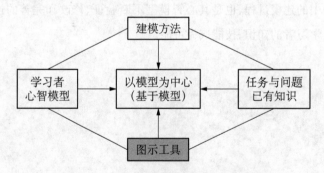

图7-4　基于模型教学中的语义图示工具

　　在基于模型的教学中应用语义图示工具，可以从以下一些方面着手；这些应用，各自有一些要点值得注意。

- 用于表征学习任务与问题

基于模型教学的指向,是学生以模型为中心的学习。而在学习中学生面对的主要是任务与问题,当然,在传统的知识传授课堂中,学生学习的内容并不过多地将知识镶嵌于任务或问题情境中。也就是说,学习要对任务或问题进行模型化处理。

在这个过程中,语义图示工具就可以用于辅助学生对任务或问题表征。这种表征的目的是:①让学生清楚地了解任务或问题的要点,以及它们之间的关系;进而②帮助学生准确地把握问题关键。所以工具所能做的,或者说应该具有的重点功能是:①辅助找到任务或问题要素;②(在必要时)推荐或提示任务或问题的关键之处。

- 用于解决问题时的信息分析

这是对上一个应用情境:任务与问题表征情境的深入。无论是在初期的任务、问题分析中,还是在中期进一步搜索需要信息后进行的分析中,都要利用现有的或已学的知识进行。这种分析较多地包含辨识、比较、对照、概括、枚举等认知动作,受工作记忆所限,分析中要把临时结果全部存储下来,以备后面的认知所用。

语义图示工具在这个过程中,可以辅助这一过程,从而克服工作记忆的局限。好的语义图示工具设计应该能支持概念化、命题化、形象化、甚至图像与视频的呈现、联接与存储,以及抽象、枚举等立体性操作。比较而言,概念式命题表征的方式更实用一点——年龄越小时,情况则相反。这个过程重在帮助学习者理清现有的信息与任务和问题间的关系,并能辅助学习者进行逻辑推理。所以它在功能上:①要呈现信息要点与关系;②辅助推理(这一点比较困难,目前成熟的技术手段是专家系统,未来可用智能系统)。

- 用于梳理知识

这一应用情境,主要是辅助学习者结构化、系统化已学、在学的知识。尤其对于传统课堂的知识传授非常适用。语义图示工具的使用细节与前两者相同。

- 用于辅助教学设计和学习

就像在基于模型教学的设计与干预中提到的,教学设计也常被模型化处理,无论是从组成结构上,还是环节过程上。对于设计者来说,是模型化地对教学进行设计。

这很接近于学习者模型化地进行学习。另一方面,语义图示工具是从语义层面开发的,它的支持学习的应用也可以迁移到对教学设计的支持方面。

语义图示工具在教学设计应用中,可以套用教学系统设计模型,在模型基础上,结合教学内容,将内容逐步具体化。在这个过程中,可以期望找到更多的设计细节,处理好设计的各部分设计间的功能与顺序关系。所以,它在功能上:①要支持不同的教学系统设计模型,作为模板;②依据教学要素性质,提示各要素设置是否正确、完整;③依据教学要素构成,提示不同要素相关动作的考虑是否完备。

• 用于分析教学过程和学习过程

语义图示工具也可以对学习者的学习过程进行结构化呈现。一般学习过程是呈现为顺序性的;但是在性质上,它可能是结构化的,最简单的就是分支——不同分支的操作为同一个目的。从这种结构化的呈现可以大体了解学习者个体的学习路径;配合对象的性质与程度分析,还可以起到诊断个体学习的功能。重要的是,这种呈现一目了然。

在这种应用情境下,语义图示工具在功能上,①可以按不同的学习内容类型,提供学习路径框架类型;②提供学习行为类型,以辅助学习过程;③提供学习行为活动的一般化考察指标等。

以上是语义图示工具在基于模型的教学中的几个基本的应用情境。其实,它可以有多种用途。如果语义图示工具的架构适宜,可以通过不同的插件、嵌入不同情境下的模板与语义类聚。通过这些模板与类聚,支持预设的,或是自定义的具体应用。

参考文献

［1］ ALPERT S R. Comprehensive Mapping of Knowledge and Information Resources: The Case of Webster［M］//Knowledge and Information Visualization. Berlin: Springer, 2005: 220 - 237.

［2］ BALOIAN N A, PINO J A, HOPPE H U. A Teaching/Learning Approach to CSCL ［C］//Proceedings of the 33rd Annual Hawaii International Conference on System Sciences. IEEE, 2000: 10.

［3］ BARESI L, PEZZE M. Formal Interpreters for Diagram Notations ［J］. ACM Transactions on Software Engineering and Methodology (TOSEM), 2005,14(1): 42 - 84.

［4］ BERGEN B. Experimental Methods for Simulation Semantics［M］// Gonzalez-Marquez M, Mittelberg I, Coulson S, et al. Methods in Cognitive Linguistics. Amsterdam: John Benjamins Publishing Company, 2007:277 - 299.

［5］ BLANCO E, CANKAYA H C, MOLDOVAN D. Composition of Semantic Relations: Model and Applications ［C］//Proceedings of the 23rd International Conference on Computational Linguistics: Posters. Association for Computational Linguistics, 2010: 72 - 80.

［6］ BLUMSCHEIN P. Model-Centered Learning and Instructional Design ［M］// Understanding Models for Learing and Instruction, New York: Springer Science + Business Media, 2008.

［7］ BONABEAU E. Agent-Based Modeling: Methods and Techniques for Simulating Human Systems［J］. Proceedings of the National Academy of Sciences, 2002,99(suppl 3): 7280 - 7287.

［8］ BOYLE T. Layered Learning Design: Towards an Integration of Learning Aesign and Learning Object Perspectives［J］. Computers & Education, 2010,54(3): 661 - 668.

［9］ BREWSTER C, O'HARA K. Knowledge Representation with Ontologies: Present Challenges—Future Possibilities［J］. International Journal of Human-computer Studies, 2007, 65:563 - 568.

［10］ BRITAIN S. A Review of Learning Design: Concept, Specifications and Tools［J］. A Report for the JISC E-learning Pedagogy Programme, 2004.

［11］ BROPHY J, GOOD T L. Teacher behavior and student achievement［M］//Handbook of Research on Teaching(3rd ed.). New York: McMillan, 1986.

［12］ BURKHARD R A. Knowledge Visualization: The Use of Complementary Visual Representations for the Transfer of Knowledge［D］. Zurich: Swiss Federal Institute of

Technology Zurich，2005a：54，57.

[13] BURKHARD R A. Towards a Framework and a Model for Knowledge Visualization：Synergies between Information and Knowledge Visualization［M］//TERGAN S-O，KELLER T. Knowledge and Information Visualization. Berlin：Springer，2005b：238 - 255.

[14] BUZAN T，Buzan B. The Mind Map Book How to Use Radiant Thinking to Maximise Your Brain's Untapped Potential［J］. New York：Plume，1993.

[15] CAÑAS A J，HILL G，CARFF R，et al. CmapTools：A Knowledge Modeling and Sharing Environment［J］. 2004.

[16] CAVANAGH P. Visual cognition［J］. Vision Research，2011，51：1538 - 1548.

[17] CHANG S F，CHEN W，SUNDARAM H. Semantic Visual Templates：Linking Visual Features to Semantics［C］//Proceedings 1998 International Conference on Image Processing. ICIP98 (Cat. No. 98CB36269). London：IEEE，1998：531 - 535.

[18] CHO K L，JONASSEN D H. The Effects of Argumentation Scaffolds on Argumentation and Problem Solving［J］. Educational Technology Research and Development，2002，50 (3)：5 - 22.

[19] CONOLE G. The Role of Mediating Artefacts in Learning Design［M］//LOCKYER L，BENNETT S，AGOSTINHO S，HARPER B. Handbook of Research on Learning Design and Learning Objects：Issues，Applications and Technologies. IGI Global，2009：188 - 208.

[20] CONOLE G，CROSS S，BRASHER A，et al. A Learning Design Methodology to Foster and Support Creativity in Design［C］//paper accepted for the Networked Learning Conference，Greece. 2008.

[21] CONOLE G，DYKE M，OLIVER M，et al. Mapping Pedagogy and Tools for Effective Learning Design［J］. Computers & Education，2004，43(1 - 2)：17 - 33.

[22] CONOLE G，FILL K. A Learning Design Toolkit to Create Pedagogically Effective Learning Activities［J］. Journal of Interactive Media in Education，2005(1).

[23] DAWES L. Talk and Learning in Classroom Science［J］. International Journal of Science Education，2004，26(6)：677 - 695.

[24] DAWES L，SAMS C. Developing the Capacity to Collaborate［J］. Learning to Collaborate，Collaborating to Learn，2004：95 - 109.

[25] DE KOSTER S，KUIPER E，VOLMAN M. Concept-Guided Development of ICT Use in 'Traditional' and 'Innovative' Primary Schools：What Types of ICT Use Do Schools Develop？［J］. Journal of Computer Assisted Learning，2012，28(5)：454 - 464.

[26] DERNTL M，NEUMANN S，OBERHUEMER P. Interactions for Learning as Expressed in an IMS LD Runtime Environment［EB/OL］. (2011 - 10 - 15)［2017 - 11 - 17］. http：//

dbis. rwth-aachen. de/~derntl/papers/preprints/icalt2012-runtime-preprint. pdf.

[27] DILLENBOURG P. Over-scripting CSCL: The Risks of Blending Collaborative Learning with Instructional Design[J]. Can We Support CSCL, 2002: 61－91.

[28] DIMITRIADIS Y A. Supporting Teachers in Orchestrating CSCL Classrooms[M]// JIMOYIANNIS A. Research on E-Learning and ICT in Education. New York: Springer, 2012: 71－82.

[29] DODERO J M, DEL VAL Á M, TORRES J. An Extensible Approach to Visually Editing Adaptive Learning Activities and Designs Based on Services[J]. Journal of Visual Languages & Computing, 2010,21(6): 332－346.

[30] DRAGON T, MAVRIKIS M, MCLAREN B M, et al. Metafora: A Web-Based Platform for Learning to Learn Together in Science and Mathematics[J]. IEEE Transactions on Learning Technologies, 2013,6(3): 197－207.

[31] EPPLER M, BURKHARD R. Knowledge Visualization: Towards a New Discipline and its Fields of Applications[EB/OL]. (2004－1－16)[2016－10－23]. https://www. researchgate. net/publication/33682085_Knowledge_Visualisation_Towards_a_New_Discipline_and_its_Fields_of_Application.

[32] FISCHER F, DILLENBOURG P. Challenges of Orchestrating Computer-Supported Collaborative Learning[C]//San Francisco, California: 87th Annual Meeting of the American Educational Research Association(AERA), 2006.

[33] FORRESTER J W. Urban Dynamics[J]. IMR; Industrial Management Review (pre－1986),1970,11(3): 67.

[34] FORTMANN-ROE S. Insight Maker: A General-Purpose Tool for Web-Based Modeling & Simulation[J]. Simulation Modelling Practice and Theory, 2014,47: 28－45.

[35] GE X, LAND S M. Scaffolding Students' Problem-Solving Processes in An Ill-Structured Task Using Question Prompts and Peer Interactions[J]. Educational Technology Research and Development, 2003,51(1): 21－38.

[36] GE X, LAND S. A Conceptual Framework for Scaffolding Ill-Structured Problem-Solving Processes Using Question Prompts and Peer Interactions[J]. Educational Technology Research and Development, 2004,52(2): 5－22.

[37] GIBBONS A S. Model-Centered Instruction, the Design and the Designer[M]// IFENTHALER D, PIRNAY-DUMMER P, SPECTOR J M. Understanding Models for Learning and Instruction. Boston: Springer, 2008: 161－173,178,247,219,260,262,267.

[38] GIBBONS A S. Model-centered learning and instruction: Comments on Seel. Technology, Instruction, Cognition, and Learning, 2003, 1(3): 291.

[39] GOODYEAR P. Educational Design and Networked Learning: Patterns, Pattern Languages and Design Practice [J]. Australasian Journal of Educational Technology,

2005，21(1)：82－101.

[40] GRUBER T R. A Translation Approach to Portable Ontologies［J］. Knowledge Acquisition, 1993, 5(2)：199－220.

[41] HANKE U. Realizing Model-Based Instruction ［M］//IFENTHALER D, PIRNAY-DUMMER P, SPECTOR J M. Understanding Models for Learning and Instruction. Boston：Springer, 2008：175－186.

[42] Hart S G, Staveland L E. Development of NASA-TLX (Task Load Index)：Results of Empirical and Theoretical Research［M］//Advances in Psychology. Amsterdam：Elsevier, 1988,52：139－183.

[43] HERNANDEZ-LEO D, ASENSIO-PEREZ J I, DIMITRIADIS Y. Computational Representation of Collaborative Learning Flow Patterns Using IMS Learning Design［J］. Journal of Educational Technology & Society, 2005,8(4)：75－89.

[44] HERNANDEZ-LEO D, JORRIN-ABELLAN I M, VILLASCLARAS-FERNANDEZ E D, et al. A Multicase Study for the Evaluation of a Pattern-Based Visual Design Process for Collaborative Learning［J］. Journal of Visual Languages & Computing, 2010,21(6)：313－331.

[45] HINSZ V B, TINDALE R S, VOLLRATH D A. The Emerging Conceptualization of Groups as Information Processes ［J］. Psychological Bulletin, 1997, 63：81－97.

[46] HRON A, FRIEDRICH H F. A Review of Web-Based Collaborative Learning：Factors Beyond Technology［J］. Journal of Computer Assisted Learning, 2003,19(1)：70－79.

[47] HYERLE D. Thinking Maps：Seeing Is Understanding［J］. Educational Leadership, 1996,53(4)：85－89.

[48] IIYOSHI T, HANNAFIN M J, WANG F. Cognitive Tools and Student - Centred Learning：Rethinking Tools, Functions and Applications ［J］. Educational Media International, 2005,42(4)：281－296.

[49] IMS LEARNING DESIGN ORG. IMS Learning Design Information Model［EB/OL］. (2003－01－20)［2013－12－10］http：//www. imsglobal. org/learningdesign/ldv1p0/imsld_infov1p0. html＃1495298.

[50] JANSSEN J, KIRSCHNER F, ERKENS G, et al. Making the Black Box of Collaborative Learning Transparent：Combining Process-Oriented and Cognitive Load Approaches［J］. Educational Psychology Review, 2010,22(2)：139－154.

[51] JONASSEN D H. Instructional Design Models for Well-Structured and Ill-Structured Problem-Solving Learning Outcomes ［J］. Educational Technology Research and Development, 1997,45(1)：65－94.

[52] KELLER T, TERGAN S-O. Visualizing Knowledge and Information：An Introduction ［M］//TERGAN S-O, KELLER T. Knowledge and Information Visualization：Searching

for Synergies. Berlin: Springer, 2005: 1 – 23.

[53] KIM M. Concept Map Engineering: Methods and Tools Based on the Semantic Relation Approach[J]. Educational Technology Research and Development, 2013,61(6): 951 – 978.

[54] KIRSCHNER F, PAAS F, KIRSCHNER P A. A Cognitive Load Approach to Collaborative Learning: United Brains for Complex Tasks[J]. Educational Psychology Review, 2009a,21(1): 31 – 42.

[55] KIRSCHNER F, PAAS F, KIRSCHNER P A. Individual and Group-Based Learning from Complex Cognitive Tasks: Effects on Retention and Transfer Efficiency[J]. Computers in Human Behavior, 2009b,25(2): 306 – 314.

[56] KIRSCHNER F, PAAS F, KIRSCHNER P A, JANSSEN J. Differential Effects of Problem-Solving Demands on Individual and Collaborative Learning Outcomes[J]. Learning and Instruction, 2011,21(4): 587 – 599.

[57] KIRSCHNER P A, MARTENS R L, STRIJBOS J W. CSCL in Higher Education? [M]//STRIJBOS J W, KIRSCHNER P A, MARTENS R. What We Know about CSCL. Dordrecht: Springer, 2004: 3 – 30.

[58] KOPER R. Modeling Units of Study from a Pedagogical Perspective: the Pedagogical Meta-Model behind EML[EB/OL]. (2001 – 11 – 01)[2012 – 10 – 22]. http://www.staff.science.uu.nl/~jeuri101/OU/modeling.pdf.

[59] LAFORCADE P. A Domain-Specific Modeling Approach for Supporting the Specification of Visual Instructional Design Languages and the Building of Dedicated Editors[J]. Journal of Visual Languages & Computing, 2010,21(6): 347 – 358.

[60] LARREA M, CASTRO S. Semantics-Based Visualization[C]//XVI Congreso Argentino De Ciencias De La Computación. 2010: 1060 – 1065.

[61] LENGLER R, EPPLER M J. Towards a Periodic Table of Visualization Methods for Management[C]// IASTED Proceedings of the Conference on Graphics and Visualization in Engineering. 2007.

[62] LINN M C, CLARK D, SLOTTA J D. WISE Design for Knowledge Integration[J]. Science Education, 2003,87(4): 517 – 538.

[63] LIU Y, OWYONG Y S M. Metaphor, Multiplicative Meaning and the Semiotic Constructionof Scientifc Knowledge[J]. Language Sciences, 2011, 33:822 – 834.

[64] MSKHFI P. Introduction to Knowledge Modeling. [EB/OL]. [2009 – 09 – 29]. http://www.makhfi.com/KCM_intro.html.

[65] MASTERMAN L, VOGEL M. Practices and Processes of Design for Learning[M]// BEETHAM H, SHARPE R. Rethinking Pedagogy for a Digital Age. London: Routledge, 2007: 72 – 83.

[66] MCGRENERE J, MOORE G. Are We All In the Same "Bloat"? [C/OL]//https://www.cs.ubc.ca/~joanna/papers/GI2000_McGrenere_Bloat.pdf

[67] MEYER R. Knowledge Visualization[EB/OL]. (2009 - 01 - 07)[2016 - 12 - 28]. http://www.medien.ifi.lmu.de/lehre/ws0809/hs/docs/meyer.pdf.

[68] MILLER G A, BECKWITH R, FELLBAUM C, et al. Introduction to WordNet: An On-line Lexical Database[J]. International Journal of Lexicography, 1990, 3(4):235 - 244.

[69] MILLER G A, FELLBAUM C. WordNet then and now[J]. Lang Resources & Evaluation, 2007,41:209 - 214.

[70] MINAS M. Creating Semantic Representations of Diagrams[C]. International Workshop on Applications of Graph Transformations with Industrial Relevance. Berlin: Springer, 1999: 209 - 224.

[71] MOORE E B, CHAMBERLAIN J M, PARSON R, et al. PhET Interactive Simulations: Transformative tools for teaching chemistry[J]. Journal of Chemical Education, 2014, 91 (8), 1191 - 1197.

[72] MUNNEKE L, ANDRIESSEN J, KANSELAAR G, et al. Supporting Interactive Argumentation: Influence of Representational Tools on Discussing a Wicked Problem[J]. Computers in Human Behavior, 2007,23(3): 1072 - 1088.

[73] NEUMANN S, OBERHUEMER P. Bridging the Divide in Language and Approach between Pedagogy and Programming: The Case of IMS Learning Design. ALT-C 2008 Research Proceedings[EB/OL]. [2016 - 3 - 11]. https://repository.alt.ac.uk/439/1/ALT_C_2008_rp_neumanns_oberhuemerp.pdf.

[74] NIEDERHAUSER D S, STODDART T. Teachers' Instructional Perspectives and Use of Educational Software[J]. Teaching and Teacher Education, 2001,17(1): 15 - 31.

[75] NOVAK J D, CAÑAS A J. Building on New Constructivist Ideas and CmapTools to Create a New Model for Education[C]//Proceedings of the First International Conference on Concept Mapping. Pamplona: Universidad Publica de Navarra, 2004,1: 469 - 476.

[76] NOVAK J D, CAÑAS A J. The Theory Underlying Concept Maps and How to Construct and Use Them (Technical Report IHMC CmapTools 2006 - 01 Rev 01 - 2008)[J]. Florida Institute for Human and Machine Cognition, 2008.

[77] NOVAK J D. A Theory of Education[M]. New York: Cornell University Press, 1977.

[78] O'NEIL A. The Current Status of Instructional Design Theories in Relation to Today's Authoring Systems [J]. British Journal of Educational Technology, 2008, 39 (2): 251 - 267.

[79] PAAS F G. Training Strategies for Attaining Transfer of Problem-Solving Skill in Statistics: A Cognitive-Load Approach [J]. Journal of Educational Psychology, 1992, 84 (4): 429 - 434.

[80] PAAS F G, VAN MERRIËNBOER J J. Variability of Worked Examples and Transfer of Geometrical Problem-Solving Skills: A Cognitive-Load Approach [J]. Journal of Educational Psychology, 1994,86(1): 122-133.

[81] PAAS F, RENKL A, SWELLER J. Cognitive Load Theory and Instructional Design: Recent Developments[J]. Educational Psychologist, 2003a,38(1): 1-4.

[82] PAAS F, SWELLER J. An Evolutionary Upgrade of Cognitive Load Theory: Using the Human Motor System and Collaboration to Support the Learning of Complex Cognitive Tasks[J]. Educational Psychology Review, 2012,24(1): 27-45.

[83] PAAS F, TUOVINEN J, TABBERS H, et al. Cognitive Load Measurement as a Means to Advance Cognitive Load Theory[J]. Educational Psychologist, 2003b,38(1):63-71.

[84] PLASS J L, MILNE C, HOMER B D, et al. Investigating the Effectiveness of Computer Simulations for Chemistry Learning[J]. Journal of Research in Science Teaching, 2012, 49(3): 394-419.

[85] PRIETO L P, VILLAGRÁ-SOBRINO S, DIMITRIADIS Y, et al. Mind the Gaps: Using Patterns to Change Everyday Classroom Practice towards Contingent CSCL Teaching[C]. Rhodes, Greece: the 9th International Conference of Computer-Supported Collaborative Learning, 2011.

[86] PRIETO L P, VILLAGRÁ-SOBRINO S, JORRÍN-ABELLÁN I M, et al. Recurrent Routines: Analyzing and Supporting Orchestration in Technology-Enhanced Primary Classrooms[J]. Computers & Education, 2011,57(1): 1214-1227.

[87] Programme for International Student Assessment. The PISA 2015: Draft Collaborative Problem Solving Framework [EB/OL]. [2015-03-18]. http://www. oecd. org/pisa/ pisaproducts/PISA-2015-draft-questionnaire-framework. pdf.

[88] RENKL A. Learning from Worked-out Examples: A Study on Individual Differences[J]. Cognitive Science, 1997,21(1): 1-29.

[89] ROWE A L, COOKE N J. Measuring Mental Models: Choosing The Right Tools For The Job[J]. Human Resource Development Quarterly, 1995, 6(3):243-255.

[90] RUSTICI M. SCORM 2004 4th Edition[S/OL]. Rustici Software. (2009-1-10)[2012-9-23]. https://scorm. com/blog/scorm-2004-4th-edition/.

[91] RYCHEN D S. Key Competencies: Overall Goals for Competence Development: An International and Interdisciplinary Perspective[M]//International Handbook of Education for the Changing World of Work. Springer Netherlands, 2009: 2571-2583.

[92] SALOMON G, PERKINS D N. Learning in Wonderland: What do Computers Really Offer Education[J]. Kerr. S. (ed): Technology and the Future of Education, 1996: 111-130.

[93] SAWYER R K. The Cambridge Handbook of the Learning Sciences[M]. New York: Cambridge University Press, 2006.

[94] SEEL N M. Mental Models in Learning Situations[J]. Advances In Psychology Amsterdam,2006,138:85－107.

[95] SEEL N M. Semiotics And Structural Learning Theory[J]. Journal of Structural Learning and Intelligent Systems,1999,14(1)：11－28.

[96] SENGE P M. The Fifth Discipline：The Art and Practice of the Learning Organization [M]. New York：Doubleday Business，1994:8.

[97] SHUTE V J, JEONG A C, SPECTOR J M, et al. Model-Based Methods for Assessment,Learning, and Instruction：Innovative Educational Technology at Florida State University[M]. Educational Media and Technology Yearbook. Boston，MA：Springer，2009:61－79.

[98] SICILIA M A. Semantic Learning Designs：Recording Assumptions and Guidelines[J]. British Journal of Educational Technology, 2006,37(3)：331－350.

[99] SICILIA M A, LYTRAS M D, SÁNCHEZ-ALONSO S, et al. Modeling Iinstructional-Design Theories with Ontologies：Using Methods to Check, Generate and Search Learning Designs[J], Computers in Human Behavior, 2011,27(4)：1389－1398.

[100] SINGHAL A. Introducing the Knowledge Graph：Things, Not Strings[J]. Official Google Blog, 2012,5.

[101] SKUPIN A. Discrete and Continuous Conceptualizations of Science：Implicationsfor Knowledge Domain Visualization[J]. Journal of Informetrics, 2009, 3：242－243.

[102] Staggers, N. , Norcio, A. F.. Mental models：concepts for human-computer interaction research[J]. International Journal of Man-Machine Studies, 1993(38), 587－605.

[103] STAHL G. Meaning Making in CSCL：Conditions and Preconditions for Cognitive Processes by Groups[C]//Proceedings of the 8th International Conference on Computer Supported Collaborative Learning. International Society of the Learning Sciences, 2007：652－661.

[104] STAKE R E. Qualitative Case Studies[J]. In N. K. Denzin & Y. S. Lincoln (Eds.). Strategies of Qualitative Inquiry, 2005：119－149.

[105] STAKE R E. Qualitative Research：Studying How Things Work[M]. New York：Guilford Press, 2010：431－435.

[106] STOLPNIK A. Visual Hints for Semantic Graph Exploration[M]. Israel：Tel-Aviv University, 2009.

[107] STURMBERG J P, MARTIN C. Handbook of Systems and Complexity in Health[M]. Springer Science & Business Media, 2013.

[108] SUTHERS D D. Technology Affordances for Intersubjective Learning：A Thematic Agenda for CSCL[C]//Proceedings of the 2005 Conference on Computer Support for Collaborative Learning：Learning 2005：the next 10 years!. International Society of the

Learning Sciences, 2005: 662 - 671.

[109] SWELLER J, AYRES P, KALYUGA S. Cognitive Load Theory[M]. New York: Springer, 2011:v - vii.

[110] SWELLER J, CHANDLER P. Why Some Material Is Difficult to Learn[J]. Cognition and Instruction, 1994,12(3): 185 - 233.

[111] TEN BRUMMELHUIS A, KUIPER E. Driving Forces for ICT in Learning[M]// International Handbook of Information Technology in Primary and Secondary Education. Boston: Springer, 2008,20: 97 - 111.

[112] Thinking Maps. Thinking Maps: A Language for Learning[EB/OL]. [2011 - 12 - 17]. https://www. thinkingmaps. org/.

[113] VAN LEEUWEN A, JANSSEN J, ERKENS G, BREKELMANS M. Teacher Interventions in a Synchronous, Co-Located CSCL Setting: Analyzing Focus, Means, and Temporality[J]. Computers in Human Behavior, 2013,29(4): 1377 - 1386.

[114] VELDHUIS-DIERMANSE A E. CSCL Learning?: Participation, Learning Activities and Knowledge Construction in Computer-Supported Collaborative Learning in Higher Education[M]. Netherlands: Wageningen Universiteit, 2002.

[115] VERBERT K, OCHOA X, et al. Semi-Automatic Assembly of Learning Resources[J]. Computers & Education, 2012,59(4): 1257 - 1272.

[116] VOSS J F, POST T A. On the Solving of Ill-Structured Problems[J]. New Jersey: Lawrence Erlbaum Associates, 1988: 261 - 285.

[117] WEGERIF R. A Dialogic Understanding of the Relationship Between CSCL and Teaching Thinking Skills[J]. International Journal of Computer-Supported Collaborative Learning, 2006,1(1): 143 - 157.

[118] WEGERIF R, MANSOUR N. A Dialogic Approach to Technology-Enhanced Education for the Global Knowledge Society[M]//New Science of Learning. New York: Springer, 2010: 325 - 339.

[119] WENGER E. Artificial Intelligence and Tutoring Systems: Computational and Cognitive Approaches to the Communication of Knowledge [M]. Los Altos, CA: Morgan Kaufmann Publishers, 1987.

[120] WIKIPEDIA. Knowledge Modeling[EB/OL]. (2015 - 5 - 15)[2016 - 3 - 11]. http:// en. wikipedia. org/wiki/Knowledge_modeling.

[121] WILLIAMS M D, HOLLAN J D,STEVENS A L. Human Reasoning About A Simple Physical System[C]//Mental Models. Hillsdale, NJ: Erlbaum, 1983:134 - 154.

[122] WORDNET. What is WordNet? [EB/OL]. [2015 - 8 - 21]. https://wordnet. princeton. edu/.

[123] ZHANG J, LEE J, CHEN J. Deepening Inquiry about Human Body Systems through

Computer-Supported Collective Metadiscourse［C］//Annual Meeting of American Educational Research Association, Philadelphia, PA. 2014.

［124］ ZHAO Y, FRANK K A. Factors Affecting Technology Uses in Schools：An Ecological Perspective［J］. American Educational Research Journal, 2003,40(4)：807 - 840.

［125］ 保罗·基尔希纳, 约翰·斯维勒. 理查德·克拉克. 为什么"少教不教"不管用——建构教学、发现教学、问题教学、体验教学与探究教学失败析因［J］. 开放教育研究,2015,21(2)：16 - 29,55.

［126］ 鲍贤清,张仙. 运用信息技术认知工具促进深度学习［J］. 计算机教与学. 现代教学,2005(5)：31 - 33.

［127］ 蔡慧英,陈婧雅,顾小清. 支持可视化学习过程的学习技术研究［J］. 中国电化教育,2013(12)：27 - 33.

［128］ 曹晓明,何克抗. 学习设计和学习管理系统的新发展［J］. 现代教育技术,2006(04)：5 - 8.

［129］ 陈婧雅. 可视化教学设计研究［J］. 教学仪器与实验,2013,29(11)：59 - 62.

［130］ 陈凯,何克清,李兵,等. 面向对象的本体建模研究［J］. 计算机工程与应用,2005(02)：40 - 43.

［131］ 陈文莉,吕赐杰,谢雯婷. GroupScribbles 软件支持的课堂协作学习的设计研究［J］. 中国电化教育,2011(11)：1 - 9.

［132］ 陈燕燕. 知识可视化中视觉隐喻及其思维方法［J］. 现代教育技术,2012,22(6)：16 - 19.

［133］ 杜玉帆,龙君伟. 基于共享心智模式的教师团队管理研究［J］. 教学与管理,2009(3)：27 - 28.

［134］ 段金菊. E-Learning 环境下促进深度学习的策略研究［J］. 中国电化教育,2012(5)：38 - 43.

［135］ 高文,等. 学习科学的关键词［M］. 上海：华东师范大学出版社,2009:7.

［136］ 顾小清,傅伟,齐贵超. 连接阅读与学习：电子课本的信息模型设计［J］. 华东师范大学学报(自然科学版),2012(2)：81 - 90.

［137］ 顾小清,傅伟,王华文. 遵从预设与定制路径：电子课本的学习地图设计［J］. 电化教育研究,2013,34(06)：64 - 69.

［138］ 顾小清,权国龙. 以语义图示实现可视化知识表征与建模的研究综述［J］. 电化教育研究,2014,35(5)：45 - 52.

［139］ 顾小清,王炜. 支持教师专业发展的课堂分析技术新探索［J］. 中国电化教育,2004(7)：18 - 21.

［140］ 李志巍. CSCL 中学习者学习行为调查研究［D］. 大连市：辽宁师范大学,2010.

［141］ 李志巍. CSCL 中学习者学习行为调查研究以《网络教育应用》课程为例［D］. 沈阳：辽宁师范大学,2010.

［142］ 厉毅. 概念图支架在远程协作学习中的应用探索［J］. 中国远程教育,2009(10)：37 - 40.

［143］ 林玉莲. 认知地图研究及其应用［J］. 新建筑,1991(3)：34 - 38.

Learning Sciences, 2005: 662 - 671.

[109] SWELLER J, AYRES P, KALYUGA S. Cognitive Load Theory[M]. New York: Springer, 2011:v - vii.

[110] SWELLER J, CHANDLER P. Why Some Material Is Difficult to Learn[J]. Cognition and Instruction, 1994,12(3): 185 - 233.

[111] TEN BRUMMELHUIS A, KUIPER E. Driving Forces for ICT in Learning[M]// International Handbook of Information Technology in Primary and Secondary Education. Boston: Springer, 2008,20: 97 - 111.

[112] Thinking Maps. Thinking Maps: A Language for Learning[EB/OL]. [2011 - 12 - 17]. https://www.thinkingmaps.org/.

[113] VAN LEEUWEN A, JANSSEN J, ERKENS G, BREKELMANS M. Teacher Interventions in a Synchronous, Co-Located CSCL Setting: Analyzing Focus, Means, and Temporality[J]. Computers in Human Behavior, 2013,29(4): 1377 - 1386.

[114] VELDHUIS-DIERMANSE A E. CSCL Learning?: Participation, Learning Activities and Knowledge Construction in Computer-Supported Collaborative Learning in Higher Education[M]. Netherlands: Wageningen Universiteit, 2002.

[115] VERBERT K, OCHOA X, et al. Semi-Automatic Assembly of Learning Resources[J]. Computers & Education, 2012,59(4): 1257 - 1272.

[116] VOSS J F, POST T A. On the Solving of Ill-Structured Problems[J]. New Jersey: Lawrence Erlbaum Associates, 1988: 261 - 285.

[117] WEGERIF R. A Dialogic Understanding of the Relationship Between CSCL and Teaching Thinking Skills[J]. International Journal of Computer-Supported Collaborative Learning, 2006,1(1): 143 - 157.

[118] WEGERIF R, MANSOUR N. A Dialogic Approach to Technology-Enhanced Education for the Global Knowledge Society[M]//New Science of Learning. New York: Springer, 2010: 325 - 339.

[119] WENGER E. Artificial Intelligence and Tutoring Systems: Computational and Cognitive Approaches to the Communication of Knowledge[M]. Los Altos, CA: Morgan Kaufmann Publishers, 1987.

[120] WIKIPEDIA. Knowledge Modeling[EB/OL]. (2015 - 5 - 15)[2016 - 3 - 11]. http:// en.wikipedia.org/wiki/Knowledge_modeling.

[121] WILLIAMS M D, HOLLAN J D, STEVENS A L. Human Reasoning About A Simple Physical System[C]//Mental Models. Hillsdale, NJ: Erlbaum, 1983:134 - 154.

[122] WORDNET. What is WordNet? [EB/OL]. [2015 - 8 - 21]. https://wordnet.princeton.edu/.

[123] ZHANG J, LEE J, CHEN J. Deepening Inquiry about Human Body Systems through

Computer-Supported Collective Metadiscourse［C］//Annual Meeting of American Educational Research Association, Philadelphia, PA. 2014.

[124] ZHAO Y, FRANK K A. Factors Affecting Technology Uses in Schools：An Ecological Perspective[J]. American Educational Research Journal, 2003,40(4)：807-840.

[125] 保罗·基尔希纳,约翰·斯维勒.理查德·克拉克.为什么"少教不教"不管用——建构教学、发现教学、问题教学、体验教学与探究教学失败析因[J].开放教育研究,2015,21(2)：16-29,55.

[126] 鲍贤清,张仙.运用信息技术认知工具促进深度学习[J].计算机教与学.现代教学,2005(5)：31-33.

[127] 蔡慧英,陈婧雅,顾小清.支持可视化学习过程的学习技术研究[J].中国电化教育,2013(12)：27-33.

[128] 曹晓明,何克抗.学习设计和学习管理系统的新发展[J].现代教育技术,2006(04)：5-8.

[129] 陈婧雅.可视化教学设计研究[J].教学仪器与实验,2013,29(11)：59-62.

[130] 陈凯,何克清,李兵,等.面向对象的本体建模研究[J].计算机工程与应用,2005(02)：40-43.

[131] 陈文莉,吕赐杰,谢雯婷.GroupScribbles软件支持的课堂协作学习的设计研究[J].中国电化教育,2011(11)：1-9.

[132] 陈燕燕.知识可视化中视觉隐喻及其思维方法[J].现代教育技术,2012,22(6)：16-19.

[133] 杜玉帆,龙君伟.基于共享心智模式的教师团队管理研究[J].教学与管理,2009(3)：27-28.

[134] 段金菊.E-Learning环境下促进深度学习的策略研究[J].中国电化教育,2012(5)：38-43.

[135] 高文,等.学习科学的关键词[M].上海：华东师范大学出版社,2009:7.

[136] 顾小清,傅伟,齐贵超.连接阅读与学习：电子课本的信息模型设计[J].华东师范大学学报(自然科学版),2012(2)：81-90.

[137] 顾小清,傅伟,王华文.遵从预设与定制路径：电子课本的学习地图设计[J].电化教育研究,2013,34(06)：64-69.

[138] 顾小清,权国龙.以语义图示实现可视化知识表征与建模的研究综述[J].电化教育研究,2014,35(5)：45-52.

[139] 顾小清,王炜.支持教师专业发展的课堂分析技术新探索[J].中国电化教育,2004(7)：18-21.

[140] 李志巍.CSCL中学习者学习行为调查研究[D].大连市：辽宁师范大学,2010.

[141] 李志巍.CSCL中学习者学习行为调查研究以《网络教育应用》课程为例[D].沈阳：辽宁师范大学,2010.

[142] 厉毅.概念图支架在远程协作学习中的应用探索[J].中国远程教育,2009(10)：37-40.

[143] 林玉莲.认知地图研究及其应用[J].新建筑,1991(3)：34-38.

[144] 刘华星,杨庚.HTML5——下一代 Web 开发标准研究[J].计算机技术与发展,2011,21(8):54-58,62.

[145] 刘佐艳.关于语义模糊性的界定问题[J].解放军外国语学院学报,2003,26(4):24.

[146] 潘旭伟,顾新建,仇元福,等.面向知识管理的知识建模技术[J].计算机集成制造系统-CIMS,2003,9(7):517-521.

[147] 潘英伟.电子课本解读[J].出版广角.2007(08):55-56.

[148] 彭文辉,杨宗凯,黄克斌.网络学习行为分析及其模型研究[J].中国电化教育,2006(10):31-35.

[149] 彭亚非.读图时代[M].北京:中国社会科学出版社,2011.

[150] 钱旭鸯.教学设计可视化研究:教学设计的视觉转向[J].全球教育展望,2010,39(7):30-35.

[151] D・H・乔纳森.技术支持的思维建模:用于概念转变的思维工具(第三版)([M].顾小清,等,译.上海:华东师范大学出版社,2008:104.

[152] 邱婷.知识可视化作为学习工具的应用研究[D].南昌:江西师范大学,2006.

[153] 汤建民,余丰民.国内知识图谱研究综述与评估:2004—2010 年[J].情报资料工作,2012(1):16.

[154] 田景.可视化的知识建模研究与实现[D].南京:东南大学,2005.

[155] 王海燕,胡伦,蒙跃平.英国开放大学学习设计新方案项目及启示[J].宁波大学学报(教育科学版),2011,33(01):76-79.

[156] 王海燕,胡伦,蒙跃平.英国开放大学学习设计新方案项目及启示[J].宁波大学学报(教育科学版),2011,33(1):76-79.

[157] 王寅.认知语义学[J].四川外语学院学报,2002,18(2):58-62.

[158] 希建华,赵国庆,约瑟夫・D・诺瓦克."概念图"解读:背景、理论、实践及发展——访教育心理学国际著名专家约瑟夫・D・诺瓦克教授[J].开放教育研究,2006(01):4-8.

[159] 希建华,赵国庆."概念图"解读:背景,理论,实践及发展——访教育心理学国际著名专家约瑟夫・D・诺瓦克教授[J].开放教育研究,2006,12(1):4-8.

[160] 邢晓鹏.HTML5 核心技术的研究与价值分析[J].价值工程,2011,22:157-158.

[161] 杨盛春.知识表征研究述评[J].科技情报开发与经济,2012,22(19):145-146.

[162] 姚天顺,张俐,高竹.WordNet 综述[J].语言文字应用,2001(01):27-32.

[163] 张舒予.视觉文化研究与教育技术创新[J].中国电化教育,2006(4):10-15.

[164] 张舒予.视觉文化与媒介素养[M].南京:南京师范大学出版社,2011:7-12.

[165] 张文霖.主成分分析在 SPSS 中的操作应用[J].市场研究,2005(12):31-34.

[166] 张耀.我不属于读图时代[EB/OL].(2003)[2014-12-22].http://www.zhangyao.com/zy/mediaol.htm.

[167] 张义兵,陈伯栋,SCARDAMALIA M,等.从浅层建构走向深层建构——知识建构理论的发展及其在中国的应用分析[J].电化教育研究,2012,33(9):5-12.

[168] 赵国庆,黄荣怀,陆志坚.知识可视化的理论与方法[J].开放教育研究,2005,11(1):23－27.

[169] 赵慧臣.知识可视化的视觉表征研究综述[J].远程教育杂志,2010(1):77.

[170] 赵慧臣.知识可视化视觉表征的理论建构与教学应用[M].北京:中国社会科学出版社,2011:58－77.

[171] 钟义信."知识论"基础研究[J].电子学报,2001,29(1):96－102.

[172] 周建设.亚里士多德论符号、指称与语义解释[J].湘潭师范学院学报,1996(1):51－55.

[173] 朱静秋,宋子强,张舒予.论网络时代的视觉文化价值[J].中国远程教育,2002(8):70－73.

[144] 刘华星,杨庚. HTML5——下一代 Web 开发标准研究[J]. 计算机技术与发展,2011,21
(8):54-58,62.

[145] 刘佐艳. 关于语义模糊性的界定问题[J]. 解放军外国语学院学报,2003,26(4):24.

[146] 潘旭伟,顾新建,仇元福,等. 面向知识管理的知识建模技术[J]. 计算机集成制造系统-
CIMS,2003,9(7):517-521.

[147] 潘英伟. 电子课本解读[J]. 出版广角. 2007(08):55-56.

[148] 彭文辉,杨宗凯,黄克斌. 网络学习行为分析及其模型研究[J]. 中国电化教育,2006(10):
31-35.

[149] 彭亚非. 读图时代[M]. 北京:中国社会科学出版社,2011.

[150] 钱旭鸯. 教学设计可视化研究:教学设计的视觉转向[J]. 全球教育展望,2010,39(7):
30-35.

[151] D·H·乔纳森. 技术支持的思维建模:用于概念转变的思维工具(第三版)([M]. 顾小
清,等,译. 上海:华东师范大学出版社,2008:104.

[152] 邱婷. 知识可视化作为学习工具的应用研究[D]. 南昌:江西师范大学,2006.

[153] 汤建民,余丰民. 国内知识图谱研究综述与评估:2004—2010 年[J]. 情报资料工作,2012
(1):16.

[154] 田景. 可视化的知识建模研究与实现[D]. 南京:东南大学,2005.

[155] 王海燕,胡伦,蒙跃平. 英国开放大学学习设计新方案项目及启示[J]. 宁波大学学报(教
育科学版),2011,33(01):76-79.

[156] 王海燕,胡伦,蒙跃平. 英国开放大学学习设计新方案项目及启示[J]. 宁波大学学报(教
育科学版),2011,33(1):76-79.

[157] 王寅. 认知语义学[J]. 四川外语学院学报,2002,18(2):58-62.

[158] 希建华,赵国庆,约瑟夫·D·诺瓦克."概念图"解读:背景、理论、实践及发展——访教
育心理学国际著名专家约瑟夫·D·诺瓦克教授[J]. 开放教育研究,2006(01):4-8.

[159] 希建华,赵国庆."概念图"解读:背景,理论,实践及发展——访教育心理学国际著名专
家约瑟夫·D·诺瓦克教授[J]. 开放教育研究,2006,12(1):4-8.

[160] 邢晓鹏. HTML5 核心技术的研究与价值分析[J]. 价值工程,2011,22:157-158.

[161] 杨盛春. 知识表征研究述评[J]. 科技情报开发与经济,2012,22(19):145-146.

[162] 姚天顺,张俐,高竹. WordNet 综述[J]. 语言文字应用,2001(01):27-32.

[163] 张舒予. 视觉文化研究与教育技术创新[J]. 中国电化教育,2006(4):10-15.

[164] 张舒予. 视觉文化与媒介素养[M]. 南京:南京师范大学出版社,2011:7-12.

[165] 张文霖. 主成分分析在 SPSS 中的操作应用[J]. 市场研究,2005(12):31-34.

[166] 张耀:我不属于读图时代[EB/OL]. (2003)[2014-12-22]. http://www. zhangyao.
com/zy/mediaol. htm.

[167] 张义兵,陈伯栋,SCARDAMALIA M,等. 从浅层建构走向深层建构——知识建构理论
的发展及其在中国的应用分析[J]. 电化教育研究,2012,33(9):5-12.

［168］赵国庆，黄荣怀，陆志坚. 知识可视化的理论与方法［J］. 开放教育研究，2005，11(1)：23 - 27.

［169］赵慧臣. 知识可视化的视觉表征研究综述［J］. 远程教育杂志，2010(1)：77.

［170］赵慧臣. 知识可视化视觉表征的理论建构与教学应用［M］. 北京：中国社会科学出版社，2011：58 - 77.

［171］钟义信. "知识论"基础研究［J］. 电子学报，2001，29(1)：96 - 102.

［172］周建设. 亚里士多德论符号、指称与语义解释［J］. 湘潭师范学院学报，1996(1)：51 - 55.

［173］朱静秋，宋子强，张舒予. 论网络时代的视觉文化价值［J］. 中国远程教育，2002(8)：70 - 73.